suhrkamp taschenbuch 617

Adolf Muschg wurde im Mai 1934 in Zollikon bei Zürich geboren. Er studierte Germanistik, Anglistik und Psychologie. 1959 promovierte Adolf Muschg mit einer Arbeit über Ernst Barlach. Danach lehrte er in Zürich, Tokio, Göttingen, Ithaca N.Y. und Genf. Seit 1970 ist Adolf Muschg Professor für Germanistik an der Eidgenössischen TH in Zürich. Prosa: *Im Sommer des Hasen,* 1965; *Gegenzauber,* 1967; *Fremdkörper,* 1968; *Mitgespielt,* 1969; *Papierwände,* 1970; *Liebesgeschichten,* 1972; *Albissers Grund,* 1974; *Entfernte Bekannte,* 1976; *Gottfried Keller,* 1977; *Baiyun oder die Freundschaftsgesellschaft,* 1980. Theaterstücke: *Rumpelstilz. Ein kleinbürgerliches Trauerspiel,* 1968; *Verkauft. Ein Monodram in einem Akt,* 1970; *Die Aufgeregten von Goethe,* 1971; *Kellers Abend. Ein Stück mit einem Nachspiel,* 1975; *Watussi oder ein Stück für zwei Botschafter,* 1977.

Adolf Muschg stellt Gottfried Keller dar, den Klassiker demokratischer Bürgerlichkeit. Eine einzelne produktive Existenz wird zu ihren eigenen Bedingungen, denjenigen eines Zürcher Autodidakten und Muttersohns, aber mit den Mitteln des heutigen Bewußtseins entschlüsselt. Dabei zeigt sich, daß es gerade Kellers Vereinzelung und humane Sonderbarkeit ist, was ihn mit den großen Tendenzen seiner Zeit verbindet. Muschg beobachtet am präzisen biographischen Detail die Not eines Individuums mit sich selbst und begründet in ihr die ästhetische Notwendigkeit seines Werks.

»Arbeit« ist der methodisch leitende Gedanke dieser Keller-Studie. In ihm schließen sich die »Psycho-Historie« eines Autors, die Zeugnisse seiner Bewährung, der ökonomische und politische Stoffwechsel, dem er angeschlossen ist, zu einem charakteristischen Universum zusammen. Muschg unterschlägt nicht, daß es geschichtlich geworden ist; es ist gerade seine Art, Geschichte ernst zu nehmen, was die Aktualität des Buches ausmacht. Denn der Horizont des Todes und der Wertvernichtung, den der Fortschritt des 19. Jahrhunderts eröffnet hat, ist erst im 20. Jahrhundert recht sichtbar geworden. Und so behalten auch die Lebenszeichen des Bürgers und Autors Keller eine ungebrochene Beweiskraft für unsere Zukunft.

»Ich kenne kein besseres Buch über Keller.«

Klaus Jeziorkowski, DIE ZEIT

Adolf Muschg
Gottfried Keller

Suhrkamp

Die Originalausgabe ist 1977 im
Kindler Verlag, München, erschienen.

suhrkamp taschenbuch 617
Erste Auflage 1980

Lizenzausgabe mit freundlicher Genehmigung des
Kindler Verlags GmbH, München
Suhrkamp Taschenbuch Verlag

Satz: LibroSatz, Kriftel
Druck: Nomos Verlagsgesellschaft Baden Baden
Printed in Germany
Umschlag nach Entwürfen von
Willy Fleckhaus und Rolf Staudt

Inhalt

Vorbemerkung

> »Das lebendige Volk, welches sich auf der Brücke bewegte, war aber ganz das gleiche wie das gemalte und mit demselben Eines, wie es unter sich Eines war, ja viele der gemalten Figuren traten aus den Bildern heraus und wirkten in dem lebendigen Treiben mit, während aus diesem manche unter die Gemalten gingen und an die Wand versetzt wurden. Diese glänzten dann in umso helleren Farben als sie in jeder Faser aus dem Wesen des Ganzen hervorgegangen und ein bestimmter Zug im Ausdrucke desselben waren. Überhaupt sah man jeden entstehen und werden, und der ganze Verkehr war wie ein Blutumlauf in durchsichtigen Adern.«
>
> »Der grüne Heinrich« (I), 4.Bd., 7.Kap.

Dieses Buch über Gottfried Keller ist nicht, was man eine »Einführung« nennt. Es ist aus persönlicher Begegnung entstanden; es möchte den Leser zu einer gleichen Begegnung ermutigen. Nun scheint es wenig ermutigend, wenn ein Buch die Kenntnis des Werks, dem es einen neuen Weg ins Bewußtsein bahnen möchte, stillschweigend voraussetzt. Aber ich mache die weitere Voraussetzung, daß das Verhältnis zu einem Klassiker fortgesetzter Überprüfung bedarf – nicht, weil er fragwürdig geworden wäre, sondern weil unsere Möglichkeit, ihn zu befragen, mit jeder historischen und persönlichen Erfahrung reicher wird. Die Tatsache, daß wir von dieser Möglichkeit wenig Gebrauch machen, verwechseln wir allzu leicht mit dem Altern der Kunstwerke. Ihnen gegenüber leisten wir uns lebenslänglich Vorurteile, die wir im Verkehr unter Erwachsenen untragbar fänden. Die Unlust am »Bildungsgut« rächt sich ausgerechnet am dem, was lebendige Bildung erst ermöglichen und jede tote Norm sprengen könnte. Die Leidtragenden dabei sind wir, auch wenn wir nicht wissen sollten, was wir versäumen.

Damit ist auch gesagt, daß dieses Buch nicht auf »Aktualisierung« ausgeht – dazu müßte unser Begriff des Aktuellen weniger dürftig sein –, sondern gerade den Versuch macht, die Geschichtlichkeit von Kellers Gestalt wiederherzustellen. Der Verlust geschichtlichen Bewußtseins hat sie zur treuherzigen Anekdote oder zum staatsfrommen Mythos herunterkommen lassen; sie verkümmert aber auch im Ehrenkleid »zeitlosen« Bildungsgutes oder in der Exklusivität kennerhafter Wertschätzung. Dagegen soll hier im Bild eines berühmten, aber nicht mehr bekannten Dichters der Anspruch erneuert werden, den das 19. Jahrhundert auf die Gegenwart besitzt, wenn diese ihren eigenen Anspruch auf Befreiung einzulösen *beginnen* will. Denn die Zukunft wird auf dem Niveau unseres Umgangs mit der Vergangenheit gewonnen oder verloren, und es gibt keine dauerhaftere Aktualität als die der Opfer, auf denen eine andere Zeit sich erhebt. Diese Opfer würden vollends namenlos, wenn nicht immer wieder der bekannte Name eines Dichters für sie stünde, der um ihretwillen der Geläufigkeit entrissen werden muß; und da keine Geschichtsschreibung ihre Existenz bewahrt, erinnert nur noch, freilich auf dunkle Weise, die Existenz der Dichtung an sie. Denn der Preis, den die Dichtung für ihre Vollendung bezahlt, und der Schatten, der ihre Schönheit begleitet, sind vom gleichen Stoff wie das Sprachlose, über das die Zeiten zur Tagesordnung übergehen; und die Form der Fiktion kommuniziert, wie verschwiegen immer, mit den Verlorenen der Geschichte. Alle Dichtung, die wir bedeutend nennen, zieht ihre wahre Bedeutung aus dem Widerstand, den sie der Zeit, *als ihr Genosse,* geboten hat; und ihre Wahrhaftigkeit ist als der *genaue* Abstand zu beschreiben, den sie bewahrt zu allen Sprachen der Herrschaft und der Verfügbarkeit. Dieser bewahrte Abstand aber ist nichts Konservatives und seine ästhetische Maxime nicht unverbindlich. Er ist die Wachstumsstelle *jeder* menschenmöglichen Zukunft.

Gottfried Kellers Existenz wird in diesem Buch als Arbeit verstanden; als Lebensarbeit, Trauerarbeit, literarische Arbeit. Die Einmaligkeit dieser Produktion deutet auf die fortgesetzte und nie ganz eingelöste Schuld, in der sich die Produktivität des Menschen seiner Würde gegenüber befindet; und die Einzelnheit und Einsamkeit des Kunstwerks fordert das Gemeinschaftliche unserer Hoffnung heraus. Der geschichtliche Abstand rückt diese Hoffnung von uns weg, um sie sichtbarer zu machen.

Im Anhang dieses Buches wurden Daten aus Kellers Lebens- und Werkgeschichte mit solchen aus dem näheren und dem weiteren Umkreis des 19. Jahrhunderts zusammengestellt. Dort finden sich auch die Nachweise der Illustrationen und Zitate sowie ein Literaturverzeichnis.

Diese Studie ist zuerst in der Reihe: Kindlers Literarische Portraits erschienen. Ich habe immer noch Ursache, Nina und Helmut Kindler sowie ihren Mitarbeitern für Teilnahme und Geleit dankbar zu sein, ebenso Herrn Dr. Bruno Weber von der Zentralbibliothek Zürich für die großzügige Hilfe bei der Materialbeschaffung; Rosemarie Primault für ihre Schreibarbeit.

Kilchberg/Zürich, Herbst 1980

Erstes Kapitel

Schuld I: Der kleine Mann Gottfried

»Auf Ihr Kindchen freue ich mich: das wird gewiß ein allerliebstes Tierchen! Wenn es ordentlich genährt ist, so wollen wir's braten und essen, wenn ich nach Wien komme, mit einem schönen Kartoffelsalat und kleinen Zwiebeln und Gewürznägelein. Auch eine halbe Zitrone tut man dran!«

An Marie von Frisch, 18. Juli 1875

Bei einer Künstler-Lustbarkeit im Grünen hat er 1842, dreiundzwanzigjährig, seinen Stock verloren. Ein Freund berichtet:

»Aber was ist denn mit meinem Gottfried? Er steht da und starrt tödlich erschrocken seine auf dem Boden liegenden Kleidungsstücke an. Kein Zweifel: sein Meerrohr ist verschwunden. Er wirft sich in seinen Rock, stülpt die Mütze auf und ist plötzlich weg. Ich ihm nach, Krakeel befürchtend. Der blieb denn auch nicht aus. Denn wie ein Adler auf seine Beute schießt, stürzte er auf alle Stöcke, die einem Rohr ähnlich sahen, los, riß sie den Trägern ohne ein Wort der Entschuldigung aus den Händen und gab sie ihnen ebenso zurück. (...) Zu guter Zeit ordnete sich der Zug der Künstler und setzte sich in fröhliche Bewegung nach der Stadt zurück. Wir zwei aber schlugen stumm einen Nebenweg ein, der über eine Anhöhe längs der Straße hinlief. Noch eine Weile hörten wir die flatternden Banner und hörten Gesang und Musik. Dann wurde es still. Am Abendhimmel stand ein Gewitter. Gottfried Keller setzte sich an den Rand des Weges und fing heftig zu weinen an.«

Sein kleiner Münchner Kreis war Weinen bei ihm nicht gewohnt. Andere Notlagen, wie sie bei unbemittelten Malerstudenten in der Fremde vorkamen, preßten ihm keine Tränen ab. Es war noch keine fünf Jahre her, da hatte er die Gabe, sich mit Augenwasser zu erleichtern, als unmännlich von der Hand gewiesen. »Ich bitte Dich also, Dir das Weinen abzugewöhnen, sonst ersaufen Deine edlen Gedanken in der trüben Flut.« Er galt als jovialer, manchmal mürrischer und auch grober Kumpan, der andere seine Erfolglosigkeit nicht entgelten ließ. Als Redakteur einer wöchentlichen Bier-Zeitung, die er meist erst am Erscheinungstag zusammenschrieb, schätzte man ihn sehr. Sein Vulgo im Schweizerverein (dem feineren im ›Wagnerbräu‹, wo man trinkfest, aber nicht auf Mädchen aus war): Strabo, der Schielende; er trug ja auch eine Brille. Manchmal klagte er darüber, daß er selten Geld genug habe, um aus der Großstadt ins Grüne zu fahren und nach der Natur zu malen. Das wäre eigentlich der Sinn des Studiums gewesen. Und nun, einmal im Grünen, fand er seinen Stock nicht mehr. Es war dasselbe Meerrohr, mit dem er einmal, in glücklicheren Münchner Tagen, einem dicken Unbekannten den Hut von hinten auf die Nase geschoben hatte; er, der Kleine, ohne Anlaß, nur so aus Laune. Und es war wohl auch der Stock, der einmal einem Kellerschen Ahnen gehört hatte: einem Schweizer Barbier im Dienste Friedrichs des Großen.

Was man weiter dazu wissen muß: daß sich in der Hinterlassenschaft seines Vaters, eines Zürcher Drechslermeisters und kleinen Unternehmers, selbstgemachte Stöcke gefunden hatten; außer zwei Klassikerbüsten nicht viel Bewegliches, aber diese Stöcke. Er war fünf Jahre alt gewesen, als sein Vater starb. Wenige Erinnerungen, aber eine davon scharf: an die Kartoffelpflanze, die der Vater, ihn hochhebend, noch höher hielt, zum Bestaunen ihrer Nützlichkeit. (Es war noch nicht lange her, da hatte diese Pflanze dem Hunger auf dem Lande abgeholfen; die väterliche Familie stammte vom Lande, aus einem Dorf am Rhein namens Glattfelden.) Die silbernen Knöpfe auf der grünen Schützenuniform des Vaters; sein Atem, wenn er redete. Und bald danach: der Vater tot.

Das Kind wuchs ungleichmäßig heran, der Kopf wurde zu groß für den kurzen, aber nicht schmächtigen Leib. Von Natur hätte er keinen Stock nötig gehabt. Gleichwohl war der Stock kein Luxus; er gehörte zum Stil unter Männern. Man mußte sich notfalls wehren, den Notfall auch herausfordern können. Es gab hier, in der deutschen Stadt, eine Schweizer Sitte zu verteidigen; für nichts hatte der Vater seine Bürgeruniform nicht getragen. Schützenfeste, Turnfeste waren damals alles andere als Vereinsmeiereien, sie waren Heerschauen für den Kampf um die Republik. Und nun Tränen: das Meerrohr wäre ersetzbar gewesen, nicht aber die plötzliche Erinnerung an einen Verlust von so weit her.

Die Mutter hatte sich Mühe gegeben, den Sohn nach den Begriffen des Toten zu erziehen. Der hatte selbst nur hochdeutsch, die Sprache Schillers, gesprochen; seine hohe Meinung von menschlicher Bildsamkeit hatte ihm geboten, sich für die Zürcher Schulreform einzusetzen. Daß sie, einmal verwirklicht, seinem Sohn nicht zugute kommen würde, erlebte er nicht mehr. Er starb an einem fliegenden Fieber, das er sich auf einer seiner Baustellen geholt hatte. Bei seinem Begräbnis war die Witwe schwanger, aber das Kind lebte nicht lange. Es blieben ihr noch zwei: das andere, drei Jahre jünger, war ein Mädchen und hieß Regula. Das würde später schon dienen lernen. Dem Sohn vor allem galt es den Vater zu ersetzen. Das war nicht leicht; der Mann hatte ihr das Haus am Rindermarkt, aber kaum bares Geld hinterlassen. Und seinen mutigen (wenn auch, wie sich zeigte: selbstmörderischen) Geschäftssinn besaß sie nicht; sie hatte dergleichen von Haus aus nicht nötig gehabt. Ihr Elternhaus in Glattfelden: der Sohn hat es später als halbaristokratische Idylle beschrieben, als Pfarre aus dem vergangenen 18. Jahrhundert. Hier hielt man zahme Rehe, jagte mit Maß und parlierte französisch. Es hatte auch feine Bewerber, jedenfalls Cour-Macher um das junge Mädchen gegeben: einen Landvogt von damals (der Sohn ließ ihn dafür, in einer anmutigen Novelle, keine Frau kriegen) und einen Junker namens Gottfried. Der wurde später gefragt, ob er dem Jungen Pate stehen wolle, und der Vater schrieb dazu:

»Nun erinnerte ich mich, daß sie [»meine liebe Gattin«, A.M.] einmal auf meine Frage, warum sie mich nie bei meinem Taufnamen nenne, antwortete: Rudolf sei nicht schön. Wann ich Gottfried heißen würde, wollte sie mich immer nach dem Namen nennen. Daß nun der Name Gottfried angenehmer lautet, finde ich selbst. Allein auch aus andern achtungswerten Gründen weiß ich, daß ihr dieser Name besser gefällt. Wann ich den Knaben so taufen lasse, bin ich überzeugt, daß das ihr schon nicht geringe Freude macht. (. . .)Meiner lieben Gattin sage ich von meiner kühnen Bitte nichts, bis ich weiß, ob Sie mir günstigst entsprechen. Sie würde eigentliche Angst ausstehen, bis sie den Entscheid wissen würde.«

Einem solchen Mann nachzufolgen: auch der Sohn, der nun Gottfried hieß, hatte es schwer damit, und die Strenge der Mutter machte es ihm nicht leichter, denn es war Strenge aus Vertrauen. Die väterlichen Maßstäbe waren wohl nicht die ihren. Es steckte nicht ein Kleinbürger in ihr, den man, wie der Mann es getan hatte, in der Fremde hatte abstreifen müssen, sondern etwas Besseres und jetzt auch Engeres: ein Fräulein aus guter Familie, das als Witwe sehr sparen – in Zürich sagt man: »hausen« – mußte. Für sie wurde das »Haus zur Sichel« nicht jener Stützpunkt zur Bildung neuen Kapitals, zu dem es der Mann bestimmt hatte. Sie blieb nur darauf sitzen und mußte zwei Kinder davon ernähren, am Ende selbst davon leben. Eine »verschämte Arme«, die der Geldwirtschaft, der sie ausgeliefert war, nichts Zeitgemäßeres entgegenzusetzen hatte als Fatalismus, Eigensinn, Sparsamkeit und (als graziöse Erinnerung) selten genug einen kleinen verschwenderischen Übermut.

Solche Eigenschaften sind auf einem andern Produktionsniveau gewachsen, dem ländlichen. Da liegt der Boden, die Basis der Selbsterhaltung, nicht in der Hand des Menschen, sondern ist Unberechenbarem ausgesetzt: dem Wetter, Gott dem

Herrn, dem guten Glück. Und wie Mühe und Ertrag in keinem beherrschbaren Verhältnis stehen, so mißt man auch den Wert des Menschen nicht an dem, was er erwirbt; noch eher an dem, was er – auch darin der Natur nahe – verschenken kann. Die Erde arbeitet nicht zuerst für den Handel, sondern für den Verzehr, denn ihre Früchte verderben bald. Wenn es gut geht, verwandeln sie sich in bleibenden Wert, Gold oder Schmuck, werden verschlossen auf die Dauer oder bei würdigen Gelegenheiten zur Schau getragen. In die Geldform, den Tauschwert, verwandeln sie sich schwerfällig und wechseln ungern die Hand. Die Ersparnisse der Witwe nehmen in ihren Augen und denjenigen des Sohnes wieder Schatzform an: »Die Schönheit und der Glanz der Münzen schienen von der profanen Verausgabung abzumahnen.« Geld ist da noch ein Mysterium, eine persönlich geprägte Vertrauenssache. Wer es mutwillig angreift, begeht fast einen Kirchenraub. Der einzige Umlauf, den der gewachsene Reichtum versteht, ist der zyklische, denn er ahmt die Bewegung der Jahreszeiten nach, der Lebensbahn, des Generationswechsels. Die Mutter ist erschüttert, aber sie rechnet dem Sohn das Geld nicht nach. Güter vergehen, auch das ist ein Naturgesetz, beglaubigt durch die Heilige Schrift. Wer festhalten will, täuscht sich über das irdische Los. So genießt nicht nur »Bruder Sparer«, sondern auch »Bruder Vertuer« so etwas wie Respekt auf dem Lande, selbst wenn die Arbeitenden dabei um ihre Mühe betrogen werden. Vor dem Horizont des allgemeinen Eitlen ist in der frommen Seele allemal auch Raum für Herrendienst gewesen, für das »natürliche Wachstum« von Abhängigkeiten, denen man selbst als Boden dient. Geliebt braucht die Herrschaft darum nicht gleich zu sein. Die Witwe Elisabeth Keller, geborene Scheuchzer, betet so zu ihrem Gott: ohne Herzinnigkeit. Man vergißt nicht, daß es Not ist, was zu ihm beten lehrt, aber in Frage steht er darum nicht. Das Städtisch-Freigeistige, das ihr Mann gepflegt hat, bleibt ihr im Grunde fremd. Was beweist bündiger, daß ein Mensch sich damit übernimmt, als sein früher Tod?

Zärtlichkeit, wie gesagt, ersetzt die Frau früh durch Vertrauen zu ihren Kindern und macht sie damit zu Verschworenen gegen städtisches Wesen, das kein Vertrauen verdient. Das kalkulierte Hin und Her mit Gewinnabsicht, bei dem man sich allezeit vorsehen muß, liegt ihr nicht. Hätte sie, wie in ihrer Kindheit, noch gesellschaftlichen Verkehr, sie wüßte sich darin zu halten, etwas steif vielleicht. Jetzt ist sie zu arm dafür und zu beschäftigt. Sie möchte die Drechslerei weiterführen, so gut es geht; es geht nicht lange. Sie muß ihr Haus, den einzigen Besitz, zu Geld machen, ohne es zu verlieren. Das Kunststück gelingt nur, wenn sie auch Räume der eigenen Wohnung vermieten kann. So verdingt die Hausherrin sich als Pensionswirtin und Garköchin bei ihren eigenen Mietern: Zimmerleuten, Schustern, Büchsenmacher- und Schlossergesellen. Es bleibt immer der Stolz, die Kinder ihre Lage nicht so fühlen zu lassen: die Bräuche der Armut als eine Art Spiel darzustellen, dem man sich sportlich unterzieht. Indem der Maisbrei, den sie auf den Tisch bringt, als Schlaraffenberg behandelt wird, ersetzt er das fehlende Fleisch (»Pankraz der Schmoller«). Das Wählerische des Einkaufs auf dem Markt entschädigt dafür, daß sie kaum eine Wahl hat. Durch nichts ist diese Frau tiefer zu treffen als durch die Erfahrung, daß die eigenen Kinder diesen Rest von Anstand (die Haltung der Ritter) nicht honorieren; daß gerade der Sohn sie ausnützt wie alle andern: stiehlt, schwindelt, über seine Verhältnisse lebt und damit erst ihre Dürftigkeit preisgibt. Noch schmerzlicher freilich als der Betrug ist die Einsicht, daß die Kinder trotz ihrer Mühe *leiden.*

Was sie nicht wissen will: daß der Sohn, auf kindische Weise, ihre eigene Kunst weiterübt, sich über die Tatsachen zu täuschen. Sie wird freilich das Gefühl nie ganz los, daß sie ihren Kindern die Anleitung zum praktischen Leben schuldig bleibt, also, von ihrem verstorbenen Mann aus gedacht: die Hauptsache. Sie verschätzt sich zu leicht; ihr ungebeugter (daher die gewisse Steifigkeit) Anspruch auf das Besondere, auf wahre Werte steht den Kindern im Weg, denen sie doch Wege öffnen möchte. Was einmal ländlicher Glanz gewesen ist, verfolgt jetzt ihr Gewissen wie ein Schatten von Hybris. Am Ende wird sie sich den Vorwurf machen, daß sie sich ihres Standes überhoben habe (des kleinbürgerlichen, aber als solchen nicht anerkannten), als sie den Sohn Künstler werden ließ. Und wenn der Sohn die Geschichte dieser Mutterbeziehung darstellt (in seinem größten Werk), wird er sie an diesem Mißverhältnis zugrunde gehen lassen. Vor allem daran; viel mehr daran als etwa am Verlust des Hauses, an der Arglist der Spekulanten, die am Ende doch noch davon profitieren, daß diese Frau nicht gelernt hat, ihre Mühe zu Geld zu machen.

Aber das ist nicht der einzige Grund, weshalb die Mutter, wie sie im Buche steht, sterben muß. Es ist noch ein anderer zu vermuten. Die Mutter hatte sich wieder verheiratet. Einem, der Rat zu wissen schien, das ledige Geschäft versorgen konnte, gewährte die unberatene Frau nicht nur Aufenthalt unter ihrem Dach, sondern teilte auch Tisch und Bett mit ihm. Nach zwei Jahren Witwenschaft hieß die Mutter nicht mehr Keller, sondern Frau Wild, nach einem Handwerksgesellen und Kostgänger, der sich nun, ohne der Vater zu sein, als Hausherr breitmachen durfte. Der Biograph spricht von einem »schweren Irrtum« und setzt schon im nächsten Satz zur Scheidung an. In Wirklichkeit dauerte die Ehe offiziell acht Jahre: Entwicklungsjahre der Kinder. Für einen siebenjährigen Jungen wie Gottfried hieß das, daß über die sogenannte Latenz bis zur Pubertät, über die ganze Schulzeit hin, ein Mann in der Wohnung war, der die Mutter in der Phantasie des Kindes – und wohl auch für seine Ohren – zur Frau machte.

Schuldgefühle der Kinder brauchen nicht auf ein solches Ereignis zu warten. Der Wunsch, die Mutter allein zu besitzen, ist einer der frühesten und prägenden jeder männlichen Biographie. Und er zieht den strafbaren, also schuldbewußten Wunsch nach sich, den Mann, der schon da ist, wegzuhaben – was andererseits nicht auszudenken ist, weil man damit ja auch den Vater verlöre. Was aber nicht auszudenken und doch real ist, muß verdrängt werden und gibt, wenn es gut geht, seine Realität allmählich an ein neues Elternbild – und damit ein entwickeltes Selbstverständnis – ab.

Die Dichtung ist »unschuldiger«, also unreifer; hier erfüllt sich die Phantasie Wünsche, die bei Lichte nicht einmal zu nennen sind. Da darf auch der leibliche Vater einmal zum »Gesellen« werden, dem der erwachsene Sohn, als rechtmäßiger Begleiter seiner Mutter, buchstäblich den Meister zeigt: so geschildert in »Frau Regel Amrain und ihr Jüngster«, wo der spät heimgekehrte Vater für seine Absenz bestraft und seinerseits zum Junior reduziert werden kann, der wohl als armer Vetter im Sippenverband verbleiben darf, dem aber die Hausherrschaft nicht mehr in die Hand gegeben wird. Auch »Die arme Baronin«, dieses Wunscherfüllungsmärchen mit seiner nahezu klassischen psychoanalytischen Struktur, enthält einen (gleichsam urbanisierten) Frauentausch zwischen Vater und Sohn zugunsten des letzteren. Die »arme Baronin« wird Brandolfs Vater versuchsweise als Hausfrau zugeführt, aber dieser läßt den Sohn bald wissen, daß er hier keine Rechte habe: es ist der Jüngling, dem die Verjüngte zukommt. Das »Sinngedicht« enthält als Ganzes eine – ins Unverfängliche verschobene – Schlichtung dieses ödipalen Generationenkonflikts: der Oheim der künftigen Braut ist früher der erfolglose, aber nicht ungeliebte Bewerber um die Bräutigamsmutter gewesen. Der Held des »Sinngedichts« geht also mit Lucia eine Bindung ein, die auf der Elternstufe verboten gewesen war. Er tritt, als Liebhaber, an die Stelle eines mütterlichen Liebesversäumnisses und hebt, wenn auch nur symbolisch und ohne ein Tabu verletzen zu müssen, die Eltern-Ehe auf. Noch mehr: er bekommt zur Versöhnung vom »verletzten« Klan die Schwester als Frau zugespielt. Zwar ist das inzestuöse Tabu hier zum zarten Echo gedämpft, aber noch vernehmbar in Kellers Anmerkung:

> »Für erwachsene junge Leute ist es immer eine gewisse Verlegenheit, von den Liebesgeschichten zu hören, welche der Heirat der Eltern vorausgegangen. Die Erzeuger stehen

ihnen so hoch, daß sie nur ungern dieselben in der Vorzeit auf den gleichen menschlichen Wegen wandeln sehen, auf denen sie selbst begriffen sind.«

Die Entdeckung, daß die Eltern geschlechtliche Wesen sind – ja, daß man diesen »Wegen« die eigene Existenz verdankt –, ist schamvoll auch darum, weil sie den eigenen Liebeswunsch gegenüber den Eltern bloßstellt. Und darin steckt die tiefere Scham: daß die Eltern – wenn das Tabu sie nicht schützte – diesem Wunsch von Natur aus zugänglich wären. Daß der Vater aber erreichen durfte (das Recht zur Vereinigung mit der Mutter), was dem Sohn verboten bleibt, läßt diesem (auf der infantilen und symbolischen Stufe, versteht sich) nur die Wahl zwischen Vatermord und Vatervergötterung.

Aber wenn das Kind seinen Vater früh verliert? Muß dann nicht der Verdacht, sich diesen Verlust gewünscht zu haben, an ihm also mystisch schuldig zu sein, durch eine Entrückung des Vater-Bildes ins unerreichbar Hohe entkräftet und gesühnt werden? »Ein Vater, den man wie ich im Alter von vierzehn Jahren verliert, ist etwas unbegreiflich Anderes, als der, welcher Einem als erwachsener Mann entrissen wird. Mag sein, daß mir aus meinen Erfahrungen soviel Mystik in den Vaterbegriff geflossen ist . . .«, schrieb Ernst Barlach 1918, bezugnehmend auf den prägnanten Schlußsatz seines Stücks »Der Tote Tag«: »Sonderbar ist nur, daß der Mensch nicht lernen will, daß sein Vater Gott ist.« Ob Gott auf diese Weise zum Vater, der Vater zum Gott werden kann – Keller deutet im »Grünen Heinrich« wenigstens die psychologische Notwendigkeit dazu an:

> Je dunkler die Ahnung ist, welche ich von seiner äußeren Erscheinung in mir trage, desto heller und klarer hat sich ein Bild seines inneren Wesens vor mir aufgebaut, und dies edle Bild ist für mich ein Teil des großen Unendlichen geworden, auf welches mich meine letzten Gedanken zurückführen und unter dessen Obhut ich zu wandeln glaube.«

Von Kellers Gottesbild wird noch zu reden sein – auf seine Ambivalenz sind wir vorbereitet. Ohne alle Psychoanalyse ist einzusehen, daß eines Tages die schlichte Chronologie den jungen Keller, als er noch »niemand« war, an die Stelle seines Vaters treten lassen wird: Grund genug, die Verpflichtung zu fühlen *und* sich gegen ihren Druck zu wehren: »Ich bin jetzt 33 Jahre alt und fange gerade da an, wo mein Vater aufgehört hat; aber so geht es halt verschieden zu in der Welt.« Daß es schwer sei, Vater zu *sein*, spricht der Volkswitz seinem Wilhelm Busch gerne nach – wie schwer es für Keller war, läßt die Unerfüllbarkeit des andern Halbsatzes ahnen: es war ihm niemals gegeben, Vater zu *werden*. Dazu hätte es mächtigerer Voraussetzungen bedurft als Lust und Gelegenheit. »Einer unserer geistreichen Dilettanten hat sein Leben und Treiben [sc. Salomon Landolts, A.M.] in einem trefflichen Büchlein beschrieben, in welchem er aber über den unverehelichten Stand des Verewigten nur mit einigen dürftigen Andeutungen hinweggeht«, heißt es über den »Landvogt von Greifensee«. Das ist ein Dilettantismus, dessen niemand sich schuldig machen sollte, der einen großen Dichter zu seinen eigenen Bedingungen – und denen seines Werks – beschreiben will. Gottfried Keller hat mit fünf Jahren den Vater verloren; ist es möglich, daß er sich an diesem Tod nicht schuldig fühlte? Sollte es nur darum unmöglich gewesen sein, weil der Ödipus-Komplex noch keinen Namen hatte? Die Mutter kann, in Grenzen, ihr Kind über den Verlust trösten, den es sich selbst magisch zugefügt hat und fürchten muß, gewünscht zu haben. Sie kann ihm, wie scherzhaft immer, zu verstehen geben (aber die Vor-Welt, in der wir uns hier bewegen, versteht wenig Spaß), daß ihr der kleine Mann den großen ersetzt. Ein banges Gefühl, mit dem ein Kind aber doch leben lernt, und gewiß nicht ohne Würde.

Wie aber, wenn sie diesen stillen Vertrag mit dem Kind bricht und wieder einen Mann nimmt? Der ist dreifach verworfen, noch ehe er ein Gesicht hat: als Vatermörder, als Mutterräuber und als Dieb am Kind, am Vertrauen und Selbstvertrauen des

Kindes – er braucht gar nicht mehr, wie in diesem Fall, auch noch sozial »unterklassig« zu sein. Minderwertig erscheint, wer den Wert des andern in dessen eigenen Augen zerstört. Der Siebenjährige bekam zu fühlen – ohne weitere Grausamkeit als die der Tatsachen –, daß die Mutter den Vater verriet; daß er, der Kleine, nicht Manns genug war, die Stelle des Liebsten zu besetzen; daß sie jetzt erst wurde, was sie, wenn er genügen sollte, nicht ganz sein durfte: ein geschlechtliches Wesen.

»Nein, zu leben
Im Schweiß und Brodem eines eklen Betts
Gebrüht in Fäulnis; buhlend und sich paarend
Über dem garst'gen Nest . . .«

So weit Shakespeare. Wo Worte so hohen Dramas nicht gesprochen werden können, beginnt eben darum das Drama um soviel unerbittlicher. Je weniger das kindliche Bewußtsein an den Tatsachen zu rütteln vermag – und sie sind ja alles andere als unerhört in ihrer täglichen Banalität –, desto mehr richtet es seine Kraft gegen sich selbst. Es findet ein Kampf statt, dessen stumme Seite nach außen gekehrt wird. Die andern spüren davon nur: Trotz.

Einmal erscheint der »Geselle« in Kellers Schriften – im Tagebuch des Vierundzwanzigjährigen, als Gestalt im Fenster des eigenen Hauses; zu ferne, um ein Gesicht zu haben:

»... und wann wir zwischen den Lehrstunden im Hofe herum sprangen, dann zeigte ich den andern Buben das Vaterhaus und sagte: ›Dort wohn' ich, in dem schwarzen Haus mit den roten Balken!‹ Dann sagten die Knaben wohl: ›Ist das dein Vater, der dort herausschaut?‹ und ich antwortete: ›Nein, mein Vater ist gestorben! Der herausguckt, ist ein fremder Mann, der bei uns wohnt, und meine Mutter ist in der Küche!«

Da gehört sie hin, weil sie nicht zum Mann dort gehören soll. Auch Kellers Werk spricht von dieser Gestalt, genauer: es *bespricht* sie; der Frevel wird genannt, und wo es möglich ist, gebannt. Ein ›Rittmeister‹ soll es gewesen sein, der die Mutter-Figur der »armen Baronin« im »Sinngedicht« ehelich schänden durfte, ehe der Jung-Mann Brandolf sie durch seine Liebe reinigte und die Reste der Frevel-Sippschaft aufs gräßlichste heimsuchte. Der »Rittmeister«, dessen sexuelle Assoziation deutlich ist, spukte im Alterswerk auch andernorts: Keller hat der zweiten Fassung des »Grünen Heinrich« die Geschichte Albertus Zwiehans beigefügt. Der ist, als betrogener Taugenichts, das karikierte Alter ego des Helden; einem Zwiehan widerfährt explizit, was die Geschichte Heinrichs so nicht melden darf:

> »So war Albertus Zwiehan um sein natürliches Recht gekommen und sah den Abkömmling eines wildfremden Abenteurers, der selbst ein solcher war, durch die Schuld seiner leiblichen Mutter in den Besitz des ganzen von seinem Vater erworbenen Vermögens gebracht, während er selbst ein Bettler geworden.«

Trotz ist, auf jeder Lebensstufe, Kampf um den eigenen Wert. Um die Trotzleistung des Sohnes kennenzulernen, muß man seine Jugendrechenschaft, den »Grünen Heinrich«, genau lesen. Der »Geselle« freilich ist darin aus dem Weg geräumt. Aber seine Spuren finden sich in den Handlungen des Kindes selbst, die man Spiele nennt und die Arbeit sind: Trauerarbeit.

Womit beschäftigt sich der kleine Heinrich, nachdem es in der ersten Schulzeit (»Schuldämmerung«) nicht gelingen will, ihm eine höchste Vater-Autorität, summarisch über die ganze Welt gesetzt und Gott genannt, nahezubringen? Er macht sich *seine* Schöpfung zurecht (»die ich mir allein zu bauen gezwungen war«) aus Sammelstücken, die die Naturgeschichte magisch wiederholen: von Mineralien angefangen über Schmetterlinge und Käfer bis zu Mäusen, Kaninchen, Weihen. Der Versuch, nochmals bei Adam zu beginnen, scheitert daran, daß alle Dinge schon Namen haben, »besetzt« sind. Statt ihm die Gefährten zu ersetzen, dient ihm seine Menagerie nur als dunkles Bild seiner selbst, das er immer wieder grausam zerstören muß. Nirgends aber wird ihm, was er treibt, schaurig-ähnlicher als beim Spielen mit Wachs, das sich, in Wasser gegossen, zu fötusartigen Monstren ballt. Das muß in Gläser verschlossen werden, erhält Namen und Lebensläufe und wird am Ende Mann für Mann der schwarzen Katze entgegengeschleudert, deren man sich anders nicht zu erwehren weiß. Ein Kind schaffe sich spielend seine eigene Welt, heißt es; im »Grünen Heinrich« errät man, daß es sie gegen eine bestehende, schwer erträgliche schafft. Die Helligkeit des Schöpfungsspiels bricht sich an einem Schatten, den beschwiegene Tatsachen darauf werfen. In einer verlassenen Stunde zerbricht es an ihnen und bedient sich dazu der eigenen Hand des Kindes. Erschreckender als das Bild der Katze ist dasjenige, das der Zerstörer bietet in seiner Hilflosigkeit. Die Katze mit ihrer sprichwörtlichen Triebnatur: was hatte er in ihrem Blick gelesen, daß er mit seinen Geschöpfen nach ihr werfen mußte? Verwünschung heißt der böse Sinn, der hinter dieser zum Idyll verwunschenen Kinderwelt lauert. Und was sich da verwünscht vorkommt, ist der verbotene Wunsch selbst, den das Kind zu hegen wagte und unterdrücken lernte; so sehr, daß es eins wurde mit der Unterdrückung, um bei Leib und Leben nicht eins zu sein mit dem Wunsch. Das wäre zu schrecklich, und mit der Katze wird dieser Schreck einen Augenblick Gegenwart. Er erleichtert aber auch: man kann mit seinen Gläsern schmeißen nach dem Unerträglichen; nach der Tatsache, daß man sich im Bild seiner Bedürfnisse selbst nicht lieben kann. So wenig, daß es zum Angsttraum wird, wenn man ihm begegnet.

Die Tier-Natur des Kindes – ein Begriff, in dem schon der Zensor steckt: warum darf es nicht einfach Natur, Bedürfnis heißen? –, diese »Tier-Natur« des Kindes wird bei Keller, minder spektakulär, aber nicht minder erschreckend, noch in andern Bildern erscheinen. Der hoffnungslose Berliner Student reimt 1853 im Frühling, der nicht sein Frühling werden will:

»Es war eine stechende Maienlust
Das Säulein schrie in der Menschenbrust.«

Das heißt Sonnenstrahlen merkwürdig beim Wort nehmen: es sind Schlachtmesser. Kinder werden, wenn sie frisch und rosig sind, bei Keller verdächtig rasch zu Ferkeln: so im »Schmied seines Glücks«, wo das dem alten Litumlei unterschobene Kind von der Sprache schon zum »Stechen« aufbereitet wird: »ein Stammhalter, so munter wie ein Ferkel«, steht da, und: »was ist das für ein leckerer Bissen«. Noch ausführlicher wird Keller das erste Kind seiner Altersliebe Marie Exner als gefundenes Fressen feiern – ein Gericht, zu dem verschwiegene Tränen das Salz liefern müssen. Diese Tränen müssen von weit her sein; sie sind einmal über das Kind geweint worden, das Gottfried/Heinrich selber war. Hier hat einer, dem die erste Liebe vergiftet worden war, die Liebe zu sich selbst verlernen müssen. Und was davon immer noch durchschlug, sah für andere Augen wie Freß-Lust aus (oder Trunk-Sucht). Das Verbotene zum Fressen gern zu haben, schien gerade noch erlaubt.

Kann man sich vorstellen, was in der Meerkatze vorging, in der ein kleiner Schuljunge steckte (er hatte in einer »Faust«-Aufführung Statist gespielt und sich im Theaterraum verschlafen), als ihn mitten in der Nacht eine Frau weckte? Eben noch hatte sie das unschuldige Gretchen gespielt, jetzt aber hatte sie »ein weißes Nachtkleid umgeschlagen, Hals und Schultern waren entblößt und gaben einen milden Schein, wie nächtlicher Schnee«. Und seiner Tier-Tracht ungeachtet schloß sie ihn an sich, küßte ihn und ließ ihn dann am Fußende ihres Bettes den Rest der Nacht ruhen. »Somit entschliefen wir und glichen in unserer Lage nicht übel jenen alten Grabmälern, auf welchen ein steinerner Ritter ausgestreckt liegt mit einem treuen Hund zu Füßen.« Hier durfte sich der Katzenschreck in Hundeliebe verwandeln; der nächtliche Besuch in etwas

Lockendes, von dem ihn nichts trennte als seine Kindlichkeit, und auch diese kaum. Hier durfte der Lärm der weggeworfenen Glasgeschöpfe sich legen zum Stilleben, zu einer seligen Nature morte. Ein kleiner erster Liebestod.

Als der grüne Heinrich sein Katzendrama mit den Gläsern veranstaltet hatte, war auch eine Frau dazwischengetreten: die Mutter. Sie »fand mich halb bewußtlos am Boden liegen mitten in den Glasscherben, Wasserbächen und Kobolden«. Aber mit dieser Frauengestalt kam keine Befreiung mehr. Die Mutter kann nichts, was an dem Kind ist, zurücknehmen, weder im Guten noch im Bösen. Sie ist selbst schon eine Figur der Kindesschuld geworden: in ihr verkörpert sich die veruntreute Schöpfung, das getrübte Vertrauen in den eigenen Wert. »Sie hatte nie auf mein Treiben in der Kammer geachtet, zufrieden, daß ich so still und vergnüglich war, und wußte sich nun meine verwirrte Erzählung umso weniger zu reimen.« Stillzufriedene Kinder sind – die neuere Pädagogik weiß es – nicht glücklich. Der Wunsch, unerträgliche Tatsachen zu ändern, ist insgeheim bereits an seiner Erfüllung verzweifelt und hat sich gegen den Wünscher gerichtet. Das Medium, in das er sich in Gestalt seiner wächsernen Brüder davor verschließt, heißt »Glas«: scheinbare Nähe bei undurchdringlicher Trennung. Das vollkommen Sichtbare ist das vollkommen Unerreichliche, oder umgekehrt: das Unerreichbare ist einsichtig geworden.

Es ist der Keim zur Welt »Resignatio«, der sich im kindlichen Sterilisierglas gebildet hat. Die Zurückweisung klärt sich zur Zurücknahme. Daß man früh verworfen war und also verworfen handeln mußte, wird vom eigenen Wesen nie mehr zu trennen sein. Tiefer, intimer verworfen als der »Geselle«, offenbar, von der fremdgegangenen Mutter; verworfen wegen der Rache- und Tötungswünsche am Allernächsten; verworfen schließlich vor seinem eigenen Schuldgewissen, das mit solchem Selbstbildnis nicht leben mochte und also den belasteten Lebenswunsch heimlich selbst zurücknahm.

Die Jahre, die der Geselle im Haus verbrachte, wären für den Sohn die Jahre des stärksten körperlichen Wachstums gewesen. Wir wissen – die Anekdote weiß es –, daß dieses Wachstum gehemmt blieb. Will man die äußere Erscheinung eines Menschen für Zufall halten oder gelten lassen, daß auch sie – auf wie dunklen Wegen immer – sein Werk sein könnte? Der Zwerg mit der Blechtrommel, Oskar Mazerath, ist, wenn man seinem Autor glauben darf, mit Ziel und Willen klein geblieben. Er hat sich die Gestalt gegeben, in der sich die Normen der Erwachsenenwelt am wirksamsten unterlaufen ließen. In dieser Trotzleistung – und der Grundtrauer, die sie eingegeben hat – könnte er dem Schöpfer des »Grünen Heinrich« nicht so unverwandt sein. Die Kunstfigur freilich verspricht sich Entlastung und arglistigen Lustgewinn vom Rückzug auf das phallische Format. Beim Autor des 19. Jahrhunderts ist die Zwergengestalt viel eher eine Schutzhaltung gegen den Trieb und gegen die erdrückende Unwürde, mit der man vor ihm zu bestehen glaubt: sie verlangt nach Liebe, und sie rechtfertigt keine Liebe. Die Kleinheit des erwachsenen Keller scheint wie das Resultat eines tragischen Kompromisses: kindlich genug bleiben zu wollen, um »versorgt« zu sein gegen die Zumutung der Sexualität; groß genug zu werden, um ihre Kränkung vergelten zu können; am Ende besser, kräftiger, männlicher zu vergelten als durch Rache. Brecht hat, in anderem Zusammenhang, das Wort von der »kleinsten Größe« geprägt: es gibt keine edlere Formel für das Bildungsziel des Zukurzgekommenen. Es hat mit »Stille« zu tun. Jener Stille, die die junge Meerkatze zu Füßen der Erlöserin in ihrem Königsmantel fand – und die sie ihrerseits nicht zur Frau, sondern, wie in der Meerkatzen-Geschichte, zum »steinernen Ritter« werden ließ.

Doch diese Klausel der »Stille« bindet erst den *reifen* Keller. Jugendzeichnungen und -verse, die dramatischen Versuche des Dreizehn- und Vierzehnjährigen reden noch eine andere Sprache. Eine seiner Zeichnungen »stellt einen Jungen dar, der, von

Raben und Eulen verfolgt, durch den Wald rennt.« Da wappnet die Kinderphantasie, so gut sie kann, *ihre* Dämonen dagegen:

»Das Männchen nun im Zorn entbrannt,
Es rafft sich aus der Flut;
Mit Wut es nach dem Hause rannt'
Und holt den Zauberhut.
Und es beschwört die Geistermacht,
Der Rach' zu leihen ihre Kraft.«

Es ist der »Schnepfenkönig«, der Ordnung schafft, »eine auf langen, mit Pumphosen bekleideten Beinen und einer Keule dahinstelzende Schnepfe mit einem Krönlein auf dem Kopfe, Vatermördern, gelbem Frack und rotem Mantel«, ein böses, aber allmächtiges und daher für kindliche Verletzungen heilsames Wesen.

»Was schimmert dort mit Höllenglanz,
Was blendet meine Augen?
Was raset dort im wilden Tanz
Den *gelben* Todesreigen?
Horch! welch Getöse höret man?
Der *Schnepfenkönig* naht heran.«

In der Deformation der Rächer-Gestalt zeigt sich allerdings auch Selbstkritik an – das Schuldbewußtsein des Rachewunsches. Später, auf der Höhe der Resignation, wird sich das Alter ego ohne die langen Beine zu behelfen haben.

»Ein Meister bin ich worden
Zu weben Gram und Leid;
Ich webe Tag' und Nächte
Am schweren Trauerkleid.

Ich schlepp es auf der Straße
Mühselig und bestaubt;
Ich trag von spitzen Dornen
Ein Kränzlein auf dem Haupt.

Die Sonne steht am Himmel,
Sie sieht es und sie lacht:
Was geht da für ein Zwerglein
In einer Königstracht?

Ich lege Kron und Mantel
Beschämt am Wege hin
Und muß nun ohne Trauer
Und ohne Freuden ziehn!«

Der Halbwüchsige aber darf die Rache noch kennen. In den Kinder-Szenarios spielt das Motiv der Enterbung und der Bestrafung des Usurpators eine wichtige Rolle. So im »Tod Albrechts des römischen Kaisers«. Umsonst lockt da der königliche Erbschleicher seinen Neffen: »Beruhige dich ein wenig! Ich werde dir hundert schöne Pferdchen schenken . . .« Die mit Mord und Totschlag wiederhergestellte Rechtmäßigkeit ist auch das Thema eines Stücks mit dem Titel »Fridolin oder der Gang zum Eisenhammer«. Da wird der Sohn bei Vater und Mutter angeschwärzt und erst im letzten Augenblick vor dem Feuerofen gerettet, in dem dafür der Verleumder schmoren muß. »Drollige Züge« will hier der Biograph entdeckt haben. Wer seinen Humor nicht teilt, findet eher den Keim für Kellers elementaren, rational kaum erklärbaren Haß gegen den Typus des »Verleumders« angelegt, der in der Kindheit buchstäblich der Nestbeschmutzer gewesen war. In seinem Eisenhammer-Stück darf der Vierzehnjährige noch einmal ungebrochen dem Usurpator in die Schuhe schieben, was für jedes Kind an der Vaterfigur erdrückend und kränkend ist. Dem rechten Vater, der verschwunden, verstoßen ist, wird dafür die ganze Glorie kindlicher Phantasie zuteil. Er wird, ein Messias, wiederkommen, Gericht halten, reinemachen. Von einem Kinderstück »Der Hexenbund« berichtet der Biograph: »Urbino, der Sohn des Grafen Ottokar von Hohenburg, ist in die Hände des teuflischen Zauberers Sakratio geraten. Eben soll er von Hexen zur Hölle geschleppt werden, da stürzt sein Vater herbei und erlegt die Satansbrut.« Und jenes Stück vom

Eisenhammer endet glücklich so: »Schließlich kehrt Fridolins verschollener Vater, der Graf von Falkenstein, entstellt durch das heiße Klima und dreijährige Sklaverei in Palästina, zu seiner Gattin und dem Sohn heim, worauf das Stück im Hinblick auf den geretteten Fridolin wirksam mit den Worten endet: Hoch lebe die Unschuld und die Tugend!«

In Wirklichkeit gab es keine Rettung für »Fridolin« und die Tugend im Hause. Der Vater-Graf blieb verschwunden. Es war der Trauerarbeit aufgegeben, die enttäuschte Erwartung ins Reine zu schreiben: mit der Wahrheit der Kunst, denn das Leben bestätigte nur die Enterbung. Dennoch glaubt man zu sehen, daß die Märchen-Lösung noch lange die Muster der Biographie bestimmt. Sollte das merkwürdige Projekt, sich (zur Gewinnung recht bunter Motive) grade im Orient zum Dramatiker weiterzubilden – wofür ihm die Zürcher Regierung das Deutschland-Stipendium anfänglich zugedacht hatte –, gar nichts mit jenem nach »Palästina« entschwundenen Vater zu tun haben? Ein Kreuzzug zur Wiedergewinnung eines heiligen Grabes – will sagen: der Heiligkeit dieses Grabes? Der Sohn hat den Weg des Vaters, des Wander-Handwerkers von einst, ein Stück weit buchstäblich »wiederholt«, in eigener Sache und als sein eigenes Vater-Bild. Nur führte dieser Weg nicht in ein Delacroixsches oder Freiligrathsches Morgenland, sondern in die bittere Berliner Einkehr, die Erfahrung der eigenen Grenze. Aber bildlich, in der Dichtung, wurde der Weg fortgeschritten, von den Auswanderergeschichten (»Pankraz der Schmoller«, »Don Correa«, »Regine«) bis zu den brasilianischen Handelsreisen des Martin Salander. Das Afrikanische Felsental, in dem eine braune Schar, sich selber fremd, marschiert, nachdem ihr wildes Lied längst verhallt ist; noch der »öde Strand« des berühmten Heimatliedes – das sind imaginäre Wüstenreisen eines sonst immer unbeweglicher Gewordenen. Sie fahren fort, die eigne Verstoßung, zugleich die Nachfolge des verstoßenen Vaters, zu malen.

Die Kinder-Phantasien dürfe man »als charakteristischen Beitrag zur Psychologie des werdenden Dichters nehmen«, schreibt der Biograph Ermatinger. In der Tat: die durch den »Gesellen« komplizierte, nämlich verletzbar und trotzig gewordene Vater-Identifikation zieht ihre Spur in die politischen Dispute des jungen Keller und weiter in sein lebenslanges ungelöstes Gottesverhältnis hinüber. Auch da antwortete, mit ungewissem, daher heftigem Selbstbewußtsein, der Verlorene dem Verlorenen, weigerte sich »heimzukehren«, sich ein Kalb schlachten zu lassen, und blieb doch in seltsam-ritterlicher Weise bereit, sich gegen jedes ahnungslose Mißverständnis vor den Abwesenden zu stellen. Ein Reiter werden, wie der Vater einer gewesen ist, dieser zweite Wunsch jedes Sohnes (nachdem der erste, die Mutter allein zu besitzen, versagt blieb), wächst sich, früh geknickt, aber nie gebrochen, zur Lebensarbeit aus, biegt sich an der Erfahrung der eigenen Grenze zu einem Kunstwerk der Kompensation. Sage keiner, daß dieses Wachstum nur gutartig gewesen sei. Den väterlichen Stock, die Drechslerkunst erben, bedeutete (nachdem die Keule des »Schnepfenkönigs« nicht mehr tragbar war), daß die Halbwaise in der Mundart der Umgebung selbst als »Stock« erschien, als »stiife Züriaff« – auf den Mund geschlagen, heißt das, zum Eigensinn verurteilt, wenn andere *lebten*. Groß und steif, wie ein rechter Mann zu sein hat, sollte Keller nie werden – ermißt man, was ihm das Andenken an diese Hoffnung bedeutete? Die Geschichte vom verlorenen Meerrohr und den Tränen, die sie dem Heimatlosen abpreßte, wirft ein kurzes, grelles Licht auf eine unauffällige, aber lebenslange Tragödie. Daß der Stock zum Prügeln benötigt wurde, die Anekdote weiß es bis auf den heutigen Tag. Aber sie will nicht wissen, wem die Prügel im Grunde galten – der Staatsdichter könnte ihr sonst unbehaglicher werden, als sie ihn gerne hätte. Daß er mit seinem »Stock« wenigstens noch zu schlagen wußte, war ein Rest von Freiheit und Selbstbehauptung; die sehnlich gewünschte Vater-Bewährung war es nicht.

Die Jahre der Vor-Pubertät, in denen jene Kinderdramen geschrieben wurden, bezeichnen eine Krise, von der nur das dramatische Ende Beachtung zu finden pflegt: die Verweisung von der Industrie-Schule 1834. Vorausgegangen war aber die Verabschiedung des »Gesellen« aus der Familie: *ein* Ziel hatte die Trotzleistung erreicht, ehe sie sich vor aller Augen ins eigene Fleisch schnitt. Der Zusammenhang beider Ereignisse gehört in das Verhältnis von Mutter und Sohn, dessen Exklusivität äußerlich wiederhergestellt scheint – um den Preis gegenseitiger unausgesprochener Verschuldung. Gewiß war der Sohn nur hintergründig »schuld« am Auseinandergehen der zweiten Mutter-Ehe – im gleichen Sinn, wie die Mutter sich schuldig fühlen mußte am Schulversagen des Sohnes. Was sie aneinander getan und versäumt hatten, war dennoch nicht wieder gutzumachen. Um so tiefer verband es sie: die »Verfehlung« der einen würde nie wieder vom Scheitern des andern zu trennen sein. In diesen Jahren wurden Mutter und Sohn auf einen Pakt eingeschworen, der für alle weiteren Bindungen stand und sich auch vor alle weiteren schob, Glücksverzicht verlangte und Liebesbeweise entbehren lernte. Er war unlösbar, weil er, im andern, mit dem eigenen Gewissen geschlossen war.

»Schon der Anfang, der Titel: ›Guten Tag!‹ An wen? Ist es an mich, so darfst Du, hoffe wohl, den Mutternamen nennen.« So im August 1834 die Mutter an den schul-entlassenen Sohn, von Zürich nach Glattfelden. Die Gereiztheit des Tons läßt auf eine verschwiegene Wunde, das Bedürfnis nach Rehabilitation schließen – und er steht in auffälligem Gegensatz zu der schamvollen Fassung, mit der die Mutter (nach dem Romanbericht des Sohnes) die Schul-Katastrophe selbst hingenommen hatte. Diese war von empörender Ungerechtigkeit, gewiß – aber *zufällig* wird sie das feinere Gefühl der Mutter nicht gefunden haben. Jedes Schulversagen ist, rechnet man die Verkettung äußerer Umstände ab (an die sich die Beteiligten aber zu klammern pflegen), eine Demonstration der Kindes-Not, um nicht Kindes-Rache zu sagen; ein Appell, dessen

Adressat, wenn auch verschwiegen, den Beteiligten bekannt ist. Die Mutter antwortete darauf, indem sie *ihre* wiederhergestellte Einsamkeit dagegenhielt: »So darfst Du, hoffe wohl, den Mutternamen nennen.« Der Sohn, dessen Flucht aufs Land, das mütterliche Terrain, ebensowenig ein Zufall war, erfüllte ihren Wunsch. »Liebe Mutter« hieß es während der künftigen Wander- und Hungerjahre, ohne daß in den Briefen sonst von Liebe die Rede war. Sie handeln von Geldsachen, Sterbefällen, Krankmeldungen, sie betteln in kahlen Worten, vertrösten und entschuldigen etwas ausführlicher; allenfalls läuft etwas Klatsch über Nachbarn, Kumpane, Verwandte mit. Manchmal Wochen und Monate des Schweigens – um es nicht passender zu benennen: des Verstummens. Es fällt nicht leicht, in diesem dürren Austausch die Zeichen der ganzen Existenz zu lesen, das Aufgebot eines Lebens gegen das andere: hier das sich langsam verzehrende der Mutter, dort das kühn aber trotzig behauptete des Sohnes. Sein Mißgeschick, das jede Zuwendung (in Geld-Form) eher zu nähren als zu mildern scheint, hört vor dem Gewissen der Mutter nie auf, das Werk ihrer Schuld zu sein; wie er nie aufhört, sich schuldig zu fühlen seiner Entfernung wegen, die im Kern nichts Geographisches, sondern etwas Aktives, von ihm Betriebenes ist – die fortgesetzte Ausstoßung aus dem gemeinsamen Paradies, das, einmal verloren, nun auch verloren sein *will.* Vorwurf, Trotz, Eigensinn sind unzureichende Wörter, da sie je länger je mehr nicht mehr eine bloß vorübergehende, privat adressierte, sondern eine Lebensstimmung bezeichnen. Froh will er sein, wenn sich ihr Stachel wenigstens so still wie möglich hält, wenn es seinem besten Willen gelingt, sie zu klären zur »Grundtrauer« seines Wesens.

Diese Arbeit fragt nach dem Motiv dessen, was sie in Kellers Werk als Bewegung beobachtet; sie folgert aus den sogenannten Zufällen der Biographie auf die sogenannten Notwendigkeiten der Kunst. In dem Maße freilich, wie dies ein Prozeßbericht ist, kann er weder eindeutig Biographie noch eindeutig Werkinterpretation sein und entbehrt des Schutzes eines anerkannten akademischen Genres – was keineswegs bedeutet, daß er die dort geleistete Arbeit nicht zur Kenntnis genommen und dankbar genutzt hätte. Aber keine Vorarbeit ersetzt oder erklärt das eigene Motiv, von den Motiven eines andern – genau besehen: von einem mächtigen Motiv – unmittelbar bewegt zu sein. Bewegt zu dem sonderbaren Versuch, in der Gestalt eines geschichtlich entfernten Dichters, des Autors des »Grünen Heinrich«, ein Stück Schöpfungsgeschichte einfangen zu wollen. Oder, um es angemessen nüchtern zu sagen: ein Stück Produktionsgeschichte.

Das Motiv, dessen Tragweite anzudeuten war, ist die *Schuld.* Unter den vier »grauen Weibern« die den alten Faust heimsuchen, gehört sie zu denen, die draußen bleiben müssen: der Autor billigte ihr – trotz Gretchen-Tragödie – kein Urteil über das prekäre Titanenwerk zu. Dafür war es das Werk eines Großbürgers, das allenfalls die »Sorge« verdunkeln mochte (die Grenzerfahrung dessen, dem sich die Welt nicht, wie einst, magisch fügen will, die Götterdämmerung eines patrizischen Produktionsverständnisses), nicht aber der Schatten kleinbürgerlicher Existenz: Mangel, Not und ihr verinnerlichtes Äquivalent: eben die Schuld.

Die Schuld bleibt freilich eine mächtige Fee unserer Zivilisation. Sie steht an ihren Ursprüngen und hat historisch ihren Fortschritt betrieben. Auf ihrer Anerkennung – in welchem Zeichen immer – ist das abendländische Selbstverständnis gewachsen – wo nicht glücklich, so doch kraftvoll. Was »Schuld« an sich selber und im allgemeinen bedeutet, ist freilich nicht zu sagen, jedenfalls nicht, ohne ins Ideologisieren zu geraten. Es ist deswegen nicht zu sagen, weil das Wort keine feste Größe, sondern ein Verhältnis bezeichnet – ein Mißverhältnis, um deutlich zu sein; das Ungleichgewicht zweier Größen (als da sind: Wunsch und Verbot, persönliches Wohl und soziales Heil, Fleiß und Industrie), das Ausgleich, Gutmachung, Genugtuung zugleich verlangt und hintertreibt. In jedem Fall erzeugt die Diskrepanz Aktivität. Der Widerstreit, der in ihr steckt, ist ohne Streit nicht auszutragen. Er stiftet Unruhe auch da, wo er auf Schlichtung zu drängen scheint. Er bildet gesellschaftliche Systeme aus und greift sie von innen an. Er zeugt das Mißverhältnis fort und steigert es, statt es beizulegen. Und je weniger dieses im Äußern aufgefangen, »agiert« werden kann, desto stärker neigt es dazu, ins Innere umzuschlagen, wo es erst seine solide Form, gleichsam seinen persönlichen Kern gewinnt. Von hier aus erst wird »Schuld« zum Motiv, zum Beweg-Grund im umfassendsten und verhängnisvollsten Sinn. Aus der Innerlichkeit erst, als privatisiertes, persönlich genommenes Mißverhältnis, schöpft und erneuert es seine gesellschaftsbildende, gesellschaftsverändernde Kraft.

Was für die Geschichte wahr ist, ist es auch für die Lebensgeschichte. »Schuld« gehört zu den ersten Erfahrungen, die das Kind in Verarbeitung seiner Umwelt macht. Es macht sie, wenn seine Wünsche verboten werden; also zugleich für sich und gegen sich. Lernen heißt da soviel: Verbote – die bei Zuwiderhandlung nur immer die eigene Schwäche, Ohnmacht, Unliebenswürdigkeit bestätigen – dadurch »entkräften« lernen, daß man sie sich zu eigen macht. Schuldgefühle werden damit zum Motor der Sozialisation. Mit ihrer Hilfe werden erste anerkannte Leistungen erbracht, und diese machen einen – nach geltendem Urteil – zu dem, was man ist. Aber kein Sozialerfolg entschädigt ganz für das Bewußtsein – wie verdrängt es auch sei –, daß er in seinem Kern nicht dem erfüllten, sondern dem versagten Bedürfnis verdankt wird; daß das, was man sich da zu eigen gemacht hat, seinem Ursprung nach fremde Zumutung war. Die Erinnerung ist nicht kräftig genug, die Entwicklung der Person umzukehren, aber immer stark genug, das Bewußtsein unglücklich zu machen; das heißt: zu belasten mit neuer Schuld. Zum Gewicht unerfüllter Pflichten gesellt sich noch das Gewicht verratener Triebe hinzu. Was das Schuldprinzip so nahezu unüberwindlich macht, ist seine Fähigkeit, sich der Einzelseele als ihr eigenes Werk darzustellen, sich unlösbar an die Person zu binden. Ja die Person scheint durch Schuld konstituiert zu sein, längst bevor diese, wenn überhaupt, als Druckmittel der Gesellschaft bewußt werden kann. Sie richtet sich ihren Mann (und ihre Frau) selbst zum Mitträger und Komplizen einer gedrückten Gesellschaft zu. Im Erwachsenenalter wird es zur Regel, daß man ohne Schuldbewußtsein noch weniger zu leben vermag als mit ihm.

Nun spreche ich doch von der »Schuld im allgemeinen« – jenem Prinzip kollektiver Verdrängung, das Freud als Preis aller, aber im besonderen unserer Zivilisation beschrieben hat; das Max Weber als Leistung früher Neuzeit gesehen hat; als die – aus dem Sündenbewußtsein übersetzte – Voraussetzung »primärer Akkumulation«. Danach wäre die Bildung von Kapital an eine Mentalität gebunden, die ihr Heil sucht im »Verhalten« der Lust zur Verschwendung. Ich muß alles tun, meine Talente, die mir Gott gegeben hat, wuchern zu lassen; an meinem Erfolg zeigt sich, ob ich gnadenfähig bin. Aber ich darf von den Früchten, die ich um Gottes und der Menschen willen hervorbringe, nicht naschen. Mehrwert muß geschaffen, aber er darf nicht genossen werden.

Die psychoanalytische und kritisch-ökonomische Herleitung des Schuldprinzips scheinen mir unwiderlegbar. Ich brauche nicht weit zu suchen, um sie auch im Jahre 1977, zumal in Kellers Heimat, bestätigt zu finden. Und doch beschäftigen sie mich hier nicht um ihrer selbst willen. Es beschäftigt mich, was sie zum besseren Verständnis eines Menschen beitragen, der zwischen 1819 und 1890 gelebt hat; wieviel sie von der »Schuld« zu erhellen vermögen, die er sich selbst zugeschrieben hat – nicht nur in unvermittelter Lebensäußerung, sondern in einer speziellen und verschlüsselten: seiner künstlerischen Arbeit. In letzter Instanz ist es dieser Einzelfall von Produktivität, der mich beschäftigt. Denn: es mag hilfreich sein zu wissen, wie Schuld überhaupt entsteht, was sie in unserer gemeinsamen Kultur geleistet oder verhindert hat. Aber was sie konkret bedeutet, kann mir nur der einzelne Mensch sagen. Er bleibt das Jüngste Gericht über alle Abstraktionen, denen wir ihn unterwerfen mögen. Wenn es den

Anschein haben könnte, als würde Keller hier der Prozeß eines Begriffs gemacht, so lasse man sich nicht täuschen: es ist der lebendige Autor, der dem Begriff den Prozeß macht. Sonst hätte ich nicht nur dem Autor Unrecht getan: ich hätte auch den Begriff um die Chance *seines* Lebens gebracht.

Das Drama, von dem die Kinderstücke zeugen, ist also mit der Reduktion des Personals auf Mutter und Sohn nicht abgeschlossen – es beginnt nun erst auf dem Niveau seiner Verarbeitung. Die ursprünglichen Figuren mögen in jedem Sinn des Wortes hinfällig geworden sein. Die Stelle aber, die sie einmal bezeichnet haben, bleibt »besetzt«. Sie wird zur Wachstumsstelle jener Trauerarbeit: Die Arbeit am Vater und seinem schlechten Stellvertreter; die an der Mutter und allen Frauen, die nun *sie* beim eigenen Gefühl zu vertreten suchen; die Arbeit am Kind, das Keller in einer bedrängenden und verkürzenden Konstellation gewesen ist. Das Wort »Drama« verliert jeden metaphorischen Sinn, wenn man sieht, wie sich Keller lebenslang, und scheinbar unbelehrt durch seine »wahre Stärke«, um die dramatische Form bemüht hat. Noch das Mißverhältnis zwischen biographischem und theoretischem Aufwand und faktischem Ertrag, die wunderliche Enge seiner Thematik zeugt von der Tiefe dieses Bedürfnisses. Der gleiche Mann, der seinem gelehrten Freund Hettner die Augen über das Wesen des Dramas zu öffnen wußte, der sich vom Theater buchstäblich die Legitimation seiner Existenz versprach, hat alles in allem nicht viel mehr als ein ungelenkes Fragment hinterlassen. Es handelt aber vom Trauma einer ganzen Jugend – der unverstandenen und veruntreuten Sinnlichkeit der Mutter-Frau. Davon handelt »Therese«, im Kern nur davon: von der Leidenschaft einer Frau, die von Rechts und Reife wegen der Leidenschaft enthoben sein müßte, und die damit das Glück – um nicht zu sagen: die Glücksfähigkeit – ihres Kindes zerstört. Der die Passion auslöst, ist ein Gesicht des Zufalls. Kellers Entwürfe schwanken, ob sie aus dem Mutter-Geliebten einen

Missionar oder Heiden, einen weltfremden Frömmler oder einen praktischen Ingenieur machen sollen. So schwankend wird dem Kind die gewiß nicht teuflische Erscheinung des Stiefvaters vorgekommen sein; so schwankend aber auch das eigene Bedürfnis, bald sich an dessen Stelle zu fühlen, bald diese Stelle vom Erdboden zu vertilgen. Das Drama wäre für Keller die Form gewesen, die Träger der Spannung aus persönlicher Befangenheit zu lösen und zu Stimmen eigenen Rechts zu entwickeln. Das Resultat bezeugt, daß an die Erfüllung dieser Forderung nicht zu denken war. Nicht nach Objektivierung und Gerechtigkeit rief das Mutter-Motiv, erst recht nicht nach Lösung und spektakulärer Katharsis; viel eher nach einer Dauer-Leistung des Verhüllens und Verschwindens, die nur im »indirekten« Medium Prosa zu erbringen war.

Vom »Grünen Heinrich« (den Keller lange als Abfall-Produkt seiner Theaterberufung verstanden hat) vorläufig abgesehen: es sind oft überraschende Fabeln, in denen sich die private Buß- und Rache-Handlung versteckt und durch allerlei Deformation vor Preisgabe schützt. In den »Drei gerechten Kammachern« tritt der »Geselle« (in der Zürcher Umgangssprache zum vornherein: der verächtliche Bursche) als kümmerlicher Werber und Mitgiftjäger auf; und dies, damit an seinem mechanischen Wesen kein Zweifel bleibe, gleich in dreifacher Ausfertigung. Die Umworbene ihrerseits ist eine pedantische Laszive, eine Jungfer im penetranten und dadurch wieder zweideutigen Sinn. In *diesem* Versteck würde niemand so leicht das entstellte Mutter-Bild suchen. Frau Regel Amrains Jüngster dagegen kommt gerade noch im rechten Augenblick aus seinem Bettchen, um die Mutter, die dem männlichen Helfer gerade mehr gewähren will als geschäftliches Vertrauen, an ihre Würde zu erinnern. »Am nächsten Morgen schien Fritzchen den Vorfall schon vergessen zu haben, und so alt auch die Mutter und der Sohn wurden, so ward doch nie mehr mit einer Silbe desselben erwähnt zwischen ihnen.« Die Frau, die ihre unschuldige Schuld mit dem Tode büßt (Regine im »Sinngedicht«); die Frau, deren Elend und verschlossene

Armut der jüngere Mann durch seine Liebesmüh wieder zu rührender Schönheit veredelt (»Die arme Baronin«) – in beiden Fällen haben unwürdige »Brüder« das Unglück verschuldet: sie sind, auf dem Hintergrund von Kellers Kindheit als Mutter-Frauen erkennbar, im Wortsinn »beschworen« und mit allen Mitteln der Kunst gereinigt von Ungehörigkeit, sei's durch muster- und märchenhafte Erhebung, sei's durch einen reinen Tod. Die Maxime dieser Erzählkunst ist im Geist der Goetheschen Iphigenie: »Rettet euer Bild in meiner Seele.«

Auf die Frauenbilder Kellers wird zurückzukommen sein. Ich möchte die Spur des »Gesellen« an einem weiteren Ort vermuten, wo man sie nicht leicht suchen würde: im politischen Meinungswandel des Dichters.

Betrachtet man sein »Engagement« in den vierziger Jahren, so könnte man den Freischärler, Jesuitenfresser, Revolutionsdichter und »Mehrheitsmann« leicht auf der avanciertesten Position des damaligen Radikalismus vermuten: derjenigen des Handwerker-Kommunismus. Auch von Vaterseite wäre sie vorbereitet gewesen: der Drechslermeister hatte mit Gleichgesinnten eine Vereinstätigkeit gepflegt, die nicht *nur* dem gemeinsamen Theaterspiel und der politischen und sozialen Selbstversicherung diente, sondern notfalls auch vor gewaltsamer Selbsthilfe nicht zurückschreckte. Das ist der Sinn des Satzes im »Fähnlein der sieben Aufrechten«, wonach der Bürger imstande sein müsse, »selber vor die Haustür zu treten und nachzusehen, was es gibt!« Gemeint ist: nachzusehen mit dem Gewehr in der Hand. Der den Satz ausspricht, Meister Hediger, ist das poetische Ebenbild jenes Schneiders Wuhrmann, in dessen Haus und Geschäft der polizeilich gesuchte Verfasser der »Garantien der Harmonien und der Freiheit«, Wilhelm Weitling, Unterschlupf fand, und wo Keller in den vierziger Jahren einer lebhaften kommunistischen Agitation begegnet ist, die ihm eingestandenermaßen zu schaffen machte: »Diese Kommunisten sind wie besessen.« Darf man mutmaßen, daß der Anerkennung dieser Position eines vor allem unterschwellig im Wege stand: daß sie diejenige von »Gesellen« war? Man liest in seinem Tagebuch, daß er den Gleichheits- und Brüderlichkeitsvisionen dieser Beredten nicht viel mehr entgegenzuhalten hatte als »Es wird und kann halt nicht sein« – nicht zu deren Überzeugung, wie er anmerkt. Rationale Antworten sind das nicht, eher Notrufe – eines, der gegenüber dem Usurpator auch in dieser Gestalt die Familienwürde zu wahren hatte. Der archetypische »Geselle« mag mehr, als im Buche steht, zu tun gehabt haben mit Kellers allmählicher, aber unaufhaltsamer Abwendung vom Jugendvertrauen in die Selbstherrlichkeit des »Volkes«. Zu schmerzhaft war dessen »Basis« in den Haushalt des jungen Keller getreten und hatte sich Rechte herausgenommen, die ihr vielleicht zukamen, die aber er nicht ertrug. Dem legitimen Radikalen in Vater-Gestalt war der illegitime gefolgt und hatte, mit der Mutter-Quelle, auch ein Stück Vatererbe trübe gemacht. An dieser Spaltung seines Demokratieglaubens hatte der Sohn lebenslang zu tragen und rang sich nie ganz ohne Zweideutigkeit, Trauer und Selbstmißtrauen die politischen Bekenntnisse seines reiferen Lebens ab. Sie verraten, wie sehr der »Geselle«, als abgewehrter, Kellers Bild von sich selbst zu verdunkeln fortfuhr. Denn was sich in der Kindheit an diese Stelle hatte schieben können, blieb auch ein Stück von ihm. Die politische Erfahrung schien zu bekräftigen, was ihn die kindliche gelehrt hatte: daß der Griff nach der Krone des Lebens keine gemeine Hand vertrug – weder im Mutterbett noch auf dem Altar der Republik. In der zweiten Fassung seines Hauptwerks band der Sechzigjährige das Recht auf diesen Griff an die Pflicht zur Entsagung. Was er dem realen »Gesellen« nicht hatte verbieten können – jetzt verbietet er es dem Gesellen in sich selbst. In Kellers Sprache: »Damit nun aber nicht ein zu großes Gütlichtun und Wohlleben entstehe, entsagen die beiden [sc. Heinrich und Judith, A.M.] und es bleibt ein ernst gehaltener Stimmungston bestehen, welcher der Mutter im Grab nicht weh tut.«

Damit sind wir beim Angelpunkt, nicht nur des Romans, sondern der Lebensarbeit. Der Mutter im Grab nicht weh zu tun – das war die Klausel, der Vorbehalt für jede Art von Identifikation, sei's im Raum der Republik, sei's, erst recht, im persönlichen Liebesbedürfnis. Die schonende Formel verbirgt nicht, daß dem Gelübde ein Sterben vorausging, im »Grünen Heinrich« schuldhaft herbeigeführt wurde. Es ist die tote, die gemordete Mutter, die Anspruch erheben darf auf den Tod des Sohnes in der ersten ungemilderten Fassung; auf seinen Gefühlsverzicht in der zweiten, gedämpften. So klar brauchte die Rechnung in der Biographie nicht aufzugehen – aber im Roman wurde sie in ganzer Strenge aufgemacht. Aus ihr schöpft man die Vermutung, Frau Elisabeth Keller habe ihrem Sohn nur darum nicht wegzusterben brauchen, weil die unscheinbare Abdankung des Gefühls, der vollen Lebenshoffnung im gemeinsamen Haushalt an der Tagesordnung war. Die Klausel des Glücksverzichts bedurfte da keiner großen Worte und Taten mehr, um sich in jedem Probefall durchzusetzen, denn sie war zugleich die nicht abzuschüttelnde Klausel der Verbundenheit zwischen Mutter und Sohn. Der Roman drückt auch hier nur in letzter Konsequenz aus, was die bittere, stückweise gemachte Erfahrung der Biographie war: es durfte für diese Frau keinen Mann mehr geben als den Sohn; für den Sohn keine Frau mehr als diese Mutter. Sie komme für die »sentimentale Seite des Buches« auf, schreibt Keller in seinem Exposé an den Verleger Vieweg.

Das ist nicht, was man eine »natürliche Verbindung« nennt – und keine, in die ein junger Mann von heute auf morgen einwilligt. Es gehört zu den Paradoxien von Kellers Biographie – auch wenn sie der Logik nicht entbehren –, daß wir von kaum einem Autor bewegendere Liebesbriefe besitzen (der berühmteste ist derjenige des Achtundzwanzigjährigen an die »Winterthurerin« Luise Rieter), in denen freilich auch immer der Hoffnung (man sage nicht: der Enttäuschung) vorgebaut wird. Der Werbende versäumt nie, sich selbst das Zeichen des Unabkömmlichen, in seiner Leidenschaft dunkel Behinderten anzuheften; als junger Mensch durch Aufzählung seines sozialen und physischen Minderwerts; später, etwa in der Korrespondenz mit Marie Exner, durch subtilere Formen der Selbstzurücknahme, einem zur höchsten Anmut erzogenen, aber unheilbar wirkenden Witz auf eigene Kosten. Es hätte eines Wunders an Entgegenkommen bedurft, um die Provokation solchen Selbstverständnisses zu überwinden. Man glaubt zu lesen, daß er sich dieses Wunder gewünscht hätte, aber nicht mehr wünschen konnte. Denn die einzige, die es hätte vollbringen können, hatte etwas Schrecklicheres getan: sie hatte sich an ihn gebunden durch Taten und Opfer; Opfer, die nur wieder mit seinem Leben – und vielleicht auch damit nicht – gutzumachen waren. So unterstand er dem Zeichen der Vergeltung, in dem das Zeichen der Liebe mitverwirkt war; der Handel ging nicht mehr um Neigung gegen Neigung, Hoffnung gegen Hoffnung, sondern, fundamentaler, um: Existenz gegen Existenz.

Darum sind die Dokumente nicht minder bewegend, in denen der Sohn die Kraft der Mutter zu bannen, für andere Gefühlsbindungen frei zu werden sucht. Tage- und Traumbuch des Dreißigjährigen bezeugen diesen Kampf. Keller träumt von einer Kindsmörderin; sie ist eine »unkenntliche schlanke Weibsperson«, die auf einem Wagen durch die Dämmerung zum Tode gefahren wird. »Ich wünschte ihr noch, daß das genossene Liebesglück kein gemeines und so groß gewesen sein möge als das gegenwärtige Leid, dann sei es schon gut.« In der gleichen Traumnacht führen ihn zwei Schwestern in ihr Dachzimmer; »die guten Mädchen suchten dann mein Gesicht und küßten mich herzlich, aber vorsichtig auf den Mund.« Aber um die geräuschlose Liebesphantasie schleicht ein Verdacht, bewacht und belauscht zu sein von alten, jede Freude verbitternden Weibern (»wenn eine aufwache und uns höre, so seien wir des Todes«), und unterm Liebkosen kommen sie auch und versammeln sich wie Schatten vor dem Fenster. »Langt nur 'nein, sie haben gewiß einen bei sich!« Und die »lange magere Hand langte herein, tappte herum und erwischte meine Haare, welche gen Berg standen«. Der bleibende Eindruck aber, vermerkt das Traumbuch, sei »ein angenehmer« gewesen. Im Raum solcher Verbote und Drohungen mußte die eigene Sinnlichkeit behauptet werden. Der Traum vom stillen Fremdgehen und gräßlichen Ertapptwerden wird übrigens unter dem Eindruck eines andern, familiären erinnert: »Heute Nacht besuchte ich im Traum meine Mutter und fand eine große Riesenschlange auf dem Tabouret zusammengeringelt liegen, wie früher unsere rote Katze, welche gestorben ist!« Auch die Schlange, versichert die Mutter, »sei ein ordentliches gutes Haustier, und sie weckte dasselbe«. Das Tier rührte sich in der Stube, »stellte sich auf den Schwanz und fuhr mit dem Kopfe, da sie sich bei weitem nicht ganz aufrichten konnte, rings an der Stubendecke umher, als ob sie Raum suche«. Der Sohn »tat bald vertraut mit dem Tier und rief es gebieterisch beim Namen, den ich vergessen habe«; plötzlich »hing die Schlange tot und starr über den Ofen herunter« und wird nun erst zum Fürchten. Wiederbelebt sagt sie: »So ist es mit euch Leutchen! Man muß immer erst tot scheinen, wenn man von euch respektiert werden soll.« So heftet das Traumbild die Übermacht des Triebs mit dem Schmerz über seine erzwungene Unterdrückung zusammen. Und der Träumer zeichnet wie von ungefähr das Bild der geliebten »Winterthurerin« dazu – nachdem er es im Traum schon im andern Sinn »gezeichnet« hat: als unerreichbar verbotenes.

Vom verstörenden Leben solcher Träume ruft sich Keller, indem er sich buchstäblich an der Nase reißt, zurück in den Todesrespekt vor den Tatsachen. Die mütterliche Schlange wird nicht aufhören, ihn zu verfolgen, wenn sie sich wieder in die häusliche Katze zurückverwandelt. Sie wird ihm Märchen eingeben wie »Spiegel das Kätzchen«, das – anknüpfend an eine Redensart der Mutter-Sprache (»der Katze den Schmer abkaufen«) – von der Unveräußerlichkeit der Triebnatur zu träumen fortfährt. Der alternde Junggeselle weiß seinen Brieffreundinnen weitere Geschichten von der Katze zu berichten: wie sie ihn beim Schreiben störe; oder wie die Schwester beim

Versuch, das Tier zu füttern, lebensgefährlich gestürzt sei. Ein Leben für die Katz – hinter der die wohlbekannte Schlange steht, die Vergifterin des Paradieses und Bringerin tödlicher Erkenntnis. Man soll es sich nicht so leicht machen, diese Unterdrückungsleistung für gerechtfertigt zu halten durch Gnaden der Kunst. Eine Ahnung dessen, was die Kunst gutzumachen hatte, vermittelt die Schreibunterlage aus der Zeit von Kellers Berliner Passion. Es ist eines der erschütterndsten Dokumente erotischen Leidens, auf dem die unerreichbare Reiterin und Salondame Betty Tendering Dutzende Male hintereinander beim Namen genannt wird: *Betty Betty Betty* – bis die bewußtlos weiterkritzelnde Feder diesen hochgeladenen Zweisilber in ein *bitte bitte bitte* umgeformt hat und aus dieser beschwörenden Gestalt gleichsam in seine wahre hinüberschmuggelt: *bettibettibetti.* Hier spricht einmal das offene Liebesbegehren, das als kindlich gestammelter Diminutiv nicht harmloser, sondern doppelt verboten wird, weil der geliebte Name Elisabeth ja auch derjenige der Mutter ist.

Zweites Kapitel

Schuld II: Die große Frau Welt

> »Er fühlte, daß ihm sogleich die Augen übergehen würden, stand auf und sagte: »Ich muß gehen, ich habe noch viel zu tun.« Er verbeugte sich verzweifelt, Dortchen stand überrascht auf und verbeugte sich ebenfalls, und dies war sehr komisch und wehmütig, da beide bei dem einfachen Tone, der in dem Hause herrschte, sich längst nicht mehr gegeneinander verbeugt hatten, sondern sich aufrecht begrüßten.«
>
> »Der grüne Heinrich« (I), 4. Bd., 13. Kap.

Es sind große Frauen, die der Autor sucht und feiert, in denen er die Konflikte seiner Kindheit wiederholt. Die reife Judith wird in der zweiten Fassung des »Grünen Heinrich« die Stelle der toten Mutter einnehmen und den grünen Heinrich begnadigen (um den Preis seiner Erfüllung als Mann). Aber schon als Jugendgefährtin erscheint sie in einem doppelten Licht, halb Elementarwesen, halb Richterin. Nicht daß die Berührungen des grünen Heinrich Liebesspiele – vielmehr, daß sie es eigentlich nicht sind, sondern kindliches Begehren um Einlaß, ein Tasten nach sinnlicher Geborgenheit, macht sie so erregend: denn nichts hatte sich, in der Erfahrung seines Autors, tiefer verboten als eben dies. »Weißt du wohl, Heinrich, daß du allbereits ein Menschenleben auf deiner grünen Seele hast?« Er wußte es – und ich meine, daß hier nicht nur vom Leben des irren Künstlers Römer die Rede war, sondern von einem tieferen Schuldverhältnis, dem dieser nur als Darsteller diente. Kein Zufall, daß der Sohn im Roman den tödlichen Brief an den Künstler auf die eigene Kappe nahm, den »in Wirklichkeit« die Mutter verfaßt hatte. Judith: diese exponierteste Gestalt in Kellers Werk steht dafür, daß der sinnliche Freispruch nicht gegeben wird. Nur die Mutter-Nähe entbindet zwar das keusch-elementare Bild von Frauen-Nacktheit in der ersten Romanfassung; nur diese Nähe vermag aber auch dessen (den Leser beschämende) Unterdrückung im Alterswerk zu erklären. Wiedervereinigung, am Ende ja, aber im Zeichen vollendeter Entsagung: des Schwertes zwischen ihr, der Mutter-Frau, und ihm, dem erwachsenen, aber für immer verkürzten Sohn-Mann.

Kellers große Frauen – er ist berühmt für sie, und sie verdienen, über das Gutmütig-Erheiternde der Zusammenstellung hinaus, einen zweiten Blick; einen Blick, der ihre Bedeutung am Werk prüft. Beginnen wir mit dem Namen der geliebtesten – und darum am meisten verbotenen – von Salomon Landolts Bräutchen: Figura Leu (im »Landvogt von Greifensee«). Es ist ein sprechender Name: er enthält, im scheinbaren Gegensatz zur liebenswürdigen Art seiner Trägerin, das Maß-Setzende, Maß-Regelnde, Verbietende der lateinischen Form, noch pointiert durch den tier-königlichen, männlichen Nachnamen. Sie ist es, die dem Hagestolz den Liebesdienst des »steinernen Ritters« tut, der im »Grünen Heinrich« die Meerkatze zur Ruhe gebracht hatte. Sie ist, wie der Vorname besagt, heimlich Frauen-*Bild*, wenn sie am offenherzigsten als *Frau* erscheint – und darin dem buchstäblich herrschenden Typus Kellerscher Frauen verwandt. Die Sprache der Liebe, die solche Frauen sprechen, ist bei aller Anmut und Schalkhaftigkeit fast nie ohne einen zurechtweisenden Zug. Ihre Herzensbekenntnisse sind immer auch Merksätze und – ein Charakteristikum von Kellers Stil – durch Ausrufungszeichen vor der letzten Hingabe geschützt; als ob die disziplinierende Erinnerung des Mutter-Kind-Verhältnisses sie undurchdringlich und traurig begleite. Man zähle, wie viele von Kellers Liebesszenen eigentlich Zurechtweisungen sind, ein sanftes Kopf-Waschen, kleine Reinigungs-Zeremonien. Auf diese scheinbar unverfängliche Bahn wird, wie ehedem, umgeleitet, was sich nicht getrauen darf, unmittelbar Gefühl zu werden. Kellers Frauengestalten stehen, wenn Hände sich nach ihnen ausstrecken, hinter Glas. Und die vieldeutigen Reflexe der Abwehr, des Heimwehs, der Erinnerung, die ihre Gesichter überspielen, täuschen nicht nur Leben vor – diese Reflexe sind, was dem Dichter an Leben bleibt. Es ist der verdammte Geist seines Lebens, der um diese Bilder spielend und hoffnungslos Einlaß begehrt. »Humor« nennt man wohl dieses Spiel – ein Wort, das mit Vorsicht zu gebrauchen ist, denn die Leistung dieses Humors besteht in Selbstüberwindung; in der Anstrengung, hell zu bleiben, statt schwarz zu werden und schwarz zu machen. An der Unzugänglichkeit der Frauenbilder ändert er nichts, er setzt sie nur ins rechte Licht, das der Trauer.

Kellers erste Liebe, die mütterliche, im Kern durch keine andere gleichen Werts ablösbar, bedeutete, wo sie glücklich war (das Wort gibt seine Unzuständigkeit zu erkennen), zweierlei: Versorgung und Erziehung. Beides Inhalte, die keine Symmetrie schaffen zwischen Geber und Empfänger: die die Kleinheit des einen voraussetzen, Größe vom andern fordern: jene Eigenschaften also, die Keller in »seinen« Frauen gesucht, bei sich selbst wahrgenommen, an denen er eben darum gelitten hat. Zu leiden an dem, was man braucht; nicht entbehren zu können, was Leiden schafft: wäre hier nicht von einem großen Autor, sondern bloß von einer bestimmten »Veranlagung« die Rede, so wäre das Etikett »Masochismus« für jene Verbindung schnell bei der Hand. Und die Erinnerung mag nicht so deplaziert sein, wie sie scheint, daß jene Veranlagung, wenn sie männlich, also nicht normgerecht ist, sich in sogenannten »Kontaktanzeigen« als Bitte um »Erziehung«, als Wunsch nach einer »strengen Hand« äußert.

Es muß erlaubt sein, einen Mann, der in Berlin eine stadtbekannte Reiterin schmerzlich liebte, mit dem Symbol der Peitsche in Verbindung zu bringen, und dieses als Ausdruck kulturbedingten Leidens zu sehen, ohne einen Dichter deswegen »abartig« nennen zu müssen. Es muß sogar erlaubt sein, bei der amazonenhaften Männin an den verhaßten Rittmeister aus der »armen Baronin«, den Usurpator des Mutter-Bildes zu denken – es ist möglich, daß Keller in seine Frauen-Bilder auch sein Sohnes-Manko zu integrieren hoffte, indem er sie suchte, verehrte, liebte. »Versorgung« freilich war nicht zu erwarten von diesen Virago-Gestalten (im Gegenteil, der kleine Mann war sich bewußt, ihnen solche zu schulden), aber Erziehung gewiß. Und dieses Erzieherische erhob sie gewissermaßen über ihren Geschlechtscharakter; es gab ihnen eine Weihe, die für

Erfüllung entschädigte; es war die Bedingung, daß er lieben durfte – bis zum Verzweifeln.

Wer aber so das Männlich-Anleitende sucht im Gegenstand seiner Liebe, der hat auch das Weibliche bei sich schon erlebt und gesucht, auch wenn dieser Wunsch vor seinem Männergewissen die reine Schande, das Undenkbare bedeuten sollte. Das Unbewußte kümmert sich nicht um das Undenkbare. Eine Mutter, die dem Kind den Vater ersetzen muß, gibt diesem Kind nicht nur den Wunsch ein, selbst an Vaters Stelle zu treten, sondern auch den andern: die eigene Rolle komplementär zu unterlaufen und ihr Belohnungen abzugewinnen, die das eigene Männchen-Bild nicht zuläßt. Das Väterliche der Mutter *erlaubt* nicht, aber ermöglicht dem männlichen Kind die Phantasie, zu werden wie die Mutter – also notwendigerweise: ein Mädchen zu *sein*. Mit dem doppelten Gewinn, der Mutter eine zwangslosere Identifikation zu gestatten, sich selbst aber von männlichen Selbstbehauptungen zu entlasten, deren Über-Forderung man mit Grund fürchtet. Man wäre wählbar geworden, der schmerzlichen Konkurrenz enthoben; man könnte geliebt sein, von Gleich zu Gleich, wenn man das Röcklein lebenslänglich trüge.

Verbotene Phantasien – natürlich; das Bewußtsein verbietet sie mit allem Nachdruck. Aber müßige Spekulationen: wohl nicht. Was die Vernunft absurd finden möchte, die Dichtung läßt es zu, auch wenn es dem verbotenen Lustgewinn den Zensor an die Seite malt. Frau Regel Amrains Jüngster, der zum Mann erzogen werden soll, entläuft seinem Schicksal eine Weile in Mädchenverkleidung – und täuscht damit eine Gesellschaft beiderlei Geschlechts so erfolgreich, daß die Mutter die normalen Verhältnisse mit einiger Gewalt wiederherstellen muß. Salomon Landolt führt seinen Schätzen zwar nicht sich selbst, aber einen jungen, frischen Landknaben als Mädchen vor und läßt die Freundinnen zwischen diesem Androgynen und der alten Haushälterin eine Wahl für ihn treffen – mit dem voraussehbaren Erfolg, daß sie nicht auf die Mutterfigur, sondern auf den gewinnenden Zwitter fällt. Ein Spiel, aber kein ganz behagliches (Figura Leus Schrecken beweist es); es ist nicht nur die charmante Laune, die es arrangiert. Der verschmähte Liebhaber straft die Frau in allen Frauen, indem er sich angesichts ihrer Forderungen – die solche des Geschlechts bleiben, auch wenn die Sexualität als überwunden gezeigt wird – zu seinesgleichen bekennt; und es ist wohl kein Zufall, daß er »seinesgleichen« in Mädchengestalt präsentiert. Es ist Schadenfreude, daß die Damen – ob sie wollen oder nicht – ihm diese Gestalt zugestehen und dabei das eigene Geschlecht in Frage stellen müssen.

Es mag am Ende auch ähnliche Gründe geben, weswegen die leibliche Schwester im »Grünen Heinrich« nicht vorkam. Sie war ausgeschlossen durch den eifersüchtigen Wunsch, *der* Mutter *das* Kind gegenüberzustellen, dessen Geschlecht nicht nur grammatikalisch weder weiblich noch männlich ist – weil es nämlich beides sein mußte in seinem doppelten Bedürfnis, liebenswürdig und mächtig zu sein, geborgen und erzogen, »groß« zu werden wie ein Mann, und »klein« wie eine Frau bleiben zu dürfen.

Das Mannweib bei Keller: der Schutz, den die Kunst – und die Sehnsucht – dieser reizvollen Gestalt gewähren, bleibt prekär; wie prekär, wird sofort deutlich, wenn die Verbindung sich prononciert; wenn die heimlich geliebte Domina sich spaltet in die offen dämonische – das heißt: die sexuell fordernde – Frau einerseits; in die herrische Emanzipierte andererseits. In beiden Grenzfällen wird Gefahr gemeldet. Denn beide aktivieren den Konflikt in der eigenen Brust; da spricht der Zensor sein Urteil. Es ist die Not, die es im einen, der Abscheu, der es im andern Fall spricht – es ist die gewaltsam wiederhergestellte Männlichkeit, die sich weigert, das *drohende* Weib zu erkennen. So in jenem so wunderbaren wie verräterischen Gedicht aus der Sammlung »Von Weibern«, dessen letzte Strophen lauten:

»Es schwammen ihre Glieder
In der taghellen Nacht;
Der Himmel war trunken
Von der höllischen Pracht.

Aber ich hab entblößet
Meine lebendige Brust;
Da hat sie mit Schande
Versinken gemußt!«

Auf die weibliche Nacktheit antwortet die Selbstentblößung des Mannes – im Zeichen der Abwehr, des Bannes, das aber den sexuellen Gegen-Sinn deutlich durchblicken läßt – als verweigerten. Die Literatur, die man die »spätromantische« zu nennen pflegt, ist reich an Belegen für die »Dämonie« des Weibes, an lockenden Nymphen, Nixen, Undinen, in denen die Angst vor den eigenen Wünschen verherrlicht wird. Kellers Werke, die Lyrik voran, haben ihr Teil an dieser Blöße, die der alternde Dichter wieder, wo es ging, zu decken trachtete – aus einem Schamgefühl, das weniger der »Zweideutigkeit« als der Preisgabe galt.

Um so härter ging er mit den Frauen ins Gericht, die Männer vorstellen, nach Männerart reüssieren wollen. Im »Verlorenen Lachen« wird Justines Versuch, der »Versorgung« von Männerseite durch einen eigenen Beruf zu entgehen, als Ausdruck »gefangenen Sinns« verurteilt: »Sie verfiel immer mehr in die kranke Sucht nach Selbständigkeit, welche die Frauen dieser Zeit durchfiebert wegen der etwelchen Unsicherheit, in welcher die Männer die Welt halten.« Aus der Sicht unserer Tage müßte wohl anders formuliert werden: es sei die Unsicherheit der Männer selbst, die den Frauen ihre Selbständigkeit nahelege. In »Regine« werden die emanzipierten »Parzen« vollends zu Quellen allen Unglücks und vergiften mit ihrem Unwesen das ratlose Naturkind Regine. Es ist vor allem ›der‹ »dämonische Maler«, eine Person, die die weibliche Endsilbe schon aus ihrem Beruf gestrichen und ihr Kleid so eingerichtet hat, »daß sie ihre Hände zu beiden Seiten in die Taschen stecken konnte, wie ein Gassenjunge«, die den Abscheu des Erzählers auf sich zieht. Davon abgesehen, daß sie auch die Abwehr von Kellers eigenem Maler-Mißgeschick zu tragen hat, verrät sein Fluch eine noch tiefere Heikligkeit seines Selbstschutzes: »In der Tat hat die Wut, sich die Attribute des andern Geschlechtes anzueignen, immer etwas Neronisches; möge jedes Mal die Kröte aus dem Sumpf springen!« Was Wut schafft, ist wohl viel mehr das ungeliebte Bild des *Mannes*, das die mannsähnliche Frau ihm zurückspiegelt: das abgelehnte Selbstbildnis also.

Frauen, die sich weder versorgen lassen noch Versorgung verheißen, haben, grob gesprochen, auch keinen Bildungswert mehr. Sie sind keine möglichen »Erzieherinnen«, sondern stehen nur noch für die Bedrohung durch das Weib – vor der sich die Sprache in die Karikatur rettet. Hexen als glutäugige Gespenster, Hexen als (»um ein stattliches Masculinum zu gebrauchen«) Unholde – man könnte sie als Randerscheinungen von Kellers Interesse abtun, wenn sie nicht eine Wahrheit aussprächen, die in den »holden Frauenbildern« zwar veredelt, aber nicht aufgehoben wird: das Frauen Fremde sein müssen für das Gefühl, weil es sie als solche erfahren lernen mußte; weil es sie, wenn der eigene Unwert nicht brennend werden soll, nur als Entfernte erträgt.

Frauen sind auch in Glücks- und Gnadenfällen im vollen, beinahe ethnologischen Sinn des Wortes das *andere* Geschlecht – und dann sogar mit Betonung, wenn auch mit liebevoller. Heinrichs erste Liebe, Anna, flieht – wie er – nach der ersten Berührung wieder zu »ihrer Partei«, und er selbst spricht von der Geschlechtertrennung wie von einem delikaten Politikum, dem nur auf dem Weg diplomatischer Taktik beizukommen ist: ». . . ich dachte mir alle Mädchen als eng verbündet und gleichsam Eine Person, mit welcher man im Ganzen gut stehen müsse, wenn man ein Teilchen gewinnen wolle.« Das ideelle Gesamtweib als Verschwörung gegen den Mann, um nicht zu sagen, als Anschlag: dagegen muß auch einmal zu Gegengiften gegriffen werden. »Man muß am Ende die Weiber nehmen wie die Skorpione, den Stich des einen heilt man mit dem Safte, den man dem andern ausquetscht!« Es gibt Stellen in Kellers Werk, wo der weibliche Feind ganz in seine charakteristischen Attribute aufgelöst wird: » . . . nur die von Luftdämonen beseelten Weiberhülsen säuselten sachte hin und her, bis ein Windstoß sie plötzlich emporwirbelte, die langen weißen Strümpfe gleich Geisterbeinen um sich stießen und schon ein losgerissenes Häubchen wie ein kleiner Luftballon über das Dach wegstieg.«

Dämonen, leere Weiberhülsen, Wind, plötzlicher Wirbel, weiße Strümpfe gleich Geisterbeinen – das ist ein Kehraus nicht nur weiblicher Objekte, sondern des Weiblichen *als* Objekt, zusammengestellt von einem bösen und bittern Blick.

Die Art, wie Männer seit den Anfängen unserer sogenannten Kultur über Frauen, »die Frau« reden, dieser allzumenschliche Versuch, über das Unberechenbare, nie ganz Domestizierte der Natur – auch der eigenen – wenigstens in Gestalt des andern Geschlechts »verfügen« zu wollen, sei es durch Spott, Schimpf, Hohn, Galanterie oder andere Formen von Selbstherrlichkeit – gewiß, sie wird Mannes-Art bleiben, solange die Männer gehindert sind, Menschen zu werden, und man soll einen Dichter, der mann-hafte Abwehrreflexe um seines Leibes und seiner Seele willen nötiger hatte als andere seinesgleichen, nicht als einzelnen dafür belangen. Aber das heißt nicht, daß man die Redlichkeit, die man sich selbst schuldet, bei ihm beiseitestellen soll: auch für Keller wurden die Frauen sehr leicht leere Hülsen oder starre Bilder, wenn seine Liebe zu ihnen mit sich selbst nicht zurechtkam. Sein Werk ist jedenfalls darin recht männlich, daß es auch unbewältigte, daher gewalttätige Geschlechtlichkeit ist. Große Dichtung redet von der Frau oft nicht anders als der Biertisch; vom Haupt einer Frau kann der Eheherr heiter sagen, es sei »zu schön und, da sie sonst nicht viel tauge, ein Hauptstück seines Inventars«. Die Schwester eines afrikanischen Fürsten ist »ein keckes Einzelstück«. Noch im »Martin Salander« wird die Frau, wenn sie nicht, wie Marie, resolut ist in ihrem Dienst am Mann, entweder als leere Schönheit (Myrrha) oder als törichtes Stückgut (die Salander-Töchter) behandelt. Das ganze »Sinngedicht« ist, bei unfreundlichem Licht besehen, die Prüfung einer Auswahlsendung von Frauen-Ware.

Verglichen mit der keineswegs zimperlichen Zartheit Gotthelfscher Brautschau-Geschichten, denen es von ferne nachgebildet ist, kann das »Sinngedicht« viel eher als kunstvoller und lehrhafter Markttip gelten, als didaktisches Exempel (»Willst du weiße Lilien ...«), ja als eine höhere Art von Fleischbeschauung. Und Lucia zögert nicht, sie beim Namen zu nennen: »... doch fange ich an zu merken, daß es sich um gewisse kennerhafte Sachlichkeit handelt; das gefallende Gesicht wird zum Merkmal des Käufers, der auf den Sklavenmarkt geht und die Veredlungsfähigkeit der Ware prüft, oder ists nicht so?«

Daß mehr als »ein Gran dieser böswilligen Auslegung mit der Wahrheit in gehöriger Entfernung zusammentreffen (könnte)«, bekräftigen die Reisegeschichten ins klassische Land der Sklavenherkunft, wo die Frau offen als Exotikum erscheinen und die Lust zu ihr im Wortsinn gebüßt werden darf: »Wolle er sie aber bei sich behalten, so solle er sie nur mit der Peitsche dressieren, wenn sie zu ungelehrig sei.« In Afrika, der grausamen Fremde, Vater-Land der Sexualität und ihrer Ängste, ist endlich für die Peitsche Raum, die später für Nietzsche zum Ausdrucksmittel der eigenen geschlechtlichen Einsamkeit werden sollte und sich als solches unbeschränkt zitierfähig gezeigt hat. Es ist die Peitsche, die im Grunde dem zugedacht ist, der selbst nicht »reiten« kann, der Ersatz für den verlorenen Stock, das Meerrohr des Vaters, dieses imaginären – und nicht mehr einholbaren – Orientfahrers.

Viel wäre noch zu sagen von jenem vermißten Stock – müßte man nicht fürchten, als »Entlarver« verdächtigt zu werden. Aber wo es um den Fall vitaler Grundtrauer geht, die jedem geschlechtlichen – also jedem Menschen-Wesen – auf seine Art zugeteilt ist, darf man Beschönigung nicht mit Anstand verwechseln. Dieser ist vielmehr bei der Redlichkeit; und was die Schönheit von der Beschönigung unterscheidet, ist der Wahrheitsgehalt ihrer Verarbeitung – nicht nur beim Dichter. Eine Frauenfigur wie diese spricht *wahr*, auch wenn sie zugleich Hohn, Spott und Bitterkeit spricht: »Da wurde soeben aus dem Portale ein niederes vierrädriges Kärrchen gezogen, auf welchem die Venus von Milo stand und ein wenig schwankte, obgleich sie mit Stricken festgebunden war. Ein Arbeiter hielt sie mit Gelächter aufrecht und rief: hüh! während der andere den Wagen zog. Ich schaute ihr lange nach, wie sie sich fortbewegte, und dachte: So geht es, wenn schöne Leute unter das Gesindel kommen!«

Es ist das Gesindel der eigenen Wünsche, das sich hier für die Unzugänglichkeit ihres »Objektes« schadlos hält – Wünsche, die zugleich ihren Verzicht im »Frauenbild«, das hier gleichsam in seiner klassischen Urgestalt erscheint, verherrlichen. Kunst und Leben sind darin zusammengeheftet, wenn der Erzähler fortfährt: »Ich glaubte, die Regine dahinschwanken zu sehen.« Das Frauenbild: am Pranger gestraft, weil nicht erlösend; zum Martyrium verurteilt, weil das verschmähte Gefühl darin sein eigenes Elend zeigen muß; schließlich vor allem Haß gerettet in die Höhe der Kunst, wenn auch da noch von Stricken festgehalten: so komplex nimmt sich Kellers Frauenlob aus der Nähe besehen aus.

Die Statue der Venus, die das Bild der toten, ihrerseits zum Opfer eines Bildes gewordenen und von eigener Hand gerichteten Regine vorwegnimmt: hier ist schon angedeutet, was der Tod in Kellers Werk leisten soll. Er ist ein Kunstmittel im höchsten Sinn, ein rettendes Prinzip, insofern er – als *ultima ratio* – das bedrohliche, also zur Zerstörung verlockende »Frauenbild« in der eignen Seele retten muß. Regine, der im Liebes-Mißverständnis nur *ein* »ehrenhafter« Ausweg übrigblieb, liegt im Tod als Gereinigte, als die definitive Heroine da. Sie hat »in Wirklichkeit« dem Mann, der sie in seinem Gram

»allein gelassen« hatte, die eigene Geschlechtsehre gerettet; sie war das Werkzeug, den Widerspruch zwischen Mann und Weib im erzählenden Mann selbst zu sühnen. Dieser ist Reinhart, der Rahmen-Held; und Lucias Kommentar auf das an der seidenen Schnur aufgehängte Eben- und Droh-Bild entbehrt nicht der Bitterkeit: »Der Wahlherr hat diesmal wirklich auf Rasse zu halten gewußt!« Der Eheherr war – die Erzählung will es selbst nicht wahrhaben, aber sie spricht es aus – schon vor der Katastrophe der heimliche Mörder seiner Frau gewesen, als er sie nämlich durch seine »Wahl« zugleich von ihrer Herkunft zu reinigen und zu sich emporzuheben trachtete: » . . . in Regine hoffte er ein Bild verklärten deutschen Volkstums über das Meer zu bringen, das sich sehen lassen dürfe und durch ein außergewöhnliches Schicksal noch idealer geworden sei.« Das »Meer« erwies sich als unüberwindbar; die Endgestalt jedes »Frauenbildes« ist die Tote. In einem Brief des alten Keller an Marie Frisch ließ er den Tod mit Röntgenblick durch das geliebte Jugendgesicht hervortreten: »Ich danke Ihnen auch schönstens für die zierliche Photographie Ihrer Vermummung mit dem allerliebsten Läusemützchen, das Profil ist noch ganz so fein wie vor acht oder weiß Gott wieviel Jahren, beinahe noch jünger; es tut aber nichts, der Totenkopf wird schon noch kommen, eh' wir's uns versehen.« Es ist ein stoßendes, kein schönes Geheimnis, das die Kellerschen Frauenbilder bergen. Der »Wahlherr«, dem in Wirklichkeit die freie Wahl im Geschlechtlichen selbst verwehrt ist, läßt *ihnen* in Wahrheit – der künstlerischen – die eine letzte und höchste Gnade: die des Opfers. Als Geopferte büßen sie für ihre Stammeszugehörigkeit, das Geschlecht; büßen sie, daß der Wunsch an ihnen gescheitert ist, noch ehe sie ihn abweisen; büßen sie, daß man bei ihnen nicht versorgt (d. h. geborgen) ist, wie man es bei der Mutter schon nicht gewesen war. Das alles können sie gutmachen, indem sie schön werden: in der Gestalt ihrer Zurücknahme. Dann darf das Gefühl sie unbehindert feiern.

Wo die Not dieses Gefühls am größten ist, feiert auch der Tod seine bewegendsten Triumphe: bewegend, weil die Trauer dessen in ihnen zittert, der nicht nur zum Verlust verurteilt ist, sondern diesen Verlust auch herstellen – also verschulden – muß. Um die gleichaltrigen Mädchenbilder weht bei Keller diese traurige Festlichkeit der Todesbestimmung. Die Züge von Heinrichs Jugendliebe Anna dürfen im Waldeszwielicht unvergeßlich aufleuchten, ehe sie hinter dem Sargfensterchen für die Ewigkeit gemalt sind. Keller hat den Blick aus dem Dunkel ins Helle als *sein* Arbeitslicht geschildert. Dieser Blick wirft jenen Schatten der Heiterkeit auf das geliebte Gesicht, der – auch wenn es geküßt werden darf – eine Bürgschaft der Ruhe ist: Kellers wahre Liebesbegegnungen sind immer solche von Ernst zu Ernst, Stille zu Stille. Es wird ihnen zum Schutz des Gefühls ein Beiwort mitgegeben, das diesem Gefühl von Haus aus fern sein müßte: ruhig. Immer, wo etwas zu gut und zu schön ist für diese Welt, ist auch die Figur des schlafenden, das heißt: toten Ritters nicht weit, der, wie wir gesehen haben, männlich wie weiblich sein kann; das Wesen im Panzer, das Ruhe gefunden hat und Ruhe gewährt. Diese Ritter-Figur geistert in Kellers Werk, wo Glück und Liebe *drohen* – etwa in der Kapelle Dortchen Schönfunds –, sie mahnt jene Eigenschaft an, die nach ihr heißt und den Rachewunsch überholt: Ritterlichkeit. Wer nicht Mann werden, das Weibliche nicht gewinnen durfte, dem bleibt immer noch das Letzte, in Ehren vor sich selbst zu bestehen: ein Ritter zu sein. Kellers Liebhaber sind solche Ritter, die sich (wie in »Hadlaub«, wie in den »Sieben Legenden«) auch gern in der legendären Ritterzeit spiegeln. Diese Ritter »lieben die Toten so sehr«, weil sie zugleich des Todes sind und Tod und Teufel in der eigenen Brust besiegen müssen: der Preis dafür ist der *Harnisch*; der eiserne Verschluß der eigenen Körperlichkeit.

Dennoch: die Entblößung der »lebendigen Brust« droht und lockt weiter. Sie bleibt lebenslängliche Verpflichtung, die man, wo nicht der eigenen Sinnlichkeit, so doch derjenigen des Werks schuldet. Der Reiz des Lebendigen und die Lust zu ihm müssen gleichfalls lebendig bleiben; der Prozeß, den sich das Gefühl des Dichters in seinen Geschöpfen macht, bleibt ungelöst bis zum Ende. Um ihretwillen will der Tod, der soviel Trost bedeutet, auch wieder genarrt sein durch Künstler-Art, »süße Frauenbilder zu erfinden,/ Wie die bittere Erde sie nicht hegt!« Das lebensversuchende und lebensstiftende Unglück muß um des möglichen (wenn auch vielleicht nicht *ihm* möglichen) Menschenglücks willen ausgehalten werden. Das Ritter-Schwert taugt vielleicht dazu, Gut und Böse zu scheiden, aber gerade das ist nicht die Art der Kunst. Sie verlangt Körpergefühl; und wenn dieses nur aus Schmerz, Blöße und Demütigung bestehen sollte, so sind eben *dies* die Mittel des Meisters. Es gibt in Kellers Werk kein traurigeres Memento für das zugleich Schreckliche und Untaugliche des Ritterwerkzeugs als das Bild jenes Kindes, das die Geschöpfe zu töten sucht, die in seiner Hut nicht leben wollten. »Ich nahm ein dünnes langes Eisen, machte es glühend und drang mit zitternder Hand damit durch die Gitter und begann ein greuliches Blutbad anzurichten.« Das Halbgemordete muß noch halblebendig in die Grube geworfen werden. Es zu vergessen gelingt nicht; ja das »lebendig Begrabene« erwacht – wenn auch gespenstischerweise – erst recht zum Leben.

Das »dünne lange Eisen« des grünen Heinrich, das verbrennt, was es nicht leben lassen kann; der Stock des Vaters, der Männer-Legitimation verschaffen soll und der verloren geht; der »schöne kurze Spieß«, den Küngolt ihrem Dietegen, ehe »sie ihn in den Forst hinaus« führt, in die Hand drückt und für den dann in ihrem Gefängnis beim »Totengarten« kein Gebrauch ist; die alten grünen Kleider, die Heinrich in seinem Heimkehrer-Traum in den Bach zu werfen sucht, wo sie auch mittels einer »vermorschten Bohnenstange« nicht abzustoßen sind (»ich ... quälte mich, die dämonischen Fetzen in die Strömung zu stoßen; aber die Stange brach und brach immer wieder bis auf das letzte Stümpfchen«) – gewiß, jeder Freud-

Leser hat mit solchen Symbolen männlichen Mißerfolgs leichtes Spiel. Und er hat recht: eine Angst wird dadurch, daß sie jedermanns (nicht nur: jedes Mannes) Angst ist, nicht weniger real, und schon gar nicht verdient sie deshalb weniger Achtung. Aber was eine Lebensgeschichte klären helfen kann, erhellt noch keine geschriebene Geschichte. Diese spottet – oft buchstäblich – der externen Deutung auch dann, wenn sie Ambivalenz in Rechnung stellt. Der Wert eines Kunstwerks beruht im Eigensinn auch seiner Vielsinnigkeit; in der ästhetischen Unlösbarkeit der in ihm gestellten Fragen, die eben nicht als solche, sondern als Gestalten eigenen Rechts begegnen. Kunst besteht, kurz gesagt, auf ihrer (wenn auch fiktiven) Körperlichkeit, die die werkgerechte Analyse nur auseinanderlegen sollte, um auf das buchstäblich Unerschöpfliche ihres Zusammenhangs hinzuweisen. Der »Sinn« eines künstlerischen Motivs ist nie »als solcher«, sondern – mit Hegel zu reden – nur als »dieser« zu erweisen. Und was die theoretische Beschäftigung mit Kunst in letzter Instanz rechtfertigt, ist wesensgleich mit dem Ziel der Kunst selbst, das Keller der Lucia seines »Sinngedichts« in den Mund legt: » . . . wie froh bin ich, daß ich gelernt habe, die Kreatur in Händen zu halten!« Die Rede ist von einer Schlange, die aus den Scheren des Krebses zu befreien war: »Fassen Sie nur fest mit beiden Händen, es ist keine Giftschlange!« rät der Geliebte, und meint mehr damit als die bedrohte und bedrohende Tiernatur. Er meint sie und sich, ihre Vereinbarkeit, die Glücksfähigkeit *in concreto*. Hier nehmen, wohl oder übel. die »eigenen Hände« wieder die Stelle ein, die kein Werkzeug ablösen kann, für die es keinen Ersatz gibt. Was aber im Grunde mit dieser Hand-Arbeit gemeint ist, dafür kann nichts Einzelnes mehr stehen. Dafür steht nur noch das Werk des Autors als Ganzes und, in Blöße wie Verzweiflung, Verantwortetes.

Ebensogut könnte man freilich sagen, daß der Autor mit seiner Arbeit das Leben (um die klassische Formel zu verwenden) »nachahmt« – oder (um aktueller und kühler zu reden) das bedrohte und bedrohliche Leben bei sich selbst vertritt; auf jeweils einmalige Art bei ihm anmahnt, was er sich selber schuldet: »die Kreatur in Händen zu halten«. Die Kunst-Arbeit bleibt als pointiert menschliche der sozialen, oder um es eher in Kellers Sinn zu sagen: der mitbürgerlichen Leistung verpflichtet und verwandt.

So bleibt bei ihm das Gebot, die Schuld umzuprägen in Haltungen sozialer Schuldigkeit, das erste und bewegendste, das gestaltungsmächtigste über seinem Werk. An schuldiger Anerkennung des Rechtmäßigen und Lebenswahren, an schuldiger Liebe zum Liebenswerten will es der lebenslängliche Junggeselle nicht fehlen lassen. Hier wird seine Trauerarbeit zur Ehrensache. Hier wird sie zur Bildungsarbeit des Autors an der eigenen Empfindlichkeit und an derjenigen des Lesers. Man soll die Schöpfung nicht dafür büßen lassen, daß sie einem wehtut; man soll ihr dafür verbunden sein. Isolation und Unfruchtbarkeit verdunkeln den Blick nicht nur, sie öffnen ihn auch. Nie scheint die verlorene Welt so glühend und brüderlich nahezukommen wie im Abschied von ihr. Davon redet der Zyklus »Lebendig begraben«. Das getrübte Auge will nicht in sich selbst gekehrt bleiben.

»Klagt mich nicht an, daß ich vor Leid
Mein eigen Bild nur könne sehen!
Ich seh durch meinen grauen Flor
Wohl euere Gestalten gehen.

Und durch den starken Wellenschlag
Der See, die gegen mich verschworen,
Geht mir von euerem Gesang,
Wenn auch gedämpft, kein Ton verloren.

Und wie die Danaide wohl
Einmal neugierig um sich blicket,
So schau ich euch verwundert nach,
Besorgt, wie ihr euch fügt und schicket!«

Die eigne Unzuständigkeit entbindet nicht von Sorge um fremdes Liebeswohl. Die Hoffnung bleibt ehrwürdig auch dann, wenn sie die der andern ist. In dem herrlichen Gedicht »Jugendgedenken« fällt eine Strophe auf, insofern sie aus der vollkommenen Trauermusik herausfällt:

»Träumerei! Was sollten jene hoffen,
Die nie sahn der Jugend Lieblichkeit,
Die ein unnatürlich Los getroffen,
Frucht zu bringen ohne Blütezeit?«

Hier ist das lyrische Ich nicht eins mit dem sehnsuchtsvoll verabschiedeten »Jugendgedenken« – das soziale Gedächtnis meldet andere Bilder dagegen an: solche, denen sogar das Verzweifeln an einer Hoffnung vorenthalten blieb. Darf man sich auch zu diesem Gedanken – außer Kellers eigenem Bild – ein nahes Frauenbild denken?

Dasjenige der Schwester Regula stellt sich ein – und verdiente wohl, ausgeführt zu werden. Ein junges Mädchen, früh dazu angehalten, seine eigenen Wünsche »nicht wichtig« zu finden, vom Bruder auch aus der Ferne zu jüngferlichem Wohlverhalten verurteilt, ohne mehr erkennbare Freiheit als diejenige, sein bißchen Arbeitskraft zu verkaufen, um als Schirmverkäuferin und Schneiderin zur bedrängten Existenz der Mutter, zur ungeregelten des Bruders etwas Solides beizutragen. Im großen Lebensbericht dieses Bruders kam sie nicht vor, so wenig wie der »Geselle«. Von einer Geschichte, wo sie, für andere erkennbar, vorkam (»Pankraz der Schmoller«), nahm sie schon nicht mehr wirklich Notiz, verstand jedenfalls darauf bezügliche Komplimente durchreisender Kenner nicht. Ihr Verhältnis zu allem Höheren wird überhaupt als eingeschränkt vorgestellt. Sie soll höchstens empfunden haben, daß ein Brief ungenügend frankiert war, und konnte ihrem Bruder eine große, von diesem drollig geschilderte Szene daraus machen. Jedenfalls war sie gut genug dazu, weil offenbar bestimmt dafür, den gemeinsamen Haushalt da weiterzuführen, wo ihn die tote Mutter hatte liegenlassen müssen. Für die

Sorge um den Bruder standen ihr keine großen Gefühle mehr zu Gebote, dafür hielt sie sich an die kleinkarierten und war beinahe berühmt dafür. Mürrisch oder nicht, sie war jedenfalls immer da. Als sie schwer und kurzatmig wurde, den Aufstieg zur hochgelegenen Staatsschreiberwohnung auf dem »Bürgli« nicht mehr schaffte, mußte zu ihrer Entlastung eine bequemere Wohnung gesucht werden. In dieser ist sie drei Jahre später, ohne die Hände einen Tag vom Haushalt zu lassen, gestorben. Man muß, liest man die Briefberichte des Bruders, einen langsamen Erstickungstod annehmen. Ein »unnatürlich Los«, und doch ein beinahe natürliches für eine bescheidene Jungfer jener Zeit. Undenkbar, daß der Bruder das Empörende daran nicht täglich gefühlt hat. In dieser dürftigen und unentbehrlichen Gestalt blieben ihm Mutter und Mutterschuld beinahe bis zu seinem Tod erhalten. Unter den gleichaltrigen Frauenopfern, die seine Phantasie-Arbeit forderte, ist dieses das realste und unscheinbarste; denn die Schwester teilte seine Unfruchtbarkeit, den Tod mitten im Leben, mit ihm, ohne dabei einen glänzenden Lebenstraum verschmerzen zu müssen – oder zu dürfen. Der Trost, den ihr das Gedicht – »Jugendgedenken« – dafür weiß, ist trauriger als alle verlorene Hoffnung je sein kann:

»Ach, was man nicht kennt,
Danach das Herz nicht brennt
Und bleibt kalt dafür in Ewigkeit!«

»Brennend« verdient demnach nur das Herz zu heißen, das ein Glück zu verlieren hatte und sich in diesem Verlust noch lebendig findet – das diesem Verlust noch eine Form zu geben weiß; und wäre es nur diejenige, die der Traum gewährt, oder die Kunst. Keller ist in der Behandlung seiner »Frauenbilder« auch ein Künstler der Wunscherfüllung. Nicht überall in seinem Werk ist die Frau die verbietende, und die Erfüllung, die sie verheißt, die verbotene. »Das Sinngedicht«, »Sieben Legenden«, »Die mißbrauchten Liebesbriefe«, »Kleider machen Leute« und noch das »Verlorene Lachen« – sie gelten als

Wegleitungen zur irdischen Vernunft, die als geglückte Verbindung eines Paares gefeiert wird; als Bekehrungsgeschichten zur gesunden Menschennatur. Die Kellerschen Frauen scheinen diese geradezu zu verkörpern. Sie sind weibliche Bürgen für den Sinn (und unbestechliche Richter über den Unsinn) männlichen Strebens und damit für die konkrete Erfüllbarkeit des Bildungsideals. Wer das Glück durch die Frau entbehrt, kann ihm keine edlere Reverenz erweisen, als an seiner Möglichkeit gegen die eigene Erfahrung festzuhalten. Der Verkürzte hat die *Suche* nach der Frau buchstäblich »brennenden Herzens« darzustellen gewußt. Aber man nimmt der Anmut und Würde dieser Erlösungsmärchen nichts weg, wenn man daran erinnert – weil man durch literarische Tatsachen darauf gestoßen wird –, daß die sinnliche Wahrheit, die *reale* Bewegung nicht bei Kellers krönenden Schlüssen, sondern bei den Engführungen, den Grenzlagen seiner Geschichten liegen – dort, wo der Atem von der Seite des Todes weht.

Etwa an der Stelle, wo der unschuldig-schuldige Wenzel Strapinski (in »Kleider machen Leute«) im Schnee liegend das Ende erwartet. »Der dunkelgrüne Samt seines Rockes nahm sich selbst auf dem nächtlichen Schnee schön und edel aus; der schlanke Leib und die geschmeidigen Glieder, wohl geschnürt und bekleidet, alles sagte noch in der Erstarrung, am Rande des Unterganges, im Verlorensein: Kleider machen Leute!« Hier wird in bestimmtem Sinn das letzte Wort in der Sache des Schneiders gesprochen – in der Not, die er mit seinem Glück hat; daß es nicht das letzte Wort der Geschichte ist, mag ein Wunder sein, aber der Leser vergißt nicht ganz, daß die Märchen-Form es erzwingt. Wo Kellers Helden alle Hoffnung begraben (wie, an der stärksten Stelle des »Salander«, die Eltern Weidelich), da bedarf seine Kunst keiner Deckung durch die Fabel mehr; da gilt unmittelbar das Urteil Ernst Barlachs über den »Grünen Heinrich: »Das ist zuweilen wie ein Schnitt durch das Leben. Man sieht die Eingeweide, man sieht, wie sie noch zittern.« Das sind die Stellen, wo das Glücksverlangen mit sich ins Gericht geht; wo auch das geliebte Frauenbild vom Ende der Hoffnung her gesehen wird. »Lebendig begraben« – das ist die lapidare Chiffre für die höchste persönliche Not; das ist aber auch, unverzichtbar, die Bedingung für den realen Sinn des Begleitworts: Leben. Der Gnom mag von einer Schneewittchen-Hochzeit träumen, aber er weiß, daß es nicht *sein* Fest sein wird; daß die einzige, der er in Schuld und Gegenschuld versprochen ist, in ihren Glassarg gebannt bleibt und daß er es anders nicht wollen kann: so bleibt die Pflicht, es anders zu träumen.

Nach dem Tod seiner Mutter machte sich Keller Gedanken über den Lehm der Hohen Promenade, in den das »Wachsfräulein« zu liegen kam. Es beschäftigte ihn, daß er den Verfall lange aufhalten würde. Hier blieb das wahre Frauenbild begraben – jenes, das in Kellers Werk noch zu Lebzeiten unvergänglich geworden, und das hieß: dem Tode geweiht worden war; zur Anerkennung und Begleichung einer Schuld, die auf Gegenseitigkeit beruhte und auf ihr bestand. Der »Grüne Heinrich« ist die machtvolle Darstellung dieser Gegenseitigkeit, die Geschichte ihrer *Herstellung* durch Elimination aller andern Bindungsangebote, die Absage an Judith und Dortchen, aber auch an Kunst und Vaterland. Die unerbittliche Ökonomie dieses Romans verlangt reinen Tisch, indem er die Schuld voll macht bei beiden – obwohl sie bei beiden weder mit Händen zu greifen noch rational zu erklären ist. Daß sich ein Sohn in seiner Begabung verschätzt; daß eine Mutter diesen Selbstbetrug bis zur Aufopferung ihrer Existenz unterstützt – daraus vermöchte kein Jurist und kein Theologe, nicht einmal ein findiger Germanist, ein doppeltes Todesurteil zu konstruieren. Der Roman aber verlangt es und setzt gegen jede Wahrscheinlichkeitsrechnung seine bittere Wahrheit durch. Es muß etwas Dunkleres sein, was sich da – um die geträumte Schlange zu zitieren – durch den Tod Respekt verschaffen muß; diesem dunkleren Grund wurde der erste Teil dieser Untersuchung gewidmet. Sie nimmt ein Trauma an, das ein Schuldverhältnis zwischen Mutter und Kind besiegelte, als es noch keine Worte dafür gab – an die Stelle dieser Worte aber trat später das Werk, dessen Verarbeitungsformen auf die Kraft des ursprünglichen Anstoßes schließen lassen.

An die Stelle dieser ungesprochenen Worte aber trat auch ein Leben von tiefster, ja zwanghafter äußerer Diskretion. Gegen diese verstößt gewiß, wer die Chiffren zwiefacher Lebensarbeit nach ihrem ursprünglichen Sinn befragt. Freilich, Kellers Dichtungen sind nicht einfach Verschlüsselungen eines verunglückten Sozialisationsmusters. Aber ebenso dogmatisch wäre es, zu leugnen, daß sie auch ihren künstlerischen Wahrheitsgehalt aus einer Spannung beziehen, deren Verankerung tief im sogenannten Privaten verborgen liegt. Wer heißt uns so gering von jener Voraussetzung denken, die wir als Leser am unmittelbarsten mit dem Autor teilen und am Träumer, Zensor, Forscher in uns selbst nachprüfen können?

Das heißt nicht, daß das Bild dieser Konflikte nicht der Gegenprüfung durch das Kunstwerk bedarf, in dem sie tiefgreifend modifiziert erscheinen, entstellt, gewiß – aber auch, um ein Wort von Ernst Bloch zu borgen: entstellt bis zur Kenntlichkeit; zu einer tieferen, erschreckenderen Erkennbarkeit des Privaten, als sie uns andere Medien gewähren. In jedem Fall springt die treuherzige Reverenz davor zu kurz: sie vermag weder die Not noch die Notwendigkeit eines Kunstwerks zu erhellen.

Tatsache ist, daß die einzigartige Exklusivität des Mutter-Sohn-Verhältnisses im »Grünen Heinrich« die Welt nicht ausschloß, sondern erst entfaltete und durchsichtig machte. Der einzig Geliebten, schuldlos Entfernten und notwendig Geopferten wird ein im Blühen gebrochenes Universum aufs Grab geschüttet. Es ist ein Vorurteil, Trauerarbeit sei nicht eposfähig und bringe nur kleine Formen hervor. Vielleicht war, auf deutsch jedenfalls, ein objektives Bild des 19. Jahrhunderts überhaupt nur vom *Spleen*, vom Leiden an sich selbst herzuleiten, weil nur hier die Sprache der industriellen Produktion – gleichsam hinter dem Rücken ihrer Triumphe – sich so verzweifelt zu reden erlaubte, wie sie im Grunde war.

Damit ist auch angedeutet, daß andere Interpretationen der kapitalen Mutter-Sohn-Geschichte nicht unzuständiger zu sein brauchen als die »psycho-historische« oder gar als deren »Rationalisierung« zu gelten hätten. Der Autor selbst hat (an den Verleger Vieweg) die Moral der Geschichte so zusammengefaßt: ». . . daß derjenige, dem es nicht gelingt, die Verhältnisse seiner Person und seiner Familie im Gleichgewicht zu erhalten, auch unbefähigt sei, im staatlichen Leben eine wirksame und ehrenvolle Stellung einzunehmen.« Hier wird der »kleine Kreis« mit Naturnotwendigkeit an den weiteren, politisch-staatlichen angeschlossen. Die Tragweite des »Privaten« könnte nicht evidenter sein. Wer seine Deutung jetzt erweitern will, hat in der Tat zu bedenken, daß »Produktion« etwas Unteilbares ist. Er darf die Größe des »Grünen Heinrich« in der Konsequenz erfahren, mit der der intime und häusliche Verkehr, der kleine und der große Stoffwechsel der Ökonomie, die Formen des politischen Austausches als Manifestationen *einer* umfassenden Gesetzmäßigkeit dargestellt sind. Das Ende einer Künstlerhoffnung wird auf das genaueste – wenn auch selten explizit, und im Expliziten selten hinreichend – abhängig gemacht von den Produktionsbedingungen der jungen Industriegesellschaft. Die familiäre »Sterilisation«, das Liebesverbot und die Ersatzhandlung kommunizieren mit öffentlichen Funktionen, mit einem ganzen politischen System. Der Konnex mag im Bewußtsein des Autors selbst rätselhaft und undurchdringlich bleiben; es hülfe aber auch nichts, wenn er von ihm eine theoretische oder ideologische Vorstellung hätte. Was ihn beglaubigen muß – das einzige, was ihn beglaubigen kann –, ist die Darstellung; die Evidenz der Kunst.

Das Leben des Dichters, sein Geschlecht und die Not, die er mit ihm hatte, die Verbindungen, die ihm verschlossen blieben, gingen in dieser Kunst freilich nicht auf. Es gilt noch einmal daran zu erinnern, daß das beschönigende Vorurteil, das zu solchen Bilanzen neigt, einem Betrug nahe- und einem Selbstbetrug gleichkommt; einem Verrat an der Lebensmühe des Dichters; einer Blindheit vor dem, was das Werk geleistet hat – und was es niemals leisten kann. Die Grundlage dieser Produktivität ist ein gefährliches Pfund; seine Wucherung ist die Schuld, deren Gestaltungsvielfalt immer Reichtum und Elend, Stolz und Schmach, Trost und Kränkung zusammen bedeutet. Und was daran selbstgefällig werden könnte, ist dem Autor am wenigsten geheuer, ». . . indem er sein ganzes Leben und sein Schicksal sich als seine Schuld beimaß und sich darin gefiel, in Ermangelung einer anderen froheren Tätigkeit, diese Schuld als ein köstliches Gut und Schoßkind zu hätscheln, ohne welches ihm das Elend unerträglich gewesen wäre.« Zu einem solchen Trost gratuliert man nicht.

Wenn es ein Rezept gibt, das sich die gekränkte Empfindung gegen ihre tödliche Empfindlichkeit verschreibt, ist es das des »Stilleseins«, zu dem das nächtliche Lärmen nur scheinbar im Widerspruch steht. »Stillesein« ist ein Kellerscher Topos; mehr als bloß gehemmte Aggression, weniger als stolze Fassung; eine Tugend, die ihre Herkunft aus der Not kennt und ebensowenig verleugnen wie loben mag. Es ist eine soziale, weil rücksichtsvolle Form der Einsamkeit. Sie ist Leben und Tod zugleich (kein Dichter außer Keller könnte von einer »erfahrenen Toten« sprechen). Diese Stille ist gleichsam die Anleihe, die Leben und Tod beieinander machen – nicht, um ihr Gewicht zu vermindern, sondern um es besser zur Geltung zu bringen. Der lebendig Begrabene ist nicht mehr anwesend *für sich*; sich zurücknehmend auf seinen toten Punkt, stellt er Gegenwart für andere her, lauscht er anderem, entferntem Leben nach. Es ist die gewisse Stille des Endes und die verschwundene Stille der Kindheit, die das Stillehalten des Mannes tragbar machen, wenn auch nicht allzu tragfähig; denn das »Andenken« ist zweideutig und zweischneidig nach beiden Seiten.

Von der Todesstille, die auf uns zukommt, dem gewissen Tod als Lebensform, möchte ich am Ende dieses Buches sprechen. Aber auch die Jugendstille, die Tiefe des Herkommens, ist kein ungetrübtes Glück gewesen. Wir haben gesehen, wie das »stille« Kind nur für die Augen der andern auch still-vergnügt war, in Wirklichkeit aber genug zu verschweigen hatte, zuerst vor sich selbst – ein böses Geheimnis, über das sich dann doch eine andere Stille ausbreiten durfte; die tröstende Natur, deren »Morgenwehn« zusammenströmte mit dem Erwachen der eigenen Seele. Es ist dieser traumhafte Naturfrieden, der für das außen gebliebene Kind buchstäblich (und später dem Geiste nach) an die Stelle des Gottesdienstes tritt: »Das Geläute schwieg, der Gesang begann und hallte deutlich und schön herüber. Auch dieser schwieg, und nun verbreitete sich ein Meer von Stille über das Dorf, nur hie und da, wie von Möwenschrei, durch einen kräftigen Ruf des Predigers unterbrochen.« Man soll die Stelle nachschlagen und zu Ende lesen: sie enthält eine kleine Schöpfungsgeschichte – oder umgekehrt: eine Zurücknahme der Kellerschen Welt in die Mäuschenstille. Die Oberfläche dieses Universums scheint nach Jean Paul gebildet, ist zivilisierte, humoristische, humanisierte Natur – aber aus der Unterschicht klingen andere, fremde, urvertraute Laute verborgener Dämonie herauf, »jetzt wie ein nächtlicher Feuerruf und dann wieder wie das Gelächter einer Lachtaube«.

Der deformierte Mensch, die unterdrückte, verwunschene, unversehens hereinbrechende Natur – auch *das* ist diese Jugend-Stille, deren Gott *eins* ist mit dem des Schrecks und des Ganzen: PAN. Er ist eine Gottheit, die über das, was sie im Kind anrichtet, auch wieder zu trösten vermag wie nichts auf der Welt.

> »Es klang mir, wie der tröstende Ruf einer Wachtel im einsamen Feld oder der leis anschwellende und traulich abbrechende halbe Gesang einer Drossel in der Tiefe des Waldes.«

Kellers Wälder – sie sind eine Welt für sich, für *ihn*: der Ort des dunklen Herkommens und seines hellen Heimwehs; der Ort des kritischen Durchgangs wie im ersten Vers der »Göttlichen Komödie«; der Ort, wo man, wenn er sich lichtet, wie in Heinrichs Ritt mit Anna, der Liebe am nächsten scheint. Ein Ort schließlich, wo geruht werden darf; wo der eigene Leib selbst Natur wird wie die geliebten Bäume. An diesem Ort mitzugrünen ist ein Lebensziel, das vom Todeswunsch nie mehr zu trennen sein wird.

Aber der Wald ist nicht nur das bergende, er ist auch das *ver*bergende Element. Nicht immer ist es der Wachtelschlag der entschwundenen Welt, der aus der fremden Tiefe in die eigene Frühe klingt. Manchmal kann man's auch darin heulen hören, wie beim Hochzeitsfest der »Armen Baronin«, zu dem ihre Brüder, ihr früherer Mann nichtsahnend als verkleidete Teufel aufspielen: »Die Geistertöne drangen schon unheimlich über dem Wald her, hinter welchem sie verborgen saßen.« So enthält der Wald auch immer wieder die bösen Geister unerlöster Geschlechtlichkeit. Er birgt jenen Ur-Wald, von dem geschrieben steht: »Was ist der Mensch, sagte er sich, was sind Mann und Frau! Mit glühenden Augen müssen sie nach Nahrung lechzen, gleich den Tieren der Wildnis!«

Am undurchdringlichsten erhebt sich diese Wildnis des Herkommens zwischen denen, die sie durch die Geburt (und weitere intime Verletzungen) am innigsten verbinden müßte: hier ist kein Durchkommen mehr, auch wenn der in München hungernde Heinrich die Mutter im Traum singen hört:

»Mein Sohn, mein Sohn,
O schöner Ton!
Wann kommt er bald,
Geht durch den Wald?«

Die Scham des gealterten Dichters hat die stärkere Jugendfassung gedämpft, in der das inzestuöse Heimweh noch weniger zu überhören war. Aber er hat die »grünende Rute« in der Mutter-Hand belassen, mit der sie eine »kleine Herde großer

Silberfasanen« hütet, die sich unversehens in »schöne Bettstücke« verwandeln. Der Traum spricht wahr – aber die verbotene Wahrheit ist in keinem Sinn zu leben. So muß denn die bewußte »Stille« für sie eintreten, die nach jenem »Schweig stille, mein Herze« der Romantik klingt – die Stille einer Entsagung, die sich weigert, so weit die Kraft reicht, »Resignatio« zu werden. In dieser Welt herrscht nur noch – manchmal von Wirtshauslärm unterbrochen – *gedämpfte* Gegenwart. Man wird zum Schweiger in ihr und wird dafür fast so berühmt wie als Dichter. Der Wachtelschlag des Morgenheimwehs läßt einem selbst keine Flügel mehr wachsen. An seiner Stelle ertönt, wie in einer der »Legenden«, der geisterhafte Laut der Nachtigall, »obgleich weder Strauch noch Zweig zu ahnen waren, auf dem sie hätte sitzen können«.

Diese »Sieben Legenden« bezeichnen die Stelle, an der, wie zu einem Fest eigener Art, nochmals alle erotischen Problemfiguren Kellers zusammenkommen – in diesem Sinn steht diese Dichtung im Zentrum seines Werks. Nicht darum, weil der Autor hier ursprünglicher, unvermittelter spräche als anderswo, ganz im Gegenteil: er bewegt sich deutlicher als sonst in einem durch und durch künstlichen Universum. Und doch, und eben darum: in den »Legenden« ist der Punkt gewonnen, aus dem er seine schwere Welt scheinbar mühelos bewegen kann; wo die »ungeheure Waage« (George) zwischen Wunsch und Verzicht, Gott und Erde, Frau und Mann so sehr im Gleichgewicht ruht, daß ein Fingerdruck genügt, sie spielen zu lassen. Lessing hat den Künsten im »Laokoon« insgesamt den Ort der größten »Schicklichkeit« und Materialgerechtigkeit anzuweisen versucht, wo der Eigensinn des Mediums der Arbeit des Autors oder Malers entgegenkommt und wo mit dem geringsten Aufwand das Glücklichste zu erreichen ist. Das Genie Kellers hat hier diesen produktivsten Abstand, die wirksamste Nähe zu seinem »Stoff« gefunden; nicht im Roman, der formal wie inhaltlich unberechenbare Schwerarbeit war; auch nicht ganz in der Novelle, deren »kleine« Ökonomie zwischen erfahrener und gestalteter Realität schon eine freiere Schwebe hielt – sondern in der »Legende«, der von Haus aus frommen Geschichte, die er bereits aus der zweiten Hand Kosegartens übernahm, der sie ein Dreivierteljahrhundert früher idyllisch-anzüglich herausgeputzt hatte. Es war just dieses eher wäßrige Vor-Fabrikat, das sich in seiner Phantasie wieder zur persönlichsten *materia prima* ballte – zum Element graziösester, wenn auch scheinbarer Freiheit: Freiheit durch vollendeten Schein.

Die Legende ist zu den »einfachen Formen« gerechnet worden – das ist sie vielleicht morphologisch, aber gewiß nicht ihrem psychologischen Gehalt nach. Was daran allenfalls »einfach«, volkstümlich genannt werden darf, ist gerade das Bedürfnis, sich eine gestrenge religiöse Überlieferung etwas blumiger herzurichten; ihr die Gefühlsnähe wieder zu verschaffen, die sie im strikten Ritual entbehrt. Sie ist Auslegung und Ausschmückung heiliger Lebensformen – und das heißt zugleich: ihre Übersetzung ins Weltliche und Alltägliche, in der auch das Wunder treuherzig werden darf. Sie ist also *Vermittlung* – bei aller möglichen Naivität der Motive und ihrer Behandlung etwas Komplexes, in dem nicht nur die Vorschrift zur Geltung kommt, sondern auch die Wünsche und Bedürfnisse, die man dagegen zu erinnern hat. Die Legende wahrt den Respekt vor dem Heiligen, so viel sie weiß, sie bringt es dem Gemüt ja näher – aber zugleich enthält sie wohl oder übel eine Spitze dagegen. Ihre Form selbst bringt zum Ausdruck, daß das Heiligen-Leben noch etwas zu wünschen übrigläßt; daß man, um selbst damit leben zu können, sich seinen eigenen Vers darauf machen muß. So ist die Legende apokryph von Haus aus. Sie ist Andacht, in der die Ketzerei schlummert; Glaube an die Autorität und Spiel mit ihr.

Es ist einzusehen, weshalb die Legende Kellers Fall sein mußte. Sie brachte in ihrer Form bereits mit, was für ihn ein Stück Lebensinhalt war: die Auseinandersetzung mit frommer Tradition. Sie erlaubte nicht nur, sie gebot die Verkleidung des Persönlichen in eine anerkannte, aber nicht kanonische Figuren-Welt; und sie setzte ihrer Behandlung keine Grenze, weil die Legende ja nicht einmal diejenige des Todes zu respektieren braucht. Sie zeigt das Leben als weltliches Martyrium im Zeichen himmlischer Gnade, die jede Spielregel – auch die des tödlichen Ernstes – aufzuheben mächtig ist. Das Groteske ist durch die Legende ebenso gedeckt wie das Naive und das Schauerliche; sie vermag alles, was in einem menschlichen Leben schwierig und unüberwindlich ist, zur Disposition einer höheren Gewalt zu stellen. In klassischen Zeiten des Glaubens genießt die Kühnheit der Legende unmittelbar den Schutz der Gnade; in Zeiten religiösen Übergangs fordert sie wenigstens die Erinnerung daran heraus und empfiehlt sich der irdischen Gnade, indem sie solche selbst praktiziert: in der Grazie der Kunst.

Damit ist angedeutet, daß die Kellerschen »Legenden« historisch und psychologisch ebenso genau situierbar sind wie »Die Leute von Seldwyla«. Sie haben ihre Stelle im Säkularisationsprozeß des nach wie vor »frommen«, das heißt: religiös-philosophisch okkupierten Liberalismus. Und damit ist auch gesagt, daß sie, in ihrem gespannten Abstand zur positiven Autorität, dem Autor redlich zu sein erlauben – naiver, also verwegener redlich (weil von Reflexion entlastet) als in der Autobiographie. In der Legende braucht die arme Seele sich vor keiner Forderung des Tages mehr zu rechtfertigen; sie braucht keine anderen Rücksichten zu nehmen als die auf die eigenen Bedürfnisse. In diesem Sinn sind die »Legenden« die ebenso graziöse wie extreme Summa Kellerscher Psychologie. Hier erfüllt sie sich Wünsche, malt sich Figuren aus, die in minder »naiver« Fiktion, weil von Preisgabe bedroht, nur angedeutet bleiben.

In Theophilus (»Dorotheas Blumenkörbchen«) zeichnet Keller das Selbstbildnis eines Menschen, der nicht leicht glaubt, »daß ihm irgend jemand aus freien Stücken besonders zugetan sei«; sein Zendelwald (»Die Jungfrau als Ritter«) leidet expliziter als der grüne Heinrich an der Krankheit, eine Sache bereits für geleistet zu halten, »wenn er inwendig damit im reinen war«, und bringt es deshalb nicht über sich, »den ersten Schritt zu ihrer Verwirklichung zu tun«. Bertrade (»Die Jungfrau und der Teufel«) hat »einem armen Meister zu Gefallen« eine Kirche bauen lassen, »welchem wegen seiner mürrischen und unlieblichen Person niemand etwas zu tun gab« – er ist zu identifizieren, dieser »Meister zu weben Gram und Leid«. Die Legende weiß auch eine respektgebietende Stelle für den sexuell Zukurzgekommenen: das Kloster, dessen Gebote freilich ebenso heiter befolgt wie unterlaufen werden können. Da ist der Mönch Vitalis mit seiner Bekehrungswut, die ihn am liebsten in die Häuser der Fleischeslust treibt, und siehe da: wenn nur die rechte Frauenlist geübt wird, erweist sich dieser fromm-verschnittene sehr wohl als vital zuständiger Mann. Auch die Berliner Prügelszenen des gedemütigten Liebhabers Keller sind bei diesem unechten Savonarola bestens aufgehoben. (Savonarola: beiläufig eins von Kellers ewigen Dramenprojekten, die Verherrlichung *und* Überführung des Bilderstürmers!) Was das Schamgefühl sonst verbietet, die Legende erlaubt es: Frauen dürfen, ehe sie Gnade finden, aufs Bett geworfen werden, »daß es erzitterte«; sie dürfen gefesselt, mit Füßen getreten, als Leibeigene behandelt (»indessen verlangte sie nichts Besseres«), im Würfelspiel verschenkt werden, und am Ende kommen sie treulich wieder. Wenn es einem gefällt, einer Frau, die sich als Mann aufgeführt hat, die »lebendige Brust« zu entblößen: die Legende erlaubt es im Dienst der Natur (in »Eugenia«); im Dienst der Gnade erlaubt sie wiederum, daß eine Jungfrau Männerkleidung anlegt, um ihrem Schützling den Zugang zum anderen – zu ihrem eigenen – Geschlecht zu erleichtern (»Die Jungfrau als Ritter«). Der Schalk der Legende führt, wenn es der Phantasie so gefällt, auch Frau und Frau aufs verfänglichste zusammen, wie in der letztgenannten Legende, oder in der Joseph-Potiphar-Variation der »Eugenia«.

Es ist die Legende – nicht der gekränkte Dichter –, die aussprechen darf, daß die Mutter mit einem »unbedachten und tollkühnen Gesellen« »die schlechteste Wahl getroffen« hat, ehe sie mit dem Sohn Zendelwald in ihr Schlößchen »in einem einsamen Bergwald« verbannt wird, wo sie dann freilich (ein gedämpftes Echo aus Gotthelfs »Kurt von Koppigen«) als gewaltige Jägerin und Fischerin, als bauern-adlige Diana erscheint – so grandios überhöhte die Legende das arme Mutterbild des »Grünen Heinrich«. Frauen dürfen – wenn auch nie ohne letzten Vorbehalt – gewonnen und genommen werden in den »Sieben Legenden« (». . . so ruhte denn Beatrix mit ihm und stillte ihr Verlangen«); sie dürfen aber auch im Bilde verehrt werden, ja sie dürfen ihr eigenes Bild küssen (»Eugenia«). Ein so formbares und plastisches Prinzip ist die Geschlechtlichkeit nie zuvor gewesen und später nie wieder geworden, wie hier im Schutz der »Legenden«.

Die aber diesen Schutz garantiert, ist die höchste, um nicht zu sagen: die einzige Frau, die das Christentum kennt und kennen will und der es, in der Zuversicht auf ihre Gnadenvollmacht, allerhand zugetraut und zugemutet hat: Maria. »Die Jungfrau als Ritter« spricht dem sinnreichen Angelus Silesius die Fülle ihrer Eigenschaften nach – die ihre Tugend ist, denn anders als der mystische Gott darf sie ja als »Eigenschaft« verehrt werden; und die Bilanz des Katalogs ist aus Kellers Seele gesprochen: »Wie kann sie alles seyn? Sie ist ein' andre Welt.« Der Kummer, daß die Frauen für diesen Autor »ein' andre Welt« waren, ist hinreichend belegt worden: in der höchsten Frau findet auch dieser Kummer seinen Freispruch. Wenn das Wesen der Legende Vermittlung ist, so darf Maria wohl die Muse der Legende heißen; sie ist die Mittlerin *par excellence*, die Schlüsselfigur zwischen Oben und Unten, das leibhafte Mysterium von Sexus und Unberührtheit. In Marias Gestalt gewinnt die Gnade ihre höchste Bedeutung, indem sie diese Bedeutung teilt: in Holdseligkeit der Erscheinung und Vergebung aller Sünden, zu denen solche Erscheinung verführen mag.

Maria ist weiblich, gewiß; sie ist der Inbegriff dessen, was Männer im Weiblichen gesucht haben: Geborgenheit, Unschuld, Reiz, Langmut und wunderbare Dienstleistung. Die eine Eigenschaft aber, die dieses Frauenbild zu überstrahlen bestimmt ist, die sexuelle Herausforderung, verleiht ihm eben als verborgene den unvergänglichen Schimmer. »Jungfrau, Mutter, Königin« wird sie zu Ende von »Faust II« angerufen – und dann in der höchsten, vom Christentum nicht gedeckten, aber auch nicht ganz verdeckten Steigerung: »Göttin, bleibe gnädig.« Es ist, um es klar zu sagen, das Zweideutige ihrer Weiblichkeit, auf dem nicht nur ihre lösende, sondern auch ihre spannende Gewalt beruht.

Und es dürfte nun mit Händen zu greifen sein, weshalb Kellers »Legenden« dieser Muse wie keiner anderen bedurften. Sie gestattet wie keine andere, den Trieb zu feiern und zu verwinden; ist ist der verkörperte Triumph über das Geschlecht – im Zeichen des Geschlechts. In der Jungfrau tritt das Liebenswürdige entgegen, das in der Mutter verbaut und verboten war. Und wiederum: die Mutter allein tröstet über die Kränkung, die die wählbare, aber verweigernde Jungfrau zufügt. Diese Frau zur Himmelskönigin zu machen, bedeutet Aufhebung des Geschlechts im dreifachen Sinn Hegels; es bedeutet, wenn diese Frau am Ende Göttin heißen darf, daß es in ihrem Dienst auch für den Gedrücktesten nicht ohne Liebe abgeht – wie immer sich diese verkleide. Ja, kraft ihrer Gottheit darf diese Jungfrau bei der Verkleidung vorangehn und auch die »verbotenste« wählen; kraft ihrer Menschlichkeit ist es ihr erlaubt, das Göttliche aber auch in der Blöße zu sehen, ehe sie die Blöße bedeckt.

Kellers »Legenden« sind ein einziges Marienlob – in das er, die Verkleidung fortsetzend, das maliziöse Lob seiner irdischen Marien durfte einfließen lassen. Die höchste aller Marien begnadete sein unglückliches Lob der Frauengröße, die das Gegenstück seiner Männerkleinheit war. Keine Frauenschelte, die diese Frau nicht imstande gewesen wäre, in seinem Munde umzukehren – keine Klage aber auch, die sie nicht heimlich geschützt hätte. Hier war die himmlische Wunschfrau, bei der er nicht fehlgehen konnte, die eine Gnade wußte für jede seiner Nöte. Die »Legenden« leisteten dem Autor jenen Dienst, der die Wohltat einer gelungenen Psychoanalyse ist: stummgemachte Schuldgefühle zu übersetzen in die Sprache der Anerkennung der eigenen begrenzten Menschengeschlechtlichkeit.

»Die Jungfrau als Ritter« – es verwundert nicht, daß Maria diese bei sterblichen Marien (und wäre es faute de mieux) gesuchte und schmerzhaft vermißte Eigenschaft musterhaft zu verkörpern weiß. Was an Männlichkeit obligatorisch wäre, nimmt sie dem trödelnden und »eingeschlafenen« Werber Zendelwald ab; sie vertritt ihn bei der »andern Welt« der Weiblichkeit und schneidet den Rivalen, »Guhl dem Geschwinden« und »Maus dem Zahllosen«, die verhaßten Schwänze ab. Aber dann räumt sie Zendelwald den Platz bei der gewonnenen Braut – und siehe da, was sie mit dieser gescherzt und gesprochen hatte, ist eben das, was sich der Saumselige nur gerade zu träumen gewagt hatte. Er darf in seinem wehmütigen Selbstgespräch nur fortfahren, damit nun ein echtes und rechtes Liebesgespräch daraus werde. (Es bleibt der traurig-bedenkliche Zug, daß der glückliche Bräutigam nach dem Becher greifen muß, um die Realität des Wunders zu prüfen – jenem Becher, der sonst für das Ausbleiben von Wundern entschädigen mußte.) Alles darf wahr werden, was bisher undenkbar schien: die »Truhen der Mutter« öffnen sich, um die neue Braut auszustatten. Die Maria der »Legenden« ist *die* Frau in Kellers Werk, bei der der Schein Stich hält, der etwa bei Betty Tendering so schmerzlich getrogen hatte, »weil große schöne Menschenbilder immer wieder die Sinne verleiten, ihnen einen höheren menschlichen Wert zuzuschreiben, als sie wirklich haben.« Und wer die »Mutter« in seiner Seele abgelöst hat wie Zendelwald, darf auch zu seiner leiblichen Mutter zurückkehren und mit ihr schuldlos und kräftig in Frieden leben.

Und dennoch: *alles* gewährt auch Unsere liebe Frau der Legende nicht; es will genau bemerkt sein, wo dieses leichteste Joch immer noch seine Schwere beweist. Es ist mehr als konventionelle Scham, wenn der Liebende die Geliebte in dem Augenblick, wo sie erkannt ist, bekleidet (»Eugenia«); oder umgekehrt: wenn es vom schlimm-heiligen Vitalis, nachdem seine Bekehrung zur irdischen Liebe gelungen ist, heißen kann: ». . . und siehe da, mein Vitalis neigte sein Haupt zur Seite, nach Jolen hin, und schlief ohne Säumnis ein und bis die Sonne aufging.« ›Mit einer Frau schlafen‹ – der landesübliche Euphemismus wird bei Keller, selbst im Freiraum seiner »Legenden«, beim Wort genommen. Liebeserfüllung ist zuerst Rückkehr in die Geborgenheit; erfülltes Heimweh nach dem Kind, das man in dieser Geborgenheit nie gewesen war. Es darf hier gegessen und getrunken, um nicht zu sagen: gesaugt werden: »Jole mischte dem stillen Vitalis eine Schale Wein und reichte ihm liebevoll etwas zu essen, so daß er sich wie zu Hause fühlte und ihm fast seine Kinderjahre in den Sinn kamen, wo er als Knäblein zärtlich von seiner Mutter gespeist worden.« »Still sein« wird hier durchsichtig auf den vitalen Ursinn des Wortes: gestillt werden. Es ist die Erinnerung an die vorenthaltene »Stille«, das den Mann bei jeder nächsten Frau erst auf dem »Ruhen« bestehen läßt; die »säumen« und »träumen« will, auch wenn daraus ein Versäumnis, ein nur geträumtes Leben werden sollte; diese Erinnerung ist es, der Backwerk und Zuckerzeug einfallen, wenn Erwachsene kosen; die ihn trotzig macht gegen vitale Ansprüche anderer Art, für die es immer schon zu spät – was eigentlich heißen soll: zu früh – ist. Erst gäbe es eine Welt von Wärme und anspruchs-freier Vertrautheit nachzuholen, die die geschlechtlich fordernde Frau ihm nicht mehr bieten kann.

Beatrix, die Nonne, die weltfromm werden – oder darf es heißen: zur Welt kommen? – möchte, wird vom ersten besten, dem Kreuzritter Wonnebold, aufs Pferd gehoben, und »sie hielt sich aufrecht und schaute unverwandt ins Weite, während sie ihre Hand gegen seine Brust stemmte . . .« Zwar bleibt es nicht beim Anstemmen, aber die Brust, an der sie ihre Küsse empfängt, ist geharnischt – und das Geschenk, mit dem sie, Jahre später und wieder als Nonne, der heiligen Jungfrau ihre Stellvertretung im Kloster vergilt, sieht so aus: »Jeder staunte über den herrlichen Anblick, als der eiserne Greis mit den acht jugendlichen Kriegern kniete, welche wie ebensoviele geharnischte Engel anzusehen waren.« Das Opfer der Familie, der nächsten Menschengemeinschaft, setzt sich auch im Zeichen der Gnade durch; der Panzer, die Rüstung behält das letzte Wort – zum Beweis, daß die höchste Gottgefälligkeit nicht in der entblößten, sondern in der befestigten Brust besteht. Der Panzer ist auch hier das Memento des Todes mitten im blühenden Leben, das keine Legende entkräften kann; das sie vielmehr – wider ihr eigenes heiteres Formgesetz – bestätigen muß.

Es gibt ein Hochzeits- und Paarungssymbol in den »Legenden«, als Kampf höchster Mächte deklariert und nicht nur deshalb ohne Beispiel in seiner Kühnheit: das Ringen der göttlichen Jungfrau mit dem Leibhaftigen – um ihn nicht mit einem theologischen, sondern einem volkstümlichen, und noch mehr: einem Kellerschen Namen zu kennzeichnen. Denn der gefallene Engel kann für ihn nicht der schlechthin Böse, er muß – die poetische Rechtlichkeit gebietet es – der vollkommen Einsame, von sinnlicher Einsamkeit Strahlende sein – *auch* ein Geschöpf, eine Manifestation jenes Gottes, der im »Grünen Heinrich« »von Weltlichkeit« gestrahlt hatte:

> »Allein der Böse änderte seine Kampfweise, hielt sich ein Weilchen still und nahm die Schönheit an, welche er einst als der schönste Engel besessen, so daß es der himmlischen Schönheit Marias nahe ging. Sie erhöhte sich, soviel als möglich; aber wenn sie glänzte wie Venus, der schöne Abendstern, so leuchtete jener wie Luzifer, der helle Morgenstern, so daß auf der dunklen Heide ein Leuchten begann, als wäre der Himmel selbst hernieder gestiegen.«

So mächtig darf sich der unbewältigte, nie ganz zu bewältigende Trieb erheben – und so sieht er nach dieser visionären Hochzeits-Nacht aus:

> ». . . der Böse hingegen, unfähig, länger irgend eine Verwandlung zu tragen und wie an allen Gliedern zermalmt, schleppte sich in grausig dürftiger Gestalt, wie der leibhafte geschwänzte Gram, im Sande davon. So übel war ihm das vorgehabte Schäferstündchen bekommen!«

Auch ein Selbstbildnis – ein Bild der Liebesenttäuschung, und zugleich: ein unübersehbares Symbol des isolierten Sexus. So groß und gnädig die Jungfrau ist: diesen Geist vermag auch sie nicht zu befreien. Denn es ist der auf seine Scham reduzierte menschliche, männliche Körper selbst, der die Liebes-Walstatt als Geschlagener verläßt. Es ist jene »Schlange«, das »verdächtige Schwanzende«, nach dem die himmlische Reiterin, wenn es wieder einmal »aus der Wirrsal« hervorlugt, ihren Pferdehuf treten läßt. Hier wird – im Namen des Schalks – das Scherzo der Legende zum körperlichen Trauerspiel; zur Trauer des Körpers über sich selbst.

Wie ungelöst diese Trauer auch »auf Goldgrund« (so der Arbeitstitel der »Sieben Legenden«) gemalt bleiben muß, zeigt die letzte und ergreifendste der »Legenden« an. Im »Tanzlegendchen« wird Musa versprochen, daß sie im Jenseits für immer tanzen dürfe, wenn sie nur auf Erden dem geliebten Tanz entsage. Und wie sich dann herausstellt, ist das heilige Versprechen nicht erfüllbar. Nicht, weil der Himmel nicht Wort hielte – er lädt zur Ehre des Tages sogar die richtigen antiken Musen zu Gast –, sondern weil dieser Himmel an sich selbst irre wird, wenn Gesang und Tanz beginnen. Das unrettbar Irdische verbreitet ein Heimweh, das den »Goldgrund« in Jammer aufzulösen droht – worauf die heilige Trinität »Ruhe und Gleichmut« mit Gewalt wiederherstellen muß. Die Musen werden verbannt, die kleine Musa ist um ihre Entsagung betrogen – das ist der Preis, um den der Legenden-Hintergrund wieder befestigt werden kann. Es ist die Festigkeit der »stillen Grundtrauer«, am Himmel noch mehr als auf Erden. Damit aber hat die Legende ihre Verheißung aufs traurigste und anmutigste selbst aufgehoben. Und die heilige Jungfrau wird erkennbar als Gestalt, die nur in dieser Welt möglich wäre – und eben da nicht erscheint, nur erträumt und erdichtet werden kann. Sie ist das höchste jener »süßen Frauenbilder, wie die bittre Erde sie nicht hegt«, und wie der Himmel, wenn es ihn gäbe, sie nicht erträgt. Sie ist eine Trösterin aus nichts als Poesie; ein Trost, geschaffen in der

Gewißheit der eigenen Untröstlichkeit, die sich trostlos zu werden weigert.

So bleibt man Zuschauer seiner eigenen Dichtung und ihrer Herrlichkeit. Man macht nicht nur eine gute Miene zum bösen Spiel; man nimmt sein Gesicht zurück, damit das Spiel um so vollkommener sei. Man nimmt es auf sich, als »leeres Schema« (so der Vorwurf Lys' an den grünen Heinrich), als Schatten in der geliebten Helle umzugehen. Die Zeit schwindet so unmerklich dahin, daß man sie auch als Stillstand betrachten kann. Ein kurz-weiliges Leben. Im »Grünen Heinrich« charakterisiert es der Grund-Traurige so – und prägt wie nebenbei seine Schuld in ein anderes bezeichnendes Bild um:

> »Dem unveränderlichen Lebenszuschauer sind Stern und Unstern gleich kurzweilig, und er zahlt seinen wechselnden Platz unbesehen seit Tagen und Jahren, bis seine fliehende Münze zu Ende geht.«

Diese »fliehende Münze« wird in einem nächsten Schritt beim Wort genommen. Kellers Verständnis des Geldes soll untersucht werden; des Geldes als einer passenden Sprache von Schuld; Schuld als Sache der Ökonomie.

Drittes Kapitel

Schulden: Ökonomie und Buchführung

»›Der junge Bettler‹ muß durchgreifender geändert werden; schon der Titel ist ein Unsinn; der Kerl kann ja arbeiten!«

An J. Baechtold, 20. 6. 1879

Tränen: in Gottfried Kellers Leben sind sie nur ausnahmsweise, wie in der Trauer um das verlorene Meerrohr, überliefert. An ihrer Stelle floß, wenn man der Legende glauben darf, der Wein. Der grüne Heinrich weint zum ersten Mal um Geld. Die Mutter gibt dem Knaben, der sich, um vor den andern nicht arm dazustehen, längst aus der Hauskasse bedient hat, nichtsahnend noch abgezähltes Taschengeld auf den Weg zum Kadettenfest mit. Dabei »drangen mir seltenerweise Tränen aus den Augen«. Was sie auspreßt, ist die plötzliche Offenbarung, daß es zweierlei Geld gibt: magisch wirksames und real zählendes – und dann die andere: daß es nur einerlei Geld gibt; jenes, indem sich menschliche Mühe vergegenständlicht. Wer es gedankenlos ausgibt, vergreift sich am Leben des andern und gibt Geringschätzung seines eigenen Werts zu erkennen. Das ist Vaters Begriff vom Geld: es hatte »für ihn nur Wert, (. . .) wenn etwas damit ausgerichtet und geholfen wurde.« Der Geldempfänger quittiert eine Obligation. Er wird damit moralisch zum Schuldner seiner Mitgesellschafter und kann die Forderung nur abtragen, indem er dieses Geld, vermehrt um den Wert seiner eigenen Arbeit, ja seiner Person, wieder unter die Leute bringt und damit erst den Nachweis erbringt, daß er es verdienen durfte. Die sittliche Qualität dieses jungen Kapitalismus besteht in seiner Durchsichtigkeit auf den persönlichen Charakter, der eine Leistung erbringt und sich ihre Notwendigkeit durch Gewinn – den zählbaren Bedürfnisnachweis der andern – bestätigen läßt: Auch der Geldgewinn hat seine Notwendigkeit, aber nur, soweit er sich sozial versachlichen läßt; von daher bezieht auch die Stufe der Liquidität den Glanz des Soliden. Tränen sind nur ein trauriger Ersatz dafür; sie bedeuten, daß einem Menschen die Augen aufgegangen sind über Schuld und Schuldigbleiben.

»Seltenerweise Tränen« entlockt dem grünen Heinrich seine zweite schwere Niederlage vor der Mahnung des Geldes: dort, wo er seine Schulden dem geschäftstüchtigen Schulkameraden Meierlein nicht mehr begleichen kann. Wie ahnungslos er diese Geld-Wette auch eingegangen sein mag, wie böswillig ihm auch Rechnung gestellt wird: der Kampf, den er bei der Kadettenübung mit diesem Gläubiger austrägt, ist so real wie ein Kampf um Leben und Tod, denn es ist ein Kampf mit dem eigenen Gewissen. »Mit tödlicher Ruhe klammerte ich mich an ihn [Meierlein], schlug ihm gelegentlich die Faust ins Gesicht, Tränen in den Augen, und empfand dabei ein wildes Weh, welches ich sicher bin, niemals tiefer zu empfinden, ich mag noch so alt werden und das Schlimmste erleben.«

Aber nicht nur die Realität der Geld-Schuld wird deutlich in diesem Kampf. Er bezeugt auch, wie heftig sich der grüne Heinrich gegen ihre Anerkennung wehrt. Er kämpft – daher die Tiefe des Konflikts – auch für seine Mutter an dieser Stelle. Denn diese Mutter hatte ihn keineswegs dazu erzogen, Geld als Maß inneren Wertes zu sehen. Ihr Umgang damit ist, bei Licht betrachtet, eher magisch als »wirtschaftlich«. Auch wenn sie wenig davon hat, sie zählt es nicht; und sie mag es auch im Notfall nicht verschließen. »Sie hatte keine Freude beim Anblick des Geldes, nie übersah sie unnötigerweise ihre Barschaft, aber jedes Guldenstück war ihr beinahe ein heiliges Symbolum des Schicksals, wenn sie es in die Hand nahm, um es gegen ein Lebensbedürfnis auszutauschen.« Sie würde nicht grundsätzlich anders handeln, wenn sie eine »reiche« Frau wäre. Gemünzter Wert im vorkapitalistischen Sinn ist dazu da, notwendige Güter zu erwerben, also auf gute Art verzehrt zu werden.

Selbstverständlich gibt es für diese Unvertrautheit mit den Lebensbedingungen des Geldes, die Annahme seiner »magischen« Herkunft, das Mißtrauen in seine Zirkulation, auch Gründe, die näher liegen als ländliche Herkunft und heimlicher Adel. Die bürgerliche Hausfrau ist am Gelderwerb nicht beteiligt. Es ist sogar Ehrensache, daß sie sich darum nicht zu kümmern habe. Der Gatte erschafft sich das Grund-Lebensmittel der Geldwirtschaft »im Leben draußen« – das nicht einmal, wie in Schillers »Glocke«, feindlich sein muß, um für die Hausfrau fremd zu bleiben – fremd auch, wenn der Gelderwerb sich noch in der häuslichen Werkstatt abspielt. Ihre Sache ist es, das erworbene Gut auszugeben, wieder in minder abstrakte Lebensmittel zu verwandeln. An der Art, wie sie dies tut, wird sie selbst gemessen, aber auch die Sippe, und besonders der Mann. Mit dem zugemessenen Geld richtig umgehen, heißt dann, es ausgeben *können*: reichlich genug, um die Repräsentation sicherzustellen, sparsam genug, um die gemeinsame Existenz nicht zu gefährden. Diese Kunst steht in Ehren; und doch steht sie auch im Zeichen der Kränkung, des eigenen Minderwerts. Sie ist eine Kunst im Rahmen von Abhängigkeit. Auch die »versorgte« Hausfrau wird – selbst wenn sie das häusliche Geld insgesamt verwaltet – täglich daran erinnert, daß sie nicht Urheber sein kann, daß sie des Versorgers bedarf; daß Herr immer der bleibt, der den Wert bringt, nicht der, der ihn nützt. Der heimliche Feudalismus geschlechtlicher Rollenteilung – gewiß, er war in Kellers Jugend noch kein Thema. Aber eine Tatsache war er darum nicht minder. Er prägte bis auf den Grund, was man als »natürliche« Geschlechtseigenschaft zu betrachten gewohnt war. Geld war – für die Frau – Ausdruck ihrer Dienstbarkeit; eine Dauerverschuldung gegenüber dem Brot-Herrn; es war auch dieses Geld, das die Frau dem Mann gegenüber zum frommen Kind machte.

Was der Haus-Frau, wie dunkel immer, ihre eigene Vertauschbarkeit, ihren Objekt-Charakter vor Augen führte, was also der Festigkeit des häuslichen Ideals im Grunde widersprach, konnte darum nicht leicht Gegenstand tätiger Sympathie, produktiver Mitwisserschaft sein. Des zwanghaften Verhaltens wohl, als da ist: Sparsamkeit bis zum Geiz, oder im Gegenteil: Verschwendung – Extreme, in denen sich psychologisch das Gewaltverhältnis reproduziert, das die Geldform verkörpert: Abhängigkeit. Wenn also die Bürgersfrau auch nicht, wie Frau Keller-Scheuchzer, von Familie eine »Feudale« gewesen wäre, so hätte sie es aus Not werden müssen, die Beten und Bitten lehrt; eine Frau, die das Geld im Grunde scheute, es wie ein Naturereignis behandelte, das, wie der Regen zur rechten Zeit, gnadenhalber kommt oder unglücklicherweise ausbleibt – ein Ereignis, das man vernünftig nicht steuern, dem man nur mit allerhand »Praktik« begegnen kann. Jede bürgerliche Hausfrau ist schon durch ihre Wirtschaft das, wozu Keller sie in seiner geheimnisvollsten Mutter-Geschichte gemacht hat: eine »arme Baronin«; ein stolzer Hungerleider, doppelt erlösungsbedürftig, wenn sie auch noch allein im Leben steht. Geld ist nicht der Stoff, zu dem ein »natürliches« Verhältnis gefragt ist. Es müßte ein rationales sein; dafür aber steht es zu fern, ist zu wenig verfügbar, zu bedrohlich. Keller zeichnet in der Mutter seines grünen Heinrich auch eine wirtschaftlich präzise Gestalt; eine, die das Geld als sittliche Prüfung behandelt mit frommer Scheu – und als Obszönes in stillem Abscheu. Die Fortpflanzung des Geldes ist, wie seine Herkunft, undurchsichtige Männersache; für einen im Wortsinn noblen Charakter verbietet es sich von selbst, beim »Geschlechtsteil des Gelds« (Rilke) zu verweilen. Was Mutter und Sohn bindet, so streng wie nur je eine verborgene Schuld, ist ihre Komplizenschaft in diesem Punkt: die stille Nichtachtung der Geldherstellung und -vermehrung.

Es wäre zu treuherzig, diese Gemeinschaft unter dem freundlichen Topos »Mutterliebe« abzulegen. Man lese dagegen, wie zwanghaft diese Mutter ihre Substanz angreift, um dem Sohn seine brotlose Kunst fort und fort zu gestatten; wie sie, nicht nur in Ermangelung ökonomischer Einsicht, sondern wie in demonstrativem Verzicht darauf, zu Geld macht, was sie hat, und dann, was sie ist. Der Leser sieht sie physisch abnehmen bei diesem so wenig wirtschaftlichen Prozeß. Ihre letzte Gestalt ist diejenige der spinnenden Witwe, die sich lieber von »schwarzer Suppe« nährt, als sich auf dem Markt bloßzustellen. Das ist bäuerliche Armut, nur ohne den hilfreichen Nachbarn, der auf dem Land nicht ferne wäre; aber es liegt auch ein Hauch jener aristokratischen Armut darüber, wie sie Fontane in den »Poggenpuhls« geschildert hat. Denn es wäre unangemessen, in dieser letzten Muttergestalt nur die Not und den Zwang und nicht auch den Stolz, ja die Hoffart zu bemerken. Es ist jener Stolz, der die Scheuchzer-Tochter Rat und Hilfe der Handwerksmeister (derselben, die der verstorbene Mann sich eben zu diesem Zweck, als Bürgen solider Lebensart, verpflichtet hatte) erst zwar pflichtschuldig suchen, dann aber verschmähen ließ, nachdem der schulentlassene Sohn aus dem Rennen um die bürgerliche Qualifikation geworfen war. Es war »Stolz«, der sie zwang, den Angeboten dieser Biedermänner auf den Grund zu sehen; und was sie dort bemerkte, war, bei aller Freundschaft, Eigennutz und Ausbeutung. Das jedenfalls ist die Deutung, welche nicht-bürgerliche Lebensart – sie sei bäuerlich, herrschaftlich oder plebejisch – der Geldwirtschaft allemal zugrund gelegt hat. Geschmack oder bittere Erfahrung lehren in dieser weit eher ein Mittel zur Vernichtung von Werten sehen als ein Mittel zu deren Darstellung oder gar Verwirklichung. Die Mutter, keine Bourgeoise im Sinn des neuen Jahrhunderts, war zur Kleinbürgerin erst recht verdorben. Und nichts bezeichnet ihr Wirtschaftsschicksal, als es sie dann doch einholte mit Konkurs und ökonomischer Vernichtung, genauer, als der Selbstvorwurf, sich »über meinen Stand erhoben« zu haben. Wenn ein so verinnerlichter »Stand« durch Tatsachen nicht zu beugen ist, brechen sie ihn; Tatsache aber war, daß – wie es in wunderlich-ergreifendem Deutsch heißt – der grüne Heinrich »nichts vergeuden (konnte) als das wenige, was er besaß: seines und seiner Mutter Leben«. Bei der Leugnung dieser Tatsache hatte die Mutter Beihilfe geleistet; darin war sie schuldig gewesen, noch ehe er an ihr – moralisch wie ökonomisch – schuldig werden konnte.

Rechnet man die Schuld des Sohnes auf in der Sprache der Ökonomie, so hatte er die Ahnungslosigkeit seiner Mutter ausgenutzt; er hatte getan, was nach der Regel der neuen

Wirtschaft zwar unverfänglich, nach derjenigen der älteren aber das ökonomisch Böse schlechthin war: er hatte sie ausgebeutet und fand sich am Ende, statt die Stelle des neuen Versorgers einzunehmen, in der Gesellschaft jener Verwertungs-Künstler, die sie doch noch aus dem Haus trieben. Indem er wie Kapital behandelt hatte, was in jedem Sinn unvermehrbar war, mußte die Gegenforderung schlechterdings lauten: Leben gegen Leben. Im »Grünen Heinrich« wird sie bezahlt – wird die ökonomische Todsünde der Verschwendung mit protestantischer Konseqenz gebüßt. Ihre ethische Kraft aber zieht die Forderung der Ökonomie aus dem Erbe des Vaters; es ist seine Moral gewesen, nichts schuldig zu bleiben, die nun heimgesucht wird an der Mutter, die der »Wirtschaft« zuwiderzuhandeln sich vermaß wie einst, in den Augen des Kindes, der »Ehre«. Und schließlich bringt sich der Rächer, der die Früchte dieser Schuld genossen, seiner Moral selbst zum Opfer; die Mutter tat um seinetwillen, was nicht sein durfte; sie wurde gestraft in ihm, aber jetzt soll auch er nicht mehr sein. Der Tod des grünen Heinrich ist, in der ersten Fassung vordergründiger als in der zweiten, nur als Selbstmord zu verstehen.

In diesem Kapitel ist vom »Grünen Heinrich« die Rede; es versucht die Geschichte eines Romans zu messen an der Sprache der Wirtschaft. Gesucht wird die Ökonomie eines *Kunstwerks*, gewiß; aber gerade in diesem Fall dürfte sie nur als Kunstwerk im Geiste der Ökonomie zu beschreiben sein. Will sagen: die ästhetische Verarbeitung zieht ihre Beweiskraft, wenn sie denn eine hat, aus der gespannten Beziehung auf bestehende Formen gesellschaftlicher Arbeit. Die Breite dieser Beziehung entscheidet über die Repräsentativität eines Romans; der Reichtum ihrer Widersprüche über seinen Rang.

Folgt man dem frühen Lukács, so ist der Roman jene Kunstform, in der das »Ganze« (die episch gewesene Einheit von

Seele und Welt) aufgegeben bleibt in der dargestellten Geschichte seines Verlusts. Seinem Inhalt nach wäre der Roman Spiegel dieser Entfremdung (in ihrer Totalität); seiner Form nach arbeitete er daran, die Fremde aufzuheben.

Minder abstrakt wird diese geschichtsphilosophische – und im Grund: heilsgeschichtliche – Theorie des Romans, wenn man die Sonder-»Sprachen« in Betracht zieht, in denen die verschiedenen Kulturepochen ihr jeweils Universales ausgedrückt finden, und wenn man dann das Kunstwerk als charakteristische »Abweichung« von jenem umfassenden Code betrachtet. Dann erhalten die Kategorien Lukács', jenseits ihrer dogmatischen Interpretation, einen historischen Sinn. Dann müßte es in der Tat möglich sein, den Abstand eines individuellen künstlerischen Produkts vom vorwaltenden Selbstverständnis der allgemeinen Produktivität zu messen und diese Differenz zu beschreiben als Eigenschaft des Kunstwerks selbst – seines Kunst-Charakters überhaupt, und darüber hinaus: seiner ästhetischen Individualität.

Nun versteht sich der Inbegriff des Universalen als *Theologie* bis weit ins 17. Jahrhundert hinein, beginnt mit der Aufklärung einen *moralischen* Sinn (den der säkularen Sittlichkeit) anzunehmen, drückt sich *ökonomisch* aus im Zeitalter industrieller Entfaltung und nähert sich heute der Metasprache des Computers, in der die Maxime technologischer Verfügbarkeit auf ihren Begriff kommt. In diesen »Leitsprachen« scheint, historisch gebrochen, Lukács' »Totalität« als jeweils wirkliche *und* verwirkte Produktivität auf. Zu diesen »Sprachen« muß sich das Kunstwerk – und formbestimmend: der Roman – aktiv verhalten, wenn es Ganzheit als immer noch verlorene und immer noch mögliche vorstellen will.

Solche künstlerische Aktivität ist freilich ebensowenig bloße Reproduktion des herrschenden Codes, wie sie sich im bloßen Abstandnehmen von den Sinnverlusten dieses Codes erschöpft. Das konformistische Kunstgebilde vermag den Verrat nicht zu erkennen, den *jeder* herrschende Code am »Ganzen« inhaltlich bedeutet, das er formal repräsentiert; durch bewußtloses Nachschreiben dieses Codes leistet die Kunst nicht nur Beihilfe zum Verrat, sie verdoppelt ihn. Kunstlos im strengen Sinn ist aber auch das scheinbare Gegenstück: der Versuch, dem vorwaltenden Sprachgebrauch ins Abseits der Trotzleistung zu entkommen. Hier stellt sich das Abhängigkeitsverhältnis nur als negatives wieder her.

Es ist der Kunst verboten, ahnungslos zu sein. Sie muß wissen, daß der herrschende Code der einzige Träger der Heilsgeschichte bleibt, und wäre es nur darum, weil er jeweils auch die einzige Sprache ist, in der die Unterworfenen sich über ihre Unterwerfung – also auch über Freiheit – verständigen können. Aber die Kunst muß auch wissen, daß die heilsgeschichtliche Mitgift der herrschenden Sprache nur im Widerstand – im *genauen* Widerstand – gegen diese erworben wird. Dieser Widerstand ist abstrakt nicht zu formulieren (denn als formulierter verfiele er alsbald dem Verrat); er verkörpert sich in der Gestalt des Kunstwerks selbst. Wenn das Kunstwerk eine »Position« hat, so in der unveräußerlichen Negation der jeweils herrschenden Sprache. Gewiß ist der geringe Mehrwert an Freiheit, der ihr abgewonnen wird, vom Stoff dieser Sprache, denn alles andere wäre Fiktion im schlechten Sinn. Aber indem dieser Stoff gewendet wird in die Richtung einer neuen Form, wird er zum Zeugnis gegen sich selbst, gegen alles, was an seiner Universalität scheinhaft und tödlich ist. Den bösen Schein des Positiven, den erdrückenden Anspruch des bloß Wirklichen hebt der schöne Schein des Kunstwerks und sein Sinn für das Mögliche auf: darin besteht seine Wahrheit. Durch diese Wendung benützt die Kunst die Sprache ihrer Zeit als Bürgschaft gegen den Verlust von Geschichte; durch die Übersetzung von materieller Treue in sinnbildlichen Widerstand wird sie selbst zeitgenössisch im tiefsten Sinn des Wortes.

Einem Prosaautor des 19. Jahrhunderts begegnet das Ganze in der Sprache der Ökonomie. Ich vermute, daß die deutsche Literatur des 19. Jahrhunderts kein Werk kennt, in dem »das Ganze« als anthropologisches Heil reicher und strenger von der ökonomischen Bewährung abhängig gemacht würde, als den »Grünen Heinrich«. Hier steht die Kunst-Sprache unter dem Imperativ ökonomischer Legitimation, lange bevor sie in einem übertragenen Sinn »ökonomisch« werden kann – so sehr, daß eher die ästhetische Lösung (das »Gleichgewicht«) mißglückt, als daß der Bund mit jener Grundverpflichtung gelockert würde. Ökonomie als sittliche Praxis und persönliches Pathos – das ist das Thema dieses Romans; ihm beugt sich allemal die Form.

Und doch – oder eben darum – gehört es zu den Merkwürdigkeiten des »Grünen Heinrich«, daß er, bei aller moralischen Nähe seines Idioms zur Leitsprache des 19. Jahrhunderts, ein isoliertes Werk geblieben ist. Seinem weltliterarischen Rang entspricht keine weltliterarische Geltung. Verglichen mit französischen, angelsächsischen, russischen Zeit-Romanen kann er »provinziell« wirken – aber auch neben Fontane und selbst Gotthelf. Der Eindruck klärt sich, wenn man den Begriff der »Provinz« vom Lokal-Kulturellen zu lösen vermag und als soziale Einsamkeit und ökonomischen Eigensinn versteht. Dieser Eigensinn und diese Einsamkeit verbieten ebenso die souveräne Objektivierung der Produktionsverhältnisse (à la Balzac, Dickens) wie ihre Reduktion auf ein moralisierendes Kalkül (Freytag, Spielhagen). Keller nimmt die Welt, in die er seinen Helden schickt, zu persönlich, das heißt, er glaubt an die notwendige Konvergenz ihrer objektiven Gesetze mit seinem subjektiven Bemühen, wenn es nur redlich genug ist.

Das war einmal die Prämisse des deutschen klassischen Bildungsromans. Sie konnte als sozial gelten, solange der Begriff der Gesellschaft identisch war mit ihren Spitzen (obwohl die kritische Malice des Novalis im »Wilhelm Meister« schon die »Wallfahrt nach dem Adelsdiplom« gesehen hat). Diese Prämisse wird einsam, wenn sich das Subjekt über die Einholbarkeit der »Welt« täuscht; täuscht gerade dadurch, daß es ihre Verheißung beim Wort nimmt, wonach sie dem Tüchtigen offen sei und dazu geschaffen, daß er sein Glück in ihr mache.

Eben dies verspricht auch das liberale Credo, das den freien Wettbewerb an die Stelle von Gottesurteil und Gnadenwahl gesetzt, in der Praxis also: menschlichen Wert abhängig gemacht hat von ökonomischer Bewährung. Tritt jenes Glück nicht ein, so darf der Verstoßene die Ursache nicht mehr außerhalb seiner suchen. Das Unglück wird, je tiefer er sich die ökonomisch-moralische Prämisse zu eigen gemacht hat, desto tiefer zur Frage seiner persönlichen Schuld.

Das ist der Fall des »Grünen Heinrich«. Was ich seinen Eigensinn genannt habe, besteht im Festhalten an der objektiven Verbindlichkeit seines persönlichen Unglücks. Die Sprache der Ökonomie trifft eine Person als Jüngstes Gericht, weil sie mit seiner Forderung an sich selbst zusammenstimmt. Diese Verbindung macht den Roman zur Randerscheinung unter den wenigen europäischen Gebilden gleichen Ranges. Sie begründet zugleich – paradoxerweise – seine Repräsentativität. Denn diese Einsamkeit bezeichnet die Stelle, an der ein radikal-liberales Bürgertum aus ökonomischen Gründen über sein Ideal getäuscht wurde. an dem es aus ethischen Gründen festhielt: an der sinngebenden Einheit des Menschen mit seiner Wirtschaft. In dieser Einheit – und damit im Subjekt selbst – tat sich ein Riß auf, den die Beobachtungskunst eines großen Autors sehr wohl erkannte und unvergleichlich dokumentierte; den sich sein Gewissen aber anzuerkennen weigerte. Er war nicht gewillt, vom Gewicht der Welt etwas abzustreichen, nur weil er in ihr nicht hatte reüssieren können, und hielt ihr kein Ungenügen vor, weil seine Rechnung mit ihr nicht hatte aufgehen wollen. Damit hätte er ja der Würde jener Schuld etwas weggenommen, die er bei sich selbst zu suchen sich vermaß. Daher wollte er ausdrücklich kein »Tendenzbuch« geschrieben haben. Aber als treuer Chronist seiner veräußerten Subjektivität entging er der Tendenz nicht, persönlicher Erfahrung ihre eigene ästhetische Kritik zuzusetzen; jener »Tendenz«, die nichts anderes ist als die unbewußte Wahrheit der Kunst gegen *ihre* Zeit. Sie erfüllt Friedrich Engels' Forderung – wäre sie nur eine Selbstverständlichkeit in der endlosen

Diskussion ums ›Engagement‹! –: » . . . ich meine, die Tendenz muß aus der Situation und Handlung selbst hervorspringen, ohne daß ausdrücklich darauf hingewiesen wird, und der Dichter ist nicht genötigt, die geschichtliche zukünftige Lösung der Konflikte, die er schildert, dem Leser an die Hand zu geben.« Und: »Je mehr die Ansichten des Autors verborgen bleiben, desto besser für das Kunstwerk. Der Realismus, von dem ich spreche, kann sogar trotz der Ansichten des Autors in Erscheinung treten.«

Ein Beispiel für viele, wie sehr die Ökonomie als verschwiegenes Thema und als ästhetisches Prinzip den »Grünen Heinrich« zu strukturieren vermag: der Schuld-Kampf gegen Meierlein, körperlich ausgetragen, eine »Urerfahrung«, weil hier der Held nicht gegen eine äußere Forderung kämpft (die ja, juristisch, null und nichtig wäre), sondern mit seinem wirtschaftlichen Vater-Ich ringt. Sie könnte in einem geringeren Kunstwerk mit dem Tod des Kinder-Gläubigers erledigt sein. Nicht im »Grünen Heinrich«. In seinem Heimkehr-Traum, der den Bankrott der Münchner Malerzeit in märchenhaften Reichtum um-phantasieren möchte, ist es gerade der tote Meierlein, der den Selbstbetrug beim Namen nennen und Jüngstes Gericht spielen darf. Der Traum spricht wahr: es ist romanhafte Wahrheit *und* die Wahrheit der objektiv geltenden Ökonomie. Als ihr Repräsentant genießt der Feind bis in den Schlaf des Helden hinein jene Autorität, die er, als kindisches Zerrbild, vom Vater und seinem städtischen Wesen geborgt hat, und darf dessen Forderung an den Sohn vertreten: Zeit ist soviel wie Kredit. Gelingt es nicht, sie in meßbaren, selbsterworbenen Gewinn zu verwandeln, so ist die bürgerliche Existenz am Ende. Traumgold und Grafengnade zählen nicht.

Anders ausgedrückt: »Land« muß im »Grünen Heinrich« »Stadt« werden, die Herkunft gnadenhalber zur Zukunft durch eigenes Verdienst. Das ist die Grund-Formel dieses Romanes, sein moralischer Zug, der Schlüssel zu seiner Ökonomie. Ihre Widersprüche melden sich schon früher als in der Zuspitzung durch Meierlein, den Kindheits-Dämon. Sie ergreifen und zerstören unter des jungen Heinrichs Augen die fabelhafte Wirtschaft der Hausgenossin Margret. Mitten in der Stadt unterhält diese mächtige Person ein Geschäft nach Grundsätzen einer untergehenden feudalen Welt, die hier noch einmal im Licht des Mythos erstrahlen darf. Geldverkehr findet kaum statt. Güter und Leistungen werden in Gold gewechselt oder nehmen wieder Güter- und Schatzform an, verwandeln sich in jenen versponnenen Reichtum der Sachen und Sächelchen, der für Kellers Einbildungskraft überall so bezeichnend ist. (Sein Werk wimmelt von Schachteln, Kästchen, künstlichen Andenken, verhextem Schmuck, »persönlichen Schätzen« – Attributen, die viel eher eine Eigenschaft als das Eigentum ihres Besitzers bezeichnen, die ihn also nicht so sehr »charakterisieren« als eigentlich vertreten ... Sie sind niemals ohne metaphysischen Verlust zu Geld zu machen, können aber, zwischen Personen ausgetauscht, eine ähnlich bindende Bedeutung haben wie der Schmucktaler in »Geld und Geist« als Lebenszeichen zwischen Liebenden). Frau Margret verbürgt die Fruchtbarkeit dieser mütterlich-archetypischen Sammler- und Hortwirtschaft. Ja, sie vermag eine Weile, gegen jede städtische Vernunft, das Glück ihrer Kunden damit zu machen, die sie, wie eine Gottheit von sicherer Laune geleitet, nach ihrer inneren Berufung zum Reichwerden auswählt. Bei alldem geht es ohne genaues Rechnen ab. Das geschäftliche Genie kann buchstäblich nur fünf römische Ziffern malen, und wie sich zeigt – wie der Dichter zeigt –, ist eben dieses urwirtschaftliche Vertrauen in das Inkalkulable Basis und Bedingung ihres Glücks. Dieses beginnt sich in dem Augenblick zu wenden, wo sich von der matriarchalischen Einheit das männliche Prinzip abspaltet, auch wenn es sich in diesem Fall nur in einem unnützen Männchen, dem »Vater Jakoblein« verkörpert, der »einundfunfzig, einundfunfzig« vor sich hinmurmelt. Es ist wohl das Alter seiner Frau, aber es ist noch etwas mehr. Denn mit 51 endet, in Prozenten ausgedrückt, das

Prinzip der »gerechten Teilung« und beginnt der Vorteil des *einen* Partners. Noch mehr: mit der Zahl *als solcher* wird der Keim jener Auseinandersetzung gelegt, die Margrets Produktivität spalten und damit zerstören wird; nicht anders, als im Alten Testament die Volkszählung als solche, als Mißtrauensvotum der Vernunft, *die* Sünde wider den magischen Stammesgeist gewesen ist. Es beginnt nun zwischen Frau und Mann jener mörderische Wettbewerb ums Überleben, der in der Totalliquidation enden muß. Was der lachende Erbe aus dem ganzen Zauber herauszieht und fortträgt, hat schließlich in einer Geldkatze Platz. Was rätselhaft zeugender Wert gewesen war, fällt auseinander in bloße Ware und nackten Tauschwert. Das ist der Preis ökonomischer Mobilität, wie sie die neue Wirtschaft verlangt: das Ende der Mutter-Wirtschaft wird bereits zu Beginn des Romans exemplarisch als bürgerlicher Bankrott vorgeführt. Liquidität als Todesurteil: wir erfahren, daß das Vorbild Margrets, Frau Hotz, im Sterben noch daran gelitten habe, nicht weinen zu können.

Aber die Lektion, so notwendig sie sein mag, wird nicht leicht beherzigt. Der Zauber einer begnadeten Welt müßte in Kauf gegeben werden. Frau Lee ist nicht Frau Margret; dennoch wurzelt auch sie tief in der vorkapitalistischen Wirtschaft und muß wiederum, gleichsam wider besseres Wissen, die Gewohnheiten ihres Sohns darin verwurzeln. Mutter und Sohn überspielen, jedes in seiner Art, den Abstand zur wirtschaftlichen Realität: die Mutter durch magische Sparsamkeit; der Sohn durch Raub an dieser (ein Unrecht, das nicht am bürgerlichen Gesetzbuch, sondern als Beziehungsverlust gemessen wird); durch kleine Falschmünzereien aller Art, Angeben, Lügen, Phantasieren, Zauber mit ungedecktem »Wortgeld«. Diese Praktiken haben alle den unausgesprochenen Zweck – und erfüllen ihn oft zum Erstaunen –, den Sozialvergleich, den Wettbewerb in der »anderen Welt« zu unterlaufen. Aber Mutter und Kind wissen fortwährend, daß es dabei nicht mit rechten Dingen zugeht. Eben weil jener Vergleich, der regelnde und relativierende Maßstab für die eigene Leistung, heimlich fehlt, empfinden Mutter und Kind ihren Ersatz durch Phantasie auch als katastrophal, und die Schuld, die einem daraus erwachsen kann, als bodenlos. Die andern über seine schwache Stellung zur Realität zu täuschen, mag für den Augenblick entlastend sein – auf die Dauer belastet es das Gewissen wie nichts anderes. Denn es verstrickt das Kind in ein Mißverhältnis zu sich selbst – jenem andern Selbst, das von der Vater-Norm geprägt ist und gerade den redlichen Vergleich und Austausch verlangt. So kommt es ausgerechnet in jener öffentlichen Schule, die zur Erbschaft, beinahe zu den persönlichen Stiftungen des toten Vaters gehört, zum Eklat: das Kind, das sich auch hier als kleiner Herr aufführt und als »verschämter Armer« seine Stellung ahnungslos-eigenwillig verschätzt, muß, für einmal wirklich fast unschuldig, die Zeche eines Kameradenstreichs bezahlen und diese Schule, die seine bürgerliche Chance gewesen wäre, verlassen.

Keller hat für das erlittene Schul-Unrecht das starke Wort »Enthauptung« gefunden und auch Jahrzehnte später, bei der Revision des Romans, nichts davon zurückgenommen. So aktuell die zornige Schelte eines kinderfeindlichen Schulwesens bis heute geblieben ist – ihre tiefste Bitterkeit zieht sie doch aus der Einsicht in die Zweideutigkeit der eigenen Stellung; in das verhängnisvolle Zusammenspiel von institutioneller Grausamkeit, ja Pflichtvergessenheit einerseits, und persönlicher Schuld anderseits. Wenn denn eine Selbsteinschätzung den Namen »Schuld« verdient (bei Keller tut sie es), die nicht so sehr »unklug« als politisch und ökonomisch ahnungslos gewesen ist.

(Die böse, die objektive Ironie dieses Exkommunikations-Erlebnisses verdient, aus der Nähe besehen zu werden. Da kommt ein Kind in den Genuß jener Schulreform, für die sein Vater sich eingesetzt, buchstäblich sein Leben geopfert hat. Es begeht, keineswegs als Rädelsführer, den dummen Streich, sich an einem Lehrer zu rächen, der – um die Ironie vollzumachen – seinerseits ein Kämpfer für liberale Reformen ist, wenn auch offenbar ein unbeholfener, zum Spott reizender Pädagoge – ein Mann, der, nicht aus den sachlichsten Gründen, bereits zur Disposition gestellt und in soziale Not geraten war. Und die Aufsichtsbehörde, die über das neue Bildungswerk zu wachen hätte, es aber – als gegen das herkömmliche städtische Privileg gerichtet – im Stillen sabotiert, packt die Gelegenheit beim Schopf, so etwas wie Alibi-Disziplin zu demonstrieren. Sie statuiert ein Exempel ausgerechnet an einem Landkind und Witwensohn, der die Vermessenheit gehabt hatte, sich als kleiner Patrizier zu fühlen, und nicht pfiffig genug war, sich hinterher herauszuwinden. Denn dieses eine Mal, wo sich ein wenig Phantasie für den grünen Heinrich nicht nur »bezahlt gemacht« hätte, sondern auch rechtmäßig gewesen wäre – dieses eine Mal bleibt er stumm.)

Verlust der Realität: das bedeutet hier zum ersten Mal, daß eine Aussicht real verlorengegangen ist, diejenige auf einen geraden bürgerlichen Lebenslauf. Daher jetzt die Flucht nach draußen ins Unbürgerliche. Der Pubertierende sucht Trost im Trotz gegen die Realität. Unter Herren käme diesem Trotz das Beiwort »edel« zu; nur ist hier kein Herrensohn, der sich dergleichen leisten kann. Die objektiven, strukturbildenden Ironien des Romans vertiefen sich: Heinrich trägt nun den grünen Stoff, geschnitten aus Vaters Rock, als Uniform des Protests gegen das väterlich-bürgerliche Institut; er sucht der Leibfarbe einen neuen Sinn zu geben, er flieht aufs Land, um dort, ein kleiner Riese Antäus, wieder an Mutterboden zu rühren. Aber diese Nachfolge Rousseaus ist, wie schon beim Original, ein Werk zivilisatorischen Heimwehs, eine durchaus städtische Idylle. Es ist, nun erst recht, ein luxuriöses Selbstverständnis, das den Dropout im Haus des pfarrherrlichen Oheims anfliegt und dem er, wie durch eine scherzhafte Gedankenverbindung, den Wunsch entnimmt, Künstler, Maler zu werden. Alles kommt zusammen, den Verdacht zu zerstreuen, daß es sich wieder um ein Mißverständnis, eine neue gravierende Selbst-Verschätzung handeln könnte: eine gefällige Atmosphäre, der lang vermißte (wenn auch durch Neckerei gedämpfte) Sozialerfolg, Landschaftseindrücke, der Kontakt mit der Ahnenwelt, die erste Liebe in der doppelten Gestalt Annas und Judiths. Plötzlich, durch ein Wunder, scheint sich diese Chance aufzutun, aus der sozialen Gefährdung der Person Kapital zu schlagen, sie umzuwandeln in ein lebensmächtiges Abenteuer.

Es ist gewählte, gestellte, exotisch verfremdete Natur, was auf den Blättern des zeichnenden Anfängers gesammelt wird. Die Tatsache, daß es mit der Kunst schon im Ansatz nicht weit her sein kann, zeigt sich an der Gewalt, die der Natur getan werden muß. Da wird nicht gesehen, sondern projiziert. Ein »ossianisches«, will sagen: einsames und unglückliches Subjekt spiegelt sich in verwilderten »Motiven«, die es der Objektwelt eher unterschiebt als ablauscht; und für die Unselbständigkeit des Auges muß der Schein einer »selbständigen« Technik aufkommen. Später wird der Schriftsteller Keller nicht müde werden, diese Praxis als Deformation und menschliche Unnatur zu denunzieren (in den »Mißbrauchten Liebesbriefen« etwa); ein Werturteil, in dem man die Selbstüberwindung bemerken, das man also nicht unbesehen übernehmen darf.

Aber auch als »Begabungsfrage« ist Heinrichs (und Kellers) Bedürfnis, Maler zu werden, nicht zureichend zu behandeln. Davon abgesehen, daß seine Bilder, gemessen an der damaligen Berufskunst, schwerlich »schwach« zu nennen sind: subjektive Begabung ist, wie zu zeigen sein wird, im Zeitalter industrieller Herstellungs- und Verwertungsbedingungen von Kunstware kein weiterführendes Kriterium mehr. Daß der beste Wille nicht weiterführte, weil Kräfte entgegenstanden, die der Künstler nicht überwinden, die er nur benützen kann – oder eben nicht benützen lernt –, das ist ja die Erfahrung der leidvollen Münchner Lehrjahre. Eine Erfahrung freilich, die nur im Kleide persönlichen Versagens glaubhaft – und für den historisch denkenden Leser glaubwürdig – zu machen war. Es gehört zu den großen Ironien des Romans, daß seine moralische Ökonomie subjektiv der realen Ökonomie widerstreben mußte, deren Urteil er objektiv vollstrecken sollte. Wo Künstlertum ein heimliches Synonym war für die Autonomie der Person, hatte es ja seine Richtigkeit, wenn der Maler in spe gegenüber dem Habersaatschen Kunst-Gewerbe, in dem er seine »Motive« zu elenden Bedingungen ausschlachten lernen soll, an seiner Genie-Erwartung festhielt. Und nicht minder hatte es seine bewegende Richtigkeit, wenn die Mutter, im Grunde nicht nur gleich ahnungslos, sondern auch gleich anspruchsvoll wie der Sohn, diese Erwartung, wie kummervoll immer, mit Leib und Gut zu decken versuchte. Auch nach ihrem innern Maß kam es nicht in Frage, daß ein Mensch, und gar ihr eigener Sohn, seinen Wert zu Ware machte.

Wie verschworen und austauschbar die Stimmen von Mutter und Kind in Sachen Berufung sind, belegt eine Einzelheit der traurigen Geschichte mit Römer, dem ersten tüchtigen Kunstlehrmeister im Leben des grünen Heinrich. Die harte Geldforderung an den seelisch kranken Maler verantwortet im Roman der Sohn (»Weißt du,« hält ihm Judith deswegen vor, »daß du allbereits ein Menschenleben auf deiner grünen Seele hast?«), während es »in Wirklichkeit« die Mutter Keller-Scheuchzer war, die Römers Vorbild Meyer (mit dem väterlichen Vornamen Rudolf!) damit verfolgt hatte. Aber was heißt hier »in Wirklichkeit«? Wirklich ist die Schuld, die hier Mutter und Sohn in Verkennung ihrer eigenen Lage nicht nur bei einem sozial noch Schwächeren, sondern zuerst bei sich selbst auf sich nehmen; wenn »Schuld« heißen soll, daß man sich »über seinen Stand erhebt«. Der Kunst-Traum des Sohnes, die Heilserwartung der Mutter sind vom Stoff dieser Schuld; ein Verfehlen der Tatsachen, die dadurch nicht an Gewicht verlieren, daß sie menschlich unannehmbar sind, im Gegenteil; die sich – im Roman – dadurch rächen, daß sie ihre armseligen Verächter einholen und erdrücken.

»München« ist für den kunst-reisenden Sohn ein einziger Aufschub dieser Einsicht; zugleich eine tägliche Annäherung an die Katastrophe. Nicht daß am Entschluß, sich von der Mutter zu trennen, in der Kunst-Stadt sein Glück zu machen, das wirtschaftliche Kalkül ganz unbeteiligt gewesen wäre. Im Gegenteil: der grüne Heinrich legt sich seine Zukunft gerade als Synthese gewerblichen Erfolgs und künstlerischer Berufung zurecht. Er statuiert im Grunde den Begriff seines *Vaters* von der Kunst: daß sie gelernt und geübt sein müsse, daß sie Brot schaffen und andere ins Brot setzen soll. Was der werdende Künstler gegen die mißtrauischen bäuerlichen Vormünder geltend macht, die das »Testamentlein«, ein Erbe von Vaterseite, herausrücken und »versilbern« sollen, klingt genau wie ökonomische Vernunft. Es soll keine verlorene Zeit, sondern eine treffliche Investition sein, daß sich der Schulentlassene zum Maler bildet. (Erst in der zweiten Fassung wird diese bürgerliche Zuversicht durch den warnenden Schatten des »Schlangenfressers« schon an der Quelle verdunkelt.) Der grüne Heinrich stellt sich vor den andern, aber auch vor sich selber so, als wolle er nur ein Handwerker werden, wie sein Vater einer gewesen ist, der Spezialfall eines Geschäftsmannes. Als wäre es nur eine Frage der Zeit, der Technik und des Fleißes, bis er sein Talent zu Geld machen, der ländlichen und der städtischen Gesellschaft die Schuld heimzahlen könne, in der er sich gegen beide weiß. Es ist das Pathos der *ganzen* Person, der Zielvorstellung jedes Bildungsromans, das hier die Harmonie, ja Identität der moralischen und der ökonomischen Welt postuliert; die Zusammenführung des väterlichen und des mütterlichen Anspruchs, die Konvergenz von Beruf und Berufung, Verdienst und Gnade.

Erst wenn man dieses Postulat ernst nimmt, kommt man über die müßige Diskussion, ob Heinrich (oder Keller) zum Maler »berufen« gewesen sei, hinweg und begreift das Scheitern dieser Erwartung als sozialgeschichtliche Notwendigkeit. Es war das Glaubensbekenntnis des Pionier-Liberalismus gewesen, daß das Urteil über den Wert eines Menschen auf dem Weg seiner Bewährung im freien ökonomischen Wettbewerb herbeizuführen sei. Den Verlust des Vaters »gutmachen«, das

Trauma des Zurückbleibens hinter der Vater-Erwartung überwinden, am Ende wohl selbst Vater, ganz gewiß aber Mutter-Versorger werden – das hieß für den jungen Menschen so viel wie: seine Berufswahl diesem Maß des freien Wettbewerbs als einem ultimativen unterwerfen. Er setzte dabei voraus, daß persönlicher Wert konvertierbar sei in gesellschaftlichen Wert. Und in diesem alles entscheidenden Punkt hatte der angehende Handwerker-Künstler seine Rechnung ohne den Wirt – will sagen: gegen das Gesetz der Kapital- und Industriewirtschaft – gemacht. Sie hatte den Freiheitsbegriff, der historisch in ihr steckte, überholt und zur Ideologie verwirtschaftet. Denn diese Freiheit erlaubte auch dem Tüchtigen nur noch die Veräußerung seiner Arbeit und damit seiner Person: was zählte, war nicht mehr der Gebrauchswert der Leistung, sondern ihre Wareneigenschaft. Der Liberalismus war im Begriff, mit der weltwirtschaftlichen Dynamik, die er entfesselte, seine eigene ethische Basis zu zerstören und seine befreiende Kraft in ein geschlossenes System der Verwertungszwänge zu überführen. Ein bürgerlicher Bildungsroman, der nicht von Kapitalbildung handelte, verfehlte sowohl seinen Zweck (ein Individuum repräsentativerweise in Freiheit zu setzen) wie die Realität.

Der grüne Heinrich in München brauchte lange nichts davon zu bemerken. Er konnte für ein neues Florenz halten, was in Wirklichkeit eine riesige Industrieanlage war, in der spezielle Güter und Dienstleistungen produziert und vervielfältigt wurden. Der König dieser Residenz war ein Großunternehmer wider Willen und gegen sein eigenes Bewußtsein. Was wie Schönheitskult aussah, war in Wirklichkeit die Ideologie einer umfassenden Vergoldungs-, Imitations- und Dekorfabrikation, mit der ein Jahrhundert sein Bedürfnis nach Nicht-Identität mit den eigenen Produktionsbedingungen befriedigte. Insofern war das »falsche Bewußtsein« des Zürcher Musensohns vor die rechte Schmiede gekommen. Musil zu zitieren: »seinesgleichen geschah« im München Ludwigs des Ersten (und erst recht des Zweiten, diesem Hollywood der ersten Gründerzeit). Neuschwanstein wie Bayreuth, das PR-Image der »heimlichen Hauptstadt mit Herz« bezeugen bis auf den heutigen Tag, daß die Herstellung gemütvoller Phantastik eines der Jahrhundertgeschäfte gewesen war, eine geniale Investition über den Tag hinaus. Es gehörte zum System dieses industrialisierten Kunstbegriffs, daß schon 1840 kein Mensch mehr zu sagen gewußt hätte, was hier »redliche Arbeit« und was Hochstapelei, was Bedürfnis und was Luxus heißen sollte. Es war gerade die Verschleierung dieser Gegensätze, auf der Charme und Glück, Eigenart und Erfolg dieser Industriestadt beruhten. Für einen jungen Menschen, der ausgezogen war, um seinen ehrlichen Wert zu messen am ehrlichen Bedürfnis der Gesellschaft und um auf dieses hin seinen Charakter zu entwickeln, war gerade »München« das fatalste, und natürlich zuerst: das verlockendste Pflaster. Hier schien alles nur für die Kunst zu leben und auf ihre Vollendung hin angelegt: eben so verbarg sich am wirksamsten ihr umfassender Charakter als Traumware. Dieser Markt schien in der Tat nicht sehr anders zu funktionieren als die ländliche Glücks- und Gnadenwirtschaft, wo ein vernünftiges Verhältnis zwischen Einsatz und Ertrag weder herzustellen noch einzusehen, allenfalls im Gebet zu erflehen gewesen war. Vollkommener als in dieser Stadt versteckte sich nirgends der kommerzielle Erfolg im Kleide der Gnadenwahl. Aus nichts, schien es, war hier über Nacht etwas Rechtes zu machen; man konnte sich aber auch jahrelang umsonst mühen, und auf einmal wurde einem im Traum die alles verändernde Goldader gezeigt.

Der Zürcher Bürgersohn brachte in diese barocke Goldgräbergegend den Willen mit, es jedenfalls an Mühe nicht fehlen zu lassen, um jenes Glück zu verdienen. Daß es sich dennoch nur durch ein Wunder herbeilassen würde, muß zu den Ahnungen gehört haben, die ihn so verzweifelt lange – und, was die gleichzeitig fortschreitende Verarmung der Mutter betraf: empörend lange – an diesem verwunschenen Ort festhielten.

Die Ironie der Tatsachen verfolgte ihn, ohne daß er ihre tiefere Bedeutung bemerken wollte. Die Ironie etwa, daß einer, der endlich kompetent »nach der Natur« malen lernen wollte, von dieser Natur in München so weit ablag, daß die notwendigen »Reisen ins Grüne« unerschwinglich wurden; daß er, um seinem Vorsatz nicht ganz untreu zu werden, anstatt nach der Anschauung nach der Erinnerung malen mußte – es waren ja Zürcher Landschaften, die der Kunststudent in seinen halbdunklen Stuben verfertigte. Aber auch unter günstigeren Umständen wäre ein ergiebiger Naturbegriff aus Vorbildern wie Cornelius, Kaulbach oder Gärtner nicht zu gewinnen gewesen. Die Kunstfreunde, mit denen er umging, waren meist arme Teufel und bezogen, wie er selbst, aus einem entfernten Elternhaus den Wechsel, der sie vor völliger Proletarisierung bewahrte. Die Erfolgreichen aber stellten sich, bei Licht besehen, als Hersteller von Halbfertigwaren, als Produktgestalter oder Rentner dar. Freund Eriksons Eigentümlichkeit – die kleinen Formate – hatten viel mehr mit guter Marktanalyse als mit persönlicher Entwicklung zu tun. Er konzentrierte sich angesichts des herrschenden Überangebots richtigerweise auf jene leicht identifizierbare Produkteigenschaft, die moderne Werbeleute »unique selling point« nennen. Und auch diese Mühe machte er sich nur übergangsweise. Seine eigentliche »Verwirklichung« fand er erst, als er dank einer glücklichen Heirat seiner Kunst ledig wurde und sich nur noch liebhabermäßig mit ihrem Vertrieb zu beschäftigen brauchte.

Ein Liebhaber anderer Art ist Lys, dessen heikle, ironisch-akademische Kunst der grüne Heinrich als solche nicht in Frage stellt. Aber er notiert auch ihre Bedingung dazu: Unwille gegen »Vollendung«, und unbeschwerte Vermögensverhältnisse. Wiederum eine der traurigen Ironien des Romans: der eine unter Heinrichs Freunden, der malen kann, braucht nicht zu malen. Sein Kavalierswesen ist der leibhaftige Spott auf den heiligen Lebensernst, wie Heinrich ihn verstehen muß, um an eine Ordnung in der Welt glauben zu können. In der Tat: dieses Bedürfnis kann ihn plötzlich wieder zum Anwalt jenes persönlichen Gottes machen, der schon preisgegeben schien. Im Namen dieses Gottes fordert er Lys für seine weltmännische Skepsis zum Duell; in der ersten Fassung des Romans verwundet er ihn auf den Tod. Das mörderische Mißverständnis deckt jedenfalls die Not auf, die Heinrich damit hatte, seiner Biographie eine höhere Notwendigkeit zu unterlegen; diese Not ist es, die ihn im Grenzfall beten und töten lehrt. Oder darf man diesem Attentat auf (nach Römer) den zweiten ernsthaften Künstler in Heinrichs Nähe eine noch dunklere Aussage des Romans über die Kunst selbst entnehmen: ein strukturelles Todesurteil über das Schöne, *das nicht sein soll*?

Wie auch immer: »München« zeigt dem Glück- und Erfolglosen hinter der Vergoldung ein immer erbarmungsloseres Gesicht, verwandelt sich gleichsam in ein universales Habersaatsches Atelier, wo man ihn geheißen hatte, »aus der Natur die wunderbarsten und zierlichsten Gebilde (zu) abstrahieren, welche meine Konkurrenten zur Verzweiflung bringen!« Heinrich erlebt das hartnäckig traurige Schicksal seiner eigenen Produkte, das Züge einer schwarzen Komödie, eines zwanghaften Slapstick annimmt. Was er, um den Zuwachs seiner Kunst zu bezeugen, nach Hause schickt (die menschenleere »Ossianische« Landschaft), nimmt Schaden, geht verloren, bleibt unbezeichnet, ohne Preisangabe und in jedem Fall unverkäuflich. Die Mutter läuft sich für diese Unglücksbilder die Füße wund, ohne mehr als Mitleid oder stille Schadenfreude zu ernten. Die Berichte, die die Mutter Kellers dem entfernten Sohn von diesen undankbaren Abenteuern gibt, sind eine herzzerreißende Lektüre. Denn in dieser ganzen Zeit wird ja das Geld weniger, zu dem sie ihr unvermehrbares Frauengut machen muß, und verliert jegliche Aussicht darauf, doch noch Kapital zu werden. Es bleibt ihr nur, die eigene Arbeitskraft noch stärker anzugreifen, ihr Stadthaus in eine ländliche Spinnstube zurückzuverwandeln, von schwarzer Suppe zu leben und sich den Leuten nicht mehr zu zeigen.

In München zündet der Funke der ökonomischen – und das heißt für Heinrich auch: der moralischen – Wahrheit in der Verkleidung kollegialen Juxes. Erikson, jetzt arriviert und sorglos, besucht mit seiner reichen Frau das Malerstübchen Heinrich Lees, der aufgehört hat zu malen – das heißt: der seine Verzweiflung am Malen in Form einer sinnlosen, pedantisch ausgeführten Strichelei dokumentiert. Und vor diesem Unglückswerk holt Erikson zu einer freundschaftlich-spöttisch gemeinten Suada aus (die, nebenbei, ein Jahrhundert Kunstentwicklung vorwegnimmt):

»Du hast, grüner Heinrich, mit diesem bedeutenden Werke eine neue Phase angetreten und begonnen, ein Problem zu lösen, welches von größtem Einflusse auf unsere deutsche Kunstentwicklung sein kann. Es war in der Tat längst nicht mehr auszuhalten, immer von der freien und für sich bestehenden Welt des Schönen, welche durch keine Realität, keine Tendenz getrübt werden dürfe, sprechen und räsonnieren zu hören, während man mit der gröbsten Inkonsequenz doch immer Menschen, Tiere, Himmel, Sterne, Wald, Feld und Flur und lauter solche trivial wirkliche Dinge zum Ausdrucke gebrauchte. Du hast hier einen gewaltigen Schritt vorwärts getan von noch nicht zu bestimmender Tragweite. Denn was ist das Schöne? Eine reine Idee, dargestellt mit Zweckmäßigkeit, Wahrheit, gelungener Absicht! Diese Million Striche und Strichelchen, zart und geistreich oder fest und markig, wie sie sind, in einer Landschaft auf materielle Weise placiert, würden allerdings ein sogenanntes Bild im alten Sinne ausmachen und so der hergebrachten gröbsten Tendenz frönen! Wohlan! Du hast dich kurz entschlossen und alles Gegenständliche hinausgeworfen! Diese fleißigen Schraffierungen sind Schraffierungen an sich, in der vollkommensten Freiheit des Schönen schwebend, dies ist der Fleiß, die Zweckmäßigkeit, die Klarheit an sich, in der holdesten, reizendsten Abstraktion! Und diese Verknotungen, aus denen du dich auf so treffliche Weise gezogen hast, sind sie nicht der triumphierende Beweis, wie Logik und Kunstmäßigkeit erst im Wesenlosen recht ihre Siege feiern, im Nichts sich Leidenschaften und Verfinsterungen gebären und sie glänzend überwinden? Aus Nichts hat Gott die Welt geschaffen! Sie ist ein krankhafter Abszeß dieses Nichts, ein Abfall Gottes von sich selbst. Das Schöne, das Poetische, das Göttliche besteht eben darin, daß wir uns aus diesem materiellen Geschwür wieder ins Nichts zurückabstrahieren, nur dies kann eine Kunst sein!«

Und Erikson lädt Heinrich ein, nun den nächsten Schritt ins wahre Nichts zu wagen und seine Striche auch noch zu einem totalen Dezimalsystem, einem abstrakten und unbeschränkten Fortschritt unverhüllter Zahlenverhältnisse zu entwickeln. Was als Satire gedacht ist – auch vom Autor Keller –, enthält die krasse Formel zureichenden Wirtschaftsverständnisses, die der Zauberlehrling nicht finden wollte: den Umschlag der qualitativen in quantifizierte Arbeit, von Fleiß in Industrie; enthält die Reduktion des Wertbegriffs auf die Zahl. Und dies alles – wohlgemerkt – dargestellt nicht als Gegenwelt zum reinen Schönen, sondern als Ausfluß und Konsequenz desselben. Nicht unpassend, wenn die Gleichung aus dem Jux übersetzt wird in die Dialektik der Sozialgeschichte. Denn in dieser sind zweckfreie Kunst und umfassendes Wirtschaftskalkül in der Tat komplementäre Größen gewesen. Erikson demonstriert anhand des »letzten Bildes« des Malers Heinrich Lee das Versacken einer Kunst-Idee in Ideologie, aber damit zugleich auch das Ende einer Ökonomie auf Treu und Glauben. Er entwickelt das Gesetz des neuen Kapitalismus aus dem sinnlos gewordenen Kunstwerk selbst. Der Wert wird durchsichtig auf den Preis – jenen Preis, der das Urteil des Marktes ist; aber auch auf jenen andern Preis, der mit Leben bezahlt wurde und nun sinnlos scheint: er schlägt in der Schlußabrechnung, die der Kapitalismus dem Künstler präsentiert, nicht mehr zu Buch. »München« ist ein schlechtes Geschäft gewesen.

Ein Gottes-Urteil? So scheint es, wenn man liest, der grüne Heinrich selbst habe sich überzeugt, »daß seine geliebte und begeisterte Wahl, der er vom vierzehnten Jahr an bis heute gelebt, nicht viel mehr als ein Zufall, eine durch zufällige Umstände bedingte Ideenverbindung gewesen sei«. Wer erfahren mußte, daß die gesuchte Natur nicht mehr zu lösen ist von der Erwartung und Technik ihrer Reproduzierbarkeit; wer erlebt, daß seine persönlichsten Motive (das Wort im doppelten Sinn verstanden) erst als buchstäblich entfremdete, von einem geschickten Macher angeeignete, Kurswert erlangen; wer im hilfreichen Freund über Nacht den diebischen Konkurrenten erkennen muß: dem kann auch die Malerei insgesamt gestohlen werden.

Aber dann versucht der junge Mensch den Gewinn seiner selbst, der aus dem Medium des Schönen nicht zu schöpfen war, in dem des Wahren zu verwirklichen. Er widmet sich anthropologischen und erkenntniskritischen Studien; an der Universität, die ihm nur als Auditor offensteht, hofft er noch einmal zu finden, was die unvertraut gewordene Welt im Innersten zusammenhält. Genauer: ob der Mensch einer freien Wahl, die ihm die Welt öffnen könnte, überhaupt fähig sei. Es ist, vom persönlichsten Zweifel eingegeben, die große Tendenz der Zeit, die der akademische Dilettant hier auf seine Art vollzieht; die bei Büchner exemplarisch vorgebildete Abwendung von den Künsten zum *forschenden* Zweifel, mit dessen Hilfe man, den dunklen Boden der Materie unter den Füßen erhellend, der Verzweiflung zu entgehen meint. Wer in diesen dreißiger Jahren des 19. Jahrhunderts sich den »Schädelnerven der Barben« zuwendet, sucht seinen eigenen Nerv (»Was ist das, was in uns lügt, mordet, stiehlt?«). Wer um die Problematik des »freien Willens« kreist, sucht, ob er es weiß oder nicht, einen zureichenden Begriff für die Unfreiheit, die ihn, seine liberale Hoffnung verstörend, befallen hat und die er nicht als blindes Schicksal erfahren möchte.

Und so kommt er denn unweigerlich – und wäre es in Frageform – auf den Begriff der Ökonomie; denn in ihr materialisiert sich das Rätsel seines Ungenügens, ja seiner Existenz. Heinrich lernt die Fragen der Epoche stellen: Was ist Arbeit? Wie wird Wert geschaffen? »Was ist nun zu tun? Wo liegt das Gesetz der Arbeit und die Erwerbslehre, und wo decken sie sich?« Wie soll es zu fassen sein, daß eine unnütze, ja betrügerische Produktion – zitiert wird ein Bohnenmehl, damals als »Revalenta arabica« lanciert – Menschen in ein ehrliches Brot setzen und zur Basis einer ebenso folgenreichen – wenn nicht ebenso so soliden – Industrie werden kann wie Schillers hinterlassene Werke? Die Irritation der Analogie beruht auf ihrem ökonomisch zwingenden Charakter, der sich um seine idealistische Bewertung nicht recht kümmern will, auch wenn sich Heinrich nachdrücklich darum bemüht und dem Lieblingsautor des Vaters und seiner Generation eine Sonderstellung zuweisen möchte. Tatsache ist aber, daß in der Sprache von Angebot und Nachfrage nicht mehr auszudrücken ist – und vom Gesicht der Arbeitenden nicht mehr abzulesen –, ob hier Wertvermehrung stattfindet oder Volksbetrug: der humane Charakter eines Produkts beginnt unkenntlich zu werden unter den Bedingungen seiner Zirkulation.

Das Bild des »Angestellten« taucht auf, der leidlich »versorgt« ist, ohne den Wert seiner Arbeit jemals recht einschätzen zu müssen oder zu können – wäre das ein Ausweg? Die Frage – man darf sie wohl zu den folgenreichsten in Kellers Leben rechnen – bleibt in der Schwebe. Aber man glaubt das Gewissen noch deutlich auf der andern Seite schlagen zu hören: »Wer essen will, der soll auch arbeiten; ob aber der verdiente Lohn der Arbeit sicher und ohne Sorgen sein oder ob er außer der einfachen Arbeit noch ein Ergebnis der Sorge, des Geschickes und dadurch zum Gewinnst werden soll, welches von beiden das Vernünftigere und von höherer Absicht den Menschen Bestimmte sei: das zu entscheiden wage ich nicht; vielleicht wird es die Zukunft tun.« Diese Überlegung hat er sich noch in der Heimat gemacht, anläßlich der Tellen-Fastnacht und zuhanden einer Figur, die uns noch beschäftigen wird: des treuen, aber verkniffenen Staatsdieners. Das

Münchner Mißgeschick hat die Frage für Heinrichs Fall praktisch beantwortet – aber sein Über-Ich läßt die Antwort noch nicht gelten. Gewiß: Studium und Erfahrung bewirken, daß »der Schleier fällt von der dürren Lage der Dinge«. Aber der Stolz erlaubt nicht, daß sie darum auf ihr ökonomisch-materialistisches Skelett reduziert werden. So unabweislich die Fragen der Epoche gestellt sind – ihre eigene Radikalität ziehen sie beim grünen Heinrich daraus, daß er sie sich selber stellt. Sein Vater-Erbe gebietet, sie nicht einfach zu »objektivieren« – das wäre ihm zu unverbindlich –, sondern als Gewissensfragen zu behandeln. Das Unverstandene der neuen Welt-Wirtschaft wird gleichsam dem eigenen Schuld-Kapital gutgeschrieben. Und wenn diese Schuld dadurch untilgbar werden sollte, so findet sie damit das verschwiegene Einverständnis des Schuldners; denn eben so – und auf keine andere Weise – vermag sie zur Quelle und zum Kapital für seine *andere* Produktivität zu werden.

Aber das ist ein Vorgriff auf den *Dichter* Gottfried Keller. Der Münchner Bankrotteur, seine grüne Erzählfigur, gibt angesichts der »dürren Lage der Dinge« eine psychologische Reaktion zu erkennen, die man als Entlastung deuten möchte: als ob das offenbar und aktenkundig gewordene Maß versäumter Schuldigkeit auch wieder erlaubte, aller Schuld heimlich zu spotten. Es entzieht sich, wie zu magischen Kinderzeiten, der Nacherzählung und fühlt sich – *in extremis* – zum Glück der Unberechenbarkeit und Unverantwortlichkeit befreit. Am Ende seiner Münchner Zeit und all ihrer Hoffnungen fallen dem grünen Heinrich Wirtschaft und Wirklichkeit beinahe fastnächtlich auseinander, können abwechselnd als Gottesurteil und Teufelswerk, als Witz und Elend erscheinen, wie er sich davor so etwas wie Freiheit von Identität vorspielt, die traurige Freiheit des Clowns. So arm wie jetzt ist der grüne Heinrich nie gewesen, und so verschwenderisch hat er sich nie gegeben. Der sich eben noch in Feuerbachs Kolleg die Notwendigkeit eines persönlichen Gottes abgewöhnte, flieht jetzt ins Gebet als wundertätige Auskunft. Zum ersten Mal rückt eine sinnlich unbeschwerte Liebe in Reichweite (die Hulda-Episode der zweiten Fassung), aber sie wird großartig verschenkt. Gerade hat er sich noch das Leben an der Seite einer Arbeiterin als Idylle gedacht, die eigene Proletarisierung als Rückzug aus allen Nöten der Ökonomie vorgestellt; gleich darauf bemüht er sich, zu seinem Abenteuer, das keines wird, die Grimasse eines jungen Herrn aus besserem Haus zu schneiden. Gottfried Keller hatte, als seine Hoffnungen noch intakt schienen, nach Hause gemeldet, man möge die Post nicht an den »Kunstmaler«, sondern an den »Maler« adressieren; daß der grüne Heinrich am Ende zum Maler von Fahnenstangen herunterkommt, betrachtet er jetzt mit traurig-grimmiger Genugtuung. Hier endlich ist ja – anders als gedacht – das Niveau der Marktgerechtigkeit erreicht. Er hält für seine Arbeit, was sie »objektiv« wert ist: fast nichts (immer noch mehr, heißt das, als je für ein Bild). Sogar das flotte Ausgeben kommt ihn wieder an: » . . . denn nur der Gewinn aus Arbeit ist völlig vorwurfsfrei und dem Gewissen entsprechend, und alles, was man dafür einhandelt, hat man sozusagen selbst geschaffen und gezogen, Brot und Wein wie Kleid und Schmuck.«

Diesen gerechten Arbeitslohn als Nachweis gesellschaftlichen Bedürfnisses zu deuten, verlangt freilich einen robusten Humor, denn diese Fahnenstangen dienen ja als Garnituren einer Fürstenhochzeit. Also möbelt der arme Teufel und Republikaner im Scherz seine Rolle zur heroischen eines Schweizer Söldners in fremden Diensten auf. Das Wort »sich zu Markte tragen« wird Fleisch, wenn man jetzt den grünen Heinrich seinen übergroßen Malkarton wie ein Segel durch die halbe Stadt heben und gegen Wind und Gelächter zu seinem barmherzigen Trödler tragen sieht, wo das Hauptwerk in Stücke geschnitten und portionenweise in Umlauf gebracht wird: eine chaplineske Pantomime des Umsetzens unverkäuflicher Qualität in warenfähige Quantität.

Nicht leicht wird jemand diese Art Humor, die mit schwarzem Hunger zusammenbesteht und einen noch tieferen objektiven Mangel decken muß, befreiend finden. Und doch: der unwahre Stand dieser Seele (gemessen an den Tatsachen) ist nicht zu trennen von ihrer Wahrhaftigkeit (gemessen an ihrem eigenen Zwang, Schuld zu realisieren). Denn diese Schuld ist nicht dazu gemacht, vergeben zu werden, sondern dazu, ein unvergleichliches, ja universales Organ forschender Wahrnehmung zu sein. Der subjektive Zwang, gesteigert durch die objektive Not, wird Freiheit – wenn auch nicht die gemeinte des wirtschaftlichen, politischen, bürgerlichen Subjekts, sondern *ästhetische* Freiheit: jene Freiheit zur Produktivität, die in der Übereinstimmung mit dem Zeitgeist, in der Erfüllung seiner Norm niemals zu finden gewesen wäre, so redlich, ja heilig sie gerade darin gesucht worden war. Eine kompensatorische, defizitäre Freiheit, wenn man so will; aber was besagen solche Zensuren angesichts der moralischen wie materiellen Widerlager, die nicht nur den Halt dieser Kunst verbürgen, sondern – als *sachliche* Widersprüche, und das heißt: als innerer Reichtum – ihre Form begleiten? Was der »Grüne Heinrich« als Verzweiflung eines jungen Künstlers an sich selbst beschreibt, ist, als Beschreibung, nicht nur ein Triumph der Kunst – der größte, den dieser Autor in seinem Schaffen errungen hat; es ist auch eine Beschreibung der Bedingungen dieses Gelingens. Die Möglichkeit dieses Menschen, produktiv zu werden, beginnt genau da, wo sich in seinen Augen die Unmöglichkeit seiner Produktivität erwiesen hatte – seiner bürgerlichen Produktivität im alten wie im neuen Sinn des Wortes. Daß dieser Verlust durch das größte Kunstwerk abzugelten sei, wäre freilich ein Euphemismus – jedenfalls im Bewußtsein und für die Lebenspraxis seines Autors. Im Gegenteil: das Bewußtsein dieses Verlusts ist der unerläßliche und unaufhörliche Preis, der für den künstlerischen Wert, in diesem verkörpert und sich immer neu verkörpernd, bezahlt werden muß. Nicht nur der »Grüne Heinrich« – er freilich thematisch – ist Erinnerung an die Hoffnung. In dieser Erinnerung, als einer verlorenen, besteht die Eigentümlichkeit, der Rang von Kellers Stil überhaupt.

Der Angelpunkt, um den sich diese Welt von der Hoffnung, die ein Mißverständnis war, ins Gelingen wendet, das Verzweiflung ist, heißt abermals: Schuld. Indem der grüne Heinrich Schuld schafft, *schafft* er, und er tut es, indem er schuldig *bleibt*. Er produziert nicht leichten Herzens, was, in der Form gefangen, für ihn verlorenes und verscherztes Leben bedeutet. Aber nur diese Schwere des Herzens gibt seiner Produktion Gewicht. So hält seine Kunst, als schuldige und schuldig bleibende, in *ihrem* Zeichen daran fest, daß Moral und Ökonomie, Kunst und Leben kommensurabel bleiben müssen – eine Gleichung, die die Lebenspraxis unvermittelt nicht zu lösen vermochte. Aber zwingend bleibt sie auch und gerade als unbewältigte. Schulden bleiben vom gleichen Stoff wie Schuld. Ihr spezifisches Gewicht ist dasselbe; sie sind Hypotheken und Vorgaben, Katastrophen und Ehrensache.

Nur von daher ist die Ambivalenz des abgebrannten grünen Heinrich zu verstehen. Seine selbstverschuldete Armut versteht sich gleichzeitig als bürgerliches Todesurteil und als heimliche Berufung. Er weiß, was es bedeutet, daß die letzten Reserven, die seine Mutter für ihn flüssig gemacht hat, verzehrt sind, ehe sie bei ihm in München eintreffen. Und doch lesen wir gerade in dieser schwarzen Zeit eine erstaunliche Apologie des Schuldenmachens und -machenkönnens von ihm: als hänge von dieser Fähigkeit geradezu die Menschenwürde, der innere Adel ab. Derselbe Mensch, der seine Existenz nichts anderem verdanken wollte als der redlichen Abgeltung seiner Arbeit, bekennt inmitten tiefsten Elends wieder, daß er zwischen wohlverdientem und glückhaft zugefallenem Profit nicht unterscheiden will. Beides ist wahr; wahr auf der Basis einer definitiven Schuld-Annahme, die ihn zum Meister machen soll – und wäre es nur »ein Meister zu weben Gram und Leid«. Es ist die Meisterschaft des *Dichters*, in der sich so Vater-Erwartung und Mutter-Sorge, Ökonomie und Gnade verwirken; ein kostbares Gewebe, aber es gehört – wie es im selben Gedicht heißt – zu einem »Trauerkleid«, und das »Kränzlein«, das dazu paßt, wird aus Dornen geflochten ... das ist nie zu vergessen. Und auch dieses nicht: daß die Disparität zwischen Zwergengestalt und Königstracht durch diese Meisterschaft nicht nur nicht aufgehoben, sondern erst recht beleuchtet wird. Noch größer als die Meisterschaft bleibt in den Augen dessen, der sie erworben hat, die Scham darüber, daß sie ihm nicht zukommt, ihn zu einer Spottfigur macht. Darum: »Ich lege Kron' und Mantel / beschämt am Wege hin / Und muß nun ohne Trauer / Und ohne Freude ziehn.« Das letzte Wort zu dieser Kunst behält das Schweigen über sie; das Zeichen, in dem hier der ästhetische Schein siegen durfte, wird – in seinem hellen Licht – durchsichtig auf »Resignatio«: auf stillen Verlust der Person.

Unter diesem dunklen Stern steht auch, was im bürgerlichen Bildungsmärchen Happy End sein müßte: der Aufenthalt im Grafenschloß. Der Roman legt ihn sorgfältig auf »Rettung« an, räumt gleichsam alles, was ihr noch immer widerstreben könnte, aus dem Weg, um den »Trotz« des Helden von jedem zufälligen Motiv zu reinigen und das eine, tragende seiner Unrettbarkeit, seines notwendigen Unwillens zur Rettung, herauszuarbeiten. Was verschwört sich da nicht alles zum Guten! Bei der Kunst angefangen: das Münchner Stück- Werk findet sich beim Grafen als Ganzes wieder, der als Kenner nicht nur bestätigen kann, daß es seinen Wert in sich trägt, sondern auch nach Markt-Kriterien wertvoll ist: er ist darum bereit, einen gerechten Preis dafür zu bezahlen. Die Lehrzeit könnte sich für Heinrich nun mit einem Schlage gelohnt haben. Eine mögliche Klassenschranke zwischen dem aristokratischen Milieu und dem Schweizer Bürgersohn ist bereits zu Beginn des Romans (in der ersten Fassung) ausgeräumt worden: dieser Graf war ja schon beim ersten Rheinübergang Heinrichs der erste, der deutsche Untertanenwirtschaft nicht nur kritisiert hatte, sondern ihren Eindruck für den Schweizer zu mildern, in seiner Person zu widerlegen verstand. Als Vertreter eines hochsinnigen Liberalismus könnte er die Stelle des leiblichen Vaters vertreten, der ja auch sein Leben lang hochdeutsch gesprochen hatte. Es ist väterlich, wenn er Heinrich dazu auffordert, seine Lehrzeit als beendet zu betrachten und sich für eine neue Tätigkeit in der Republik auch innerlich frei zu machen. Dieser Mann, der für sich selbst die Auswanderung aus der politischen Misere Deutschlands nach Amerika erwägt, dem gelobten Land der Demokratie, wäre ganz der Mann, für Heinrichs bürgerlich- moralischen Freispruch gutzustehen. Er gibt darüber hinaus zu erkennen, daß er der Verbindung seiner Tochter mit Heinrich zugeneigt wäre. Dortchen ihrerseits ist eine Figur, die sowohl Glück wie Vernunft auf dem Lebensweg verbürgen müßte. Ihr instinktiver, dabei fröhlicher Atheismus (das heitere Gegenstück zum armen Meretlein) ist gleichsam die Summe der Lebenswahrheit und -weisheit und verträgt sich mit einem feinen Lebensernst. Sie wäre dem Besucher zugetan und wünscht sich nichts Besseres, als daß er ihr seine Absicht erkläre.

Herz, was begehrst du mehr? Was die Turmgesellschaft im »Wilhelm Meister« war – bei aller Vieldeutigkeit Symbol und Garant für den Sinn einer weltlich gewordenen Pilgerschaft –, ist das Grafenschloß im »Grünen Heinrich« oder könnte es sein. Heinrichs Produktion wird gerechtfertigt; seine Reproduktion erlaubt, um Erfüllung und Frauenliebe auf den nüchternen Begriff zu bringen. Nimmt man (was die erste Fassung nahelegt) eine das übliche Maß behutsam übersteigende Zuwendung des Grafen an seinen Schützling hinzu, so wird vom Vaterbild nicht nur Pflicht, sondern auch die Liebe sichtbar – das Zeichen der Kartoffelstaude. In den Kategorien der Jungschen Psychologie könnte man von einem vollendeten Integrationsangebot sprechen. So ist es denn nicht das Herz, das hier noch mehr zu begehren wüßte; es ist die Schuld, die bei all dem Glück etwas zu ihrer eignen Vollendung vermißt. Sie hat gesprochen, und er anerkennt den Spruch, ». . . wohl fühlend, daß eher ein Berg einstürzt als ein Menschenwesen ohne angemessene Schuld zugrunde geht«. In der Tat bleibt vom Wunder des Grafenschlosses *eine* Stelle ungedeckt: diejenige der Mutter. Die strukturelle Sprache des Romans geht hier noch weiter bis zur Grausamkeit. Am Ende wird es gerade die glückliche Zeit auf dem Grafenschloß gewesen sein, die dazu fehlt, daß Mutter und Sohn sich im Leben wiedersehen. (Auch der Abstecher zum vaterländischen Freudenfest in Basel dient, doppelt genäht, dem selben Zweck.) Noch schärfer: gerade das Glück, zum Greifen nahegerückt, stellt sich in der anderen Ökonomie des Romans als Versäumnis dar: als absolute Vermehrung der Schuld, die nun im Leben nicht mehr abzutragen ist. Und da dieses Leben nach der tiefsten Einsicht des Romans und seines Autors das einzige ist und, um seines eigenen Ernstes willen, jeden Gedanken an Jenseits ausschließt, wird die Schuld nun ein für allemal zum Charakteristikum der Person, zu ihrer Lebensform, ja ihrer Identität. Das Urteil der Schuld über ihr liebstes Kind mag in der zweiten Fassung des Romans auf wichtige Weise gedämpft werden; zurückgenommen wird es nicht. Kein Zufall, daß der dem Tode nahe Keller seinem Besucher C. F. Meyer die Worte »Ich dulde, ich schulde« auf die Visitenkarte gekritzelt hat. Es ist der Vers auf ein ganzes Leben.

Was nun im Leben nicht mehr abzutragen ist, verschwindet aber nicht daraus, sondern begleitet es als sein Schatten; und im Licht erscheint es als erfüllte Schuldigkeit der Dichtung. Der »Grüne Heinrich« enthält also nicht die ganze Wahrheit über seinen Verfasser. Aber: die Tatsache, daß dieser Roman geschrieben werden konnte, hebt den in ihm enthaltenen Schuldbrief nicht auf, nur das Trostlose daran. Es ist die Treue der Buchführung, die hier der Geschichte eines Bankrotts eben das verleiht, was in ihm als verloren geschildert wird: Wert, Geltung und einen Schein von Gnade. Das Wort vom »Kunstwerk der Verschuldung« soll darum keine Metapher sein. Es stellt ein Produktionsniveau als Universum dar, das Gewinn erzeugt aus Verlust, Liquidität aus Erstarrung, Heimat aus Fremde; das Leben schafft aus dem Tod. Der »Grüne Heinrich« zeigt die Entstehung dieses Universums. Der Name für seine Gegenwart heißt »Seldwyla«.

»Seldwyla« – kein literarischer Ort ist vom zitierenden Volksmund gründlicher mißdeutet worden. In Festreden und Leitartikeln erscheint er so, als wäre er mit Schilda zu verwechseln, ein Pfahlbürgerstädtchen, das sich in seiner Borniertheit selbst die lustigsten Streiche spielt; am Ende auch ein Ort gemütlicher Selbstgratulation. Auf diese Weise rückt man ihn fernab von den Tatsachen, die die beiden Bände der Seldwyler Geschichten illustrieren und die das schweizerische Selbstverständnis nicht genauer treffen könnten. Denn Seldwyla ist ein historisch wie psychologisch genau situierbarer Ort. Seine Bürger bewohnen eine ländliche Kleinstadt in der Mitte des 19. Jahrhunderts. Ihr Problem, mit dem sie nicht fertigwerden, ist das Übergreifen kapitalistischer Weltwirtschaft und ihrer Verwertungsformen auf den Marktflecken, der bisher vom ländlichen Tausch gelebt hatte. Sie müssen ihr Land und sich selbst zu Kapital machen, wenn sie überleben wollen: das gelingt ihnen nur ausnahmsweise. Das typische Wirtschaftsschicksal des Seldwylers ist der Abstieg vom Ackerbürger zum Landproletarier. Dazu gehört die Zwischenstufe des Wirteberufs, wo die »Wirtschaft« gleichsam unverstellt zum Zuge kommt und, da unverstanden, bald zum Bankrott zwingt. Es ist diese Form der »Liquidierung« – sie hat auch mit Alkohol zu tun –, die gewöhnlich am Ende der seldwylerischen Existenz steht. Auffällig, daß wirtschaftliche Tüchtigkeit, wenn sie sich doch einmal in Seldwyla zeigen sollte, von außen kommt (durch eine eingeheiratete Frau etwa), oder daß sie in der Fremde erworben werden muß (das Auswanderer-Motiv). Wo aber Seldwyla bei sich selbst ist, ist es die Heimat des ökonomischen Mißgeschicks.

Ebenso auffällig freilich, wie erfinderisch sich der Seldwyler gegen die Zumutungen der Tüchtigkeit zu sträuben und sie zu sabotieren weiß. Er tut alles, um sich den »Forderungen des

Tages« zu entziehen: er angelt, bummelt, spielt und trinkt und läßt allenfalls seine Frau für sich rackern. Zum gewinnbringenden Rechnen seiner bäuerlichen Herkunft nach wenig gerüstet, zu »redlich« genannter Arbeit nicht willens, versucht er das doppelte Defizit durch Wirtschaftsmagie wettzumachen. Er spekuliert oder versucht in der Lotterie, was er sein Glück nennt, das ihm, als notorisch Untüchtigem, dann nicht oder nicht lange hold zu sein pflegt. Er ist ein Pechvogel von Haus aus; da er den Schaden nicht vermeiden kann, sucht er wenigstens dem Spott vorzubeugen, indem er ihn selbst praktiziert. Seldwyla ist der Inbegriff des halbwegs und fast immer zum eigenen Nachteil »emanzipierten« Landvolks, das die Solidität des Bodens gegen die gefährliche Mobilität der Industriewirtschaft eintauschen soll. Keller kannte diese von Überschuldung und Deklassierung bedrohten Bauern und Kleinbürger aus den Nachbarstädtchen seiner Landheimat, Eglisau, Bülach, Regensberg, aber auch aus dem Hintersassenmilieu Zürichs. Es war seine eigene soziale Herkunft, die er hier im Lichte der Selbstironie und des Heimwehs zeichnete. Und es war, kaum ein Jahrzehnt später, wieder eben jene Schicht, die die demokratischen Reformen, die Erweiterung der Volksrechte gegenüber dem alten Patriziat, dem neuen Geldadel, betreiben sollte. Wie zwiespältig das Gesicht dieser Reformen aussehen würde, hatte schon 1839 der »Straußenhandel« ahnen lassen: ein Mischwerk aus Fortschritt und selbstgerechter Reaktion, Antikapitalismus und Profitneid, Tartüfferie und Korruption. Noch einmal hatte »Seldwyla« gegen die »neue Zeit« revoltiert, der es später, als »demokratische« Bewegung, eine Gasse bahnen sollte. Eins ihrer Hauptziele war der günstige Kleinkredit, mit dem sie ins große Geschäft kommen wollte.

Keller kannte »Seldwyla« nicht nur aus äußerer Nachbarschaft und mußte nicht Staatsschreiber werden, um die historische Zweideutigkeit dieser zugleich neuen und alten Klasse der Zukurzgekommenen aus der Nähe zu erleben. Er war in Berlin diesem »Seldwyla« als Eigenart seiner eignen Produktivität begegnet. Der Kern für fast alle Seldwyler-Geschichten ist in dieser Zeit des Studiums als Dramatiker zu suchen, die ihn halb unfreiwillig zum Romanschreiber gemacht hatte. Und zwar, wenn man seine Korrespondenz mit dem Verleger Vieweg ansieht, unter durchaus industriellen Bedingungen. Die Entstehungsgeschichte des »Grünen Heinrich« ist ein (nicht ohne Kellers Schuld) zum Alptraum gestreckter Leistungs- und Verwertungszwang, dem sich der Schreib-Arbeiter gegen alle Abrede immer wieder durch das Aushecken dieser »Seldwyler« Figuren entzog – wie sein Kater Spiegel den zwar rechtmäßigen und doch nicht legitimen Zumutungen des Stadthexenmeisters Pineiss. Diese Geschichten verhalten sich zum »Grünen Heinrich«, von dem sie im stillen abzweigen, wie der Spott zum Schaden. In der Tiefe sind beide freilich aus *einer* Wurzel gewachsen, derjenigen der Selbstverständigung und des Versuchs, die ökonomischen Bedingungen der Überschuldung zu erhellen aus den höchst persönlichen.

Damit sind wir bei Seldwyla als subjektiver Fabelwelt, die mit der objektiv-ökonomischen Geschichte so reich zusammenspielt. Im Bild dieses Städtchens und seiner Bürger verkörpert sich der Kummer, den Keller auf seine Weise mit der »Wirtschaft« hatte. Im Grund ist Seldwyla der Name für einen Prozeß, den das väterliche Gewissen und das mütterliche sich im Sohne gegenseitig machen. Dort das Ziel der bürgerlichen Legitimation; hier das trotzige Bestehen auf dem eigenen und unverkäuflichen Wert: dieser Streit ist nicht entscheidbar, und der gewissenhafte einzelne kann sehr wohl, wie es im »Grünen Heinrich« geschieht, an seinem Widerspruch zugrunde gehen. Aber aus demselben *non liquet* öffnet sich auch eine Welt von »Seldwyler« Figuren, die die Qual einer Wahl, die sie dann doch nicht haben, austragen oder unterlaufen, jedenfalls: mit ihrem literarischen Leben beglaubigen. Auch hier hat die dargestellte Not der vereinsamten und betrogenen Wirtschaftssubjekte ihr Gegenspiel im Triumph ihrer Darstellung. Das Glück, das sie nicht finden: die Sprache macht es mit ihnen. Das Ende heilsgeschichtlicher Erwartung – sie sei theologisch oder liberal-bürgerlich begründet – ist der Anfang von Geschichten; Geschichten aus »Seldwyla«.

Auch hier aber, wo sich der Freispruch durch die heitere Form so viel leichter einzustellen scheint als beim »Grünen Heinrich«, bleibt er für das bürgerliche Gewissen des Autors bedingter Freispruch. Keineswegs haben ihn, wie die fromme Schullegende es will, diese Geschichten in ein bereinigtes Verhältnis zu Land und Leuten entlassen. Ganz im Gegenteil. Salanders »Münsterburg« ist, bei Licht besehen, nichts anderes als das umfassend gewordene, jedem Schein von Idylle entzogene Seldwyla. Was einst noch anarchische Trotzleistung, lustiges Versagen gewesen war, ist nun zum System, zur trüben Norm geworden, worin der Dichter seinen eigenen Widerspruch ohne jede Lust wiedererkennt. Spekulation und Windigkeit sind hier zur Volksherrschaft gelangt, vielmehr: sie haben sich an ihre Stelle gesetzt. Die Erfahrung, daß Seldwyla der Sprung in die Neuzeit doch noch gelungen ist, hat nichts von Befreiung an sich; denn er hat von der alten in die neue Ökonomie nur das Asoziale gerettet. Kellers Kunst kann diese Erfahrung nicht machen, ohne zu leiden: ein Beweis mehr, wenn es dessen noch bedürfte, wie tief er mit »Seldwyla« bis in die *Form* seiner Schuld hinein verbunden gewesen war. »Münsterburg« führt sie *ad absurdum*. Hier entzieht das Zeitalter seiner Kunst sogar den Boden der eigenen Schuld. Im glücklosen Versuch, ihn festzuhalten – und damit den zur Fiktion gewordenen Konnex zwischen privater und öffentlicher Produktivität –, besteht die andere, auch durch die Roman-Form nicht mehr zureichend geschützte Größe des »Martin Salander«. Mit dem Blick auf ihn wird man sich also zweimal besinnen, ehe man sich »Seldwyla« als nationalen Topos gutschreibt. Es steckt mehr darin als jenes humorige Heil, das Festredner in ihm zu suchen pflegen: etwas wie endgültige Trauer über den Verlust des bürgerlichen Menschen in seiner Ökonomie.

Viertes Kapitel

Schuldigkeit: Der Staat des Schreibers

»Gegenüber diesem einheitlichen organischen Leben gibt es nun auch ein gespaltenes, getrenntes, gewissermaßen unorganisches Leben, wie wenn Spinoza und Rousseau große Denker sind ihrem inneren Berufe nach und, um sich zu ernähren, zugleich Brillengläser schleifen und Noten schreiben. Diese Art beruht auf einer Entsagung, welche in Ausnahmefällen dem selbstbewußten Menschen wohl ansteht, als Zeugnis seiner Gewalt. Die Natur selbst aber weist nicht auf ein solches Doppelleben, und wenn diese Entsagung, die Spaltung des Wesens eines Menschen allgemein gültig sein sollte, so würde sie die Welt mit Schmerz und Elend erfüllen.«

»Der grüne Heinrich« (I), 4. Bd., 4. Kap.

Sein Glück zu machen und sein Leben zu verdienen, eins im andern – diese Forderung des grünen Heinrich blieb in seinem Leben als Maler unerfüllbar. Nun erwartete der Heimkehrer, verschuldet in jedem Sinn, ihre Einlösung von jenem Land, das den Vaternamen trug und das aus der Münchner Ferne im Licht reinen Wunders erschien.

»Sein ganzes Wesen wurde von diesen Bildern und von glänzenden Vorstellungen der Heimat getränkt und durchdrungen, und die einfache Rückkehr nach derselben erschien ihm jetzt nach all den Hoffnungen und Bestrebungen das wünschenswerteste und höchste Gut, welches doch wiederum durch eine seltsame künstlerische Gewissenhaftigkeit in eine ungewisse, fast unerreichbare Ferne gerückt wurde, durch die künstlerische Gewissenhaftigkeit nicht etwa des Malers, sondern des Menschen, welchem es unmöglich erschien, ohne Grund und Abschluß, ohne das Verdienst eines erreichten Lebens jenes Glück vom Zaune zu brechen und gewaltsam herbeizuführen.«

Ein öffentliches Wunder war die Schweiz anfangs der fünfziger Jahre nicht nur für den gescheiterten Muttersohn. Sie war, europäisch gesehen, die Fluchtburg des europäischen Fortschritts geworden, die Heimat der überall sonst geschlagenen, veruntreuten, ins Exil gedrängten Demokratie. Hier war dem März ein konstitutioneller Mai gefolgt; hier hatte sich, wie sonst nur in den Vereinigten Staaten und England, der ökonomische und politische Liberalismus zur staatstragenden Kraft zu machen und an der Macht, die als diejenige des Volkes erschien, zu halten gewußt. Hier durfte der Bürger noch hoffen, für sein politisches Bedürfnis »das edle Wild der Mehrheit erjagen zu helfen«. So klein dieses zum Bundesstaat geordnete Staatswesen auch war und so gehemmt durch den Druck ausländischer Potentaten: europäisch betrachtet fand es sich in einer politischen Offensive, wie vorher nie in seiner Geschichte und später nie wieder. Es stand für eine Idee. Es besaß Bürgerrecht in der Gesinnung all jener Europäer, die sich damals mit politischer Betonung »jung« nannten: des Jungen Deutschland, der Giovane Italia, der unterdrückten Polen und Ungarn. Und umgekehrt genoß der um der Demokratie willen Verfolgte ohne viele Umstände die Bürgerrechte dieses Landes. Die Praxis jener Kantone, denen schon in den dreißiger Jahren ein fürstlicher Steckbrief als Nachweis genügt hatte, um im Fremden einen der Ihren zu erkennen, schien im liberalen Bundesstaat zur herrschenden zu werden. Schweizer sein hieß damals auch: die Dankesschuld an jene Fremden abtragen, ohne welche die Republik ihre neue Form nicht gefunden hätte. In Rechtspflege und Schulreform, im Hochschul- und Militärwesen, in Wissenschaft, Administration und sogar in der Verfassungsgebung hatten seit den dreißiger Jahren qualifizierte Zuwanderer unentbehrliche Beiträge geleistet. Kellers Generation vergaß nie, daß selbst die ideale Grundlegung der eigenen Nation, ihre Erhöhung zu einem Mythos der Freiheit, ein Stück »Fremdarbeit« war: Schillers »Tell«.

Diesem Land abzutragen, was er sich selbst schuldig geblieben war, schien dem heimwehkranken, die Heimkehr verzögernden Keller noch übrig – es schien fast als einziges noch übrig. Und es war keine geringe Prüfung, denn daran hingen sowohl das mütterliche Leben wie die Verpflichtung von Vaters wegen. Es war nun die Frage, ob die Republik, als geschichtlicher Anfang, die Kraft besaß, das beschlossene Ende seiner Geschichte aufzuheben.

Denn so gut wie beschlossen war dieses Ende ja gewesen. Als der »Grüne Heinrich« romantischerweise noch als trauriger kleiner Künstlerroman geplant war, führte schon fast formgesetzlich kein Weg an einem »zypressendunklen Schlusse« vorbei. In dem Maße aber, wie die Jugendgeschichte Eigengewicht gewann und das Fundament des Romans ins Realistische erweiterte, standen nicht nur die übrigen »stehen gebliebenen« Elemente anders da. »Real«, das heißt historisch identifizierbar, wurde auch die Münchner Kulissen-Welt; real wurde vor allem das Ende. Wenn der Autor am Tod seines Helden festhielt, sprach er ein ganz anderes Urteil über ihn aus: jetzt war nicht bloß ein Künstler in spätromantischer und heimlich selbstgerechter Wehmut gescheitert, sondern in diesem Künstler ein Lebenskonzept, das bürgerlich im umfassenden Sinn gewesen war. Die Realität des Familiären und seiner »Zwänge« – das Modewort hat hier wahrlich seinen Sinn – wurde so erdrückend, daß der grüne Heinrich einmal mit der Utopie einer gänzlich andern Sippenstruktur spielt:

»›Haben wohl‹, dachte er, ›jene Propheten nicht unrecht, welche die jetzige Bedeutung der Familie vernichten wollen? Wie kühl, wie ruhig könnten nun meine Mutter und ich sein, wenn das Einzelleben mehr im Ganzen aufgehen, wenn nach jeder Trennung man sich gesichert in den Schoß der Gesamtheit zurückflüchten könnte, wohl wissend, daß der andere Teil darin auch seine Wurzeln hat, welche nie durchschnitten werden können, und wenn endlich demzufolge die verwandtschaftlichen Leiden beseitigt würden!‹«

Aber es ist nicht an dem; es wird auch hundertzwanzig Jahre später nicht an dem sein. Noch immer muß die bürgerliche Ehe und Familie, der bürgerliche Staat die Erwartung einlösen, die das Individuum an sich selber haben mag.

Das heißt aber auch umgekehrt: in dem Maße, wie das persönliche Leben mißlingt, steht das bürgerliche in Frage. Wenn es wahr ist, was Keller Storm über seine Neufassung des »Grünen Heinrich« mitteilte: ». . . das Problem alles dieses Mißlingens wird klarer und ausdrücklicher motiviert als eine psychologisch-soziale Frage (aber nicht pedantisch)«, so läßt dieses Scheitern seine Rahmenbedingungen nicht unberührt. Der neue Realismus des Romans wirft einen Schatten auch auf die Republik. Denn wenn ein Bürgersohn wie Heinrich gemeint hatte, mit dem Kern seiner Berufung auch das bürgerliche Heil zu verwirken, hatte er damit, gewollt oder ungewollt, das »irdische Vaterland« und seine rettende Kraft herausgefordert. Warum sollte es, wie die »Freude«, nicht auch die private Schuld »sündenrein« machen können? Gehörte es nicht zu seinen Vollmachten, private Verhältnisse überhaupt zu kassieren (»Nein, es darf keine Privatleute mehr geben!« so Keller 1848), also auch den einsamen Schuldbrief seines »Sohnes« gegen sich selbst zu zerreißen?

In der Tat: die Träume des heimkehrenden grünen Heinrich gaukeln ihm dieses Erlösungswunder vor. Einem, dem es nicht gelang, die Verhältnisse seiner Person und seiner Familie im Gleichgewicht zu halten, schießt jetzt – so träumt er – das erneuerte staatliche Leben das Fehlende zu. Die »Identität der Nation«, das demokratische Prinzip der »Mehrheit« erscheinen dem Entfremdeten leibhaftig und verheißen ihm Freiheit – auch von Schuld. Seine sehnsüchtige Vision vergrößert die Heimatstadt zur surrealen Szenerie, das Mutterhaus zur ungeheuren Kommode, in der die schon verscherzte Lebensleistung doch noch Schatzform annehmen wird: die entwendeten Taler der Kindheit können mit Zinsen zurückgelegt, die bedrängte Mutter kann erlöst werden. Aber wie im Märchen der erschlichene Schatz zu Asche zerfällt, kann der zum Bürger berufene, aber nicht erwählte Träumer sein Gold nicht halten. Meierlein, der frühe Schuldeintreiber, bekommt Gewalt, die Vision zu entzaubern, die eine der persönlichen und der patriotischen Erfüllung gewesen war.

Aber das letzte Wort in Kellers Leben ist nicht dasjenige, das er über seine autobiographische Figur gesprochen hat. Keller wurde für seinen Staat gerettet, dieser Staat wurde freigesprochen in seinem größten Dichter. So jedenfalls will es die patriotische Legende, die den Staatsschreiber und Dichter des »Fähnleins der sieben Aufrechten« als leuchtendes Muster abgegoltener Bürgerpflicht für sich in Anspruch nimmt.

Das Muster ist gegeben; beim Leuchten sind Zweifel am Platze. Die Übersetzung des staatsbürgerlichen Anspruchs in die politische Realität des jungen Bundesstaates ist von Bedeutungsverlusten und Dunkelstellen begleitet, die eher gewissenhafter Aufklärung als der Verklärung bedürfen – und wäre es nur, um sich ein zureichendes Verständnis des *Politikers* Gottfried Keller nicht zu verbauen, dessen Bild bis in die Gegenwart unscharf und vieldeutig geblieben ist. Freilich: wer auf den Gemeinplatz verweist, ein Autor dieses Formats müsse notwendig auch komplex sein in seinem »Engagement«, klärt nichts und erspart sich nur Unruhe; jene Unruhe, die man riskieren muß, wenn man die Spannung, die im Begriff des »Staatsdichters« steckt, ernst nehmen, für Politik und Literatur fruchtbar machen will. Eine grobe Skizze von Kellers politischem Lebenslauf zeigt die Beweglichkeit dessen, was man sonst einen »Standort« zu nennen pflegt – und läßt die geschichtlichen Bewegungen, denen er sich gestellt hat, wenigstens ahnen.

Nachdem das Mißverständnis, er sei ein Herrensohn, durch Kellers Schulentlassung mit Gewalt aufgeklärt ist; nachdem das Münchner Malerleben seinen Zweck, die verlorene Zukunft doch noch einzuholen, verfehlt hat, findet sich der Dreiundzwanzigjährige brot- und stellenlos, von Mutter und Schwester abhängig, in Zürich wieder (1842). Er malt noch gelegentlich, liest viel, beginnt unter dem Eindruck der demokratischen Unruhe in Europa Verse zu schreiben. War in München sein Umgang weitgehend auf die Schweizer Kolonie beschränkt gewesen, so lebt er in Zürich umgekehrt im Strahlungsbereich deutscher Emigranten und ihrer politischen Glaubensbekenntnisse, deren Farbskala vom Schwarz-Rot-Gold eines burschenschaftlichen Reichsgedankens bis zum Brandrot kommunistischer Brüderlichkeit reicht. Seine Gedichte, die in Band 13 der Gesamtausgabe gesammelten unveröffentlichten in exaltierter Schärfe, stellen Keller als »linken« Feuerbrand vor, während er im folgenden »Atheismus-Streit« eine »rechte« Position zu beziehen scheint und konservative Gratulationen abwehren muß. Dafür lassen sich Gründe der Rücksicht ausmachen ... zuerst auf die Erwartung seines Förderers August Follen, des »Burschenkaisers«, der die literarisch-republikanische Welt mit einem Nachfolger Herweghs zu überraschen hoffte, einem echten Schweizer dazu, den er in der ersten Gedichtausgabe denn auch als autodidaktischen Dichter des Volkes präsentierte.

Kellers Rücksichten hatten freilich noch eine andere, wenn man will: soziale Dimension. Er bedurfte eines Gottes für andere, die unerreichbar blieben für die Verheißung des vollen Diesseits, deren Lückenhaftigkeit ihm nur zu bewußt war ... und die er wohl eben deshalb, im Bilde des freien Vaterlandes, desto heftiger, *radikaler* zu feiern entschlossen war. Die »linke« und die »rechte«, die »extremistische« und die »fromme« Position verhalten sich in diesen Gedichten wie Bekenntnis und Frage, wie Zweifel und Kompensation. Und wenn ihm bald das eine, bald das andere über alles teuer schien, so deshalb, weil er des einen angesichts des andern nur zu bedürftig war. Zweifel und Rücksicht waren aber auch geeignet, dem drohenden Leerlauf der Rhetorik ein Gegengewicht zu bieten, wie anderseits der vaterländische Schwung die immer drohende Verzweiflung niederhielt. So macht denn erst der gebrochene Ton auch die *literarische* Qualität dieser Gedichte aus.

Der zeitgenössische Leser hörte in ihnen freilich zuerst das Bekenntnis, das sich, angesichts von Tyrannei und Obskurantismus, *fraglos* wollte. Mit seiner Jesuitenfresser-Poesie erschien Keller in der Gesellschaft der radikalen Kulturkämpfer, die ihrem Zorn gegen ultramontane Rückständigkeit (und das hieß auch: gegen föderalistische Behinderung der Fortschritts-Bourgeoisie) in zwei Freischarenzügen Luft machten. An beiden hat Keller, nicht ohne Gefühl für ihr Mißverhältnis zwischen Ideologie und Praxis, teilgenommen. Erst im Sonderbundskrieg machte die freisinnig-zentralistische Partei in seinen Augen jene (und seine) Jugendsünden gut und benützte ihren Sieg durch kluge Schonung des Gegners zur Grundlegung eines neuen Staatswesens, eines repräsentativ-demokratischen Bundesstaates mit starkem föderalistischem Gegengewicht.

Das Engagement Kellers für dieses erneuerte Vaterland ist fraglos und tief, aber nicht nationalistisch im begrenzten Sinn. Es nährt sich vielmehr von der Hoffnung, daß der Triumph seiner Sache im eigenen Land den demokratischen Frühling für ganz Europa einläuten werde. »Das Göttliche ist erwacht auf Erden und bricht in tausend goldenen Flammen hervor . . .« Solange die Euphorie anhält, hat Keller kein Ohr für die Stimme politischer Zurückhaltung. 1845 noch war er dem Jugendfreund Hegi, der Kommunismus und Liberalismus (!) an ihren Wortführern und an der Unzulänglichkeit der menschlichen Natur zu messen aufforderte, über den Mund gefahren:

> »Den politischen Teil Deines letzten Briefes muß ich leider aus Mangel an Zeit unbeantwortet lassen; aber ich sage Dir nur kürzlich, daß er durchaus nichts taugt und von einem unproduktiven und zu niedrigen Standpunkt aus geschrieben ist. Die Frage ist einfach, Ja oder Nein, Wahr oder Unwahr, Recht oder Unrecht, Weiß oder Schwarz? Auf die Vertreter und die Streitenden, auf die *Personen* kommt es nicht an, *durchaus* nicht an! Die *gute Sache* muß die Streiter allmählich machen und veredlen, nicht die Streiter die Sache. Die *Frage* ist schon entschieden, sie steht schon fest seit Jahrhunderten, an *ihr* kann nichts geändert werden;

wenn zur Zeit ihre Vertreter noch schwache Menschen sind, so darf sie umso weniger aufgegeben und verlassen werden.«

Der hier noch Stärke markiert, redet in Wirklichkeit dem »schwachen Menschen« in sich selber gut zu und führt das Plädoyer *seiner* Hoffnung. Es ist ein Maß seiner Reife, daß die Erfüllung dieser Hoffnung 1847/48 keineswegs die Schwarzweiß-Malerei jenes Briefes bekräftigte, sondern Kellers Farbensinn, seine politische Genauigkeit weckte. Denn daß diesem Achtundvierziger Frühling die Festigkeit fehlte – eine Eigenschaft, die er in den Einrichtungen des eigenen Staates zu schätzen begann –, konnte ihm nicht verborgen bleiben; auch nicht, daß die göttliche Flamme nicht nur durch ihre Widersacher, sondern ebensosehr durch den Rauch erstickt wurde, den sie selbst entwickelte. Der Wille zur demokratischen Expansion, durch die europäische Entwicklung enttäuscht, wandte sich umso intensiver der Pflege patriotischer Substanz im Innern zu:

»Wehe einem jeden, der nicht sein Schicksal an dasjenige der öffentlichen Gemeinschaft bindet, denn er wird nicht nur keine Ruhe finden, sondern dazu noch allen inneren Halt verlieren und der Mißachtung des Volkes preisgegeben sein, wie ein Unkraut, das am Wege steht. Der große Haufen der Gleichgültigen und Tonlosen muß aufgehoben und moralisch vernichtet werden, denn auf ihm ruht der Fluch der Störungen und Verwirrungen, welche durch kühne Minderheiten entstehen.«

Diese Haltung ist nur auf den ersten Blick revolutionär. Indem sie das Interesse der Demokratie eher bei einer qualifizierten Minderheit als einer nominellen Mehrheit sucht, nährt sie sich nicht nur, wie die ersten Sätze verraten, aus einer selbstkritisch-moralischen Wurzel – also im Grunde: dem Besserungswunsch des Isolierten und Asozialen. Sie gibt auch Mißtrauen gegen den unbesehenen »Volkswillen« zu erkennen. Der diese

Sätze schreibt, zeigt sich bereits geneigt, das Heil des Staates eher in seinem gezielten und geordneten Ausdruck zu suchen als bei schweigenden oder auch lärmenden Mehrheiten: also eher in der repräsentativen als in der plebiszitären Demokratie. Dazu passen die Sätze, die Keller seinem Freund Baumgartner 1852 schrieb: ». . . die Selbstregierung eines Volkes (ist) nicht der Zweck, sondern nur ein Mittel seiner Existenz, und ein Volk, das die ganze Zeit mit diesem Mittel zubringen muß, gleicht einem Menschen, der eine Schüssel Krebse bearbeitet und bei aller Arbeit hungert.« Diesen Sätzen ist anzumerken, wie labil das Bild des Radikal-Demokraten *à tout prix*, das Keller bis zu seiner Wahl ins Staatsschreiberamt geboten hatte, seit langem und wohl von Grund auf gewesen war, auch wenn er selbst gerne seine Unsicherheit, ja Verzweiflung dahinter versteckt hatte: »Ich werde fast mit jedem Tag europalustiger, da ich nun erst recht an die Revolution glaube, je schlechter es ihr geht.«

Dabei ist in Rechnung zu stellen, daß das Etikett »Freisinn« damals noch die widersprüchlichsten Bewegungen im Volke selbst deckte und legitimieren mußte; daß die »Partei«, der sich Keller zugehörig fühlte, im 19. Jahrhundert noch alles andere als eine soziologisch und politisch scharf umrissene Gruppierung war. Sie war vielmehr eine Bewegung, die disparate Interessen zusammenfaßte: das junge Industriekapital, die kleinbürgerlichen Hintersassen in Stadt und Land, die gegen städtische Privilegien aufmuckenden Bauern, den sich langsam formierenden Vierten Stand der neuen Lohnarbeiter – alle gesellschaftlichen Kräfte also, die subjektiv wie objektiv Gründe hatten, »Freiheit« zu verlangen und sich zu emanzipieren. Einig war sich diese im Sonderbundskrieg siegreiche Gruppierung in der Identifikation ihrer Gegnerschaft: des alten Patriziats und seiner Zunftorganisation, der Ultramontanen und Partikularisten; einig in einer gewissen Rationalisierung – und das hieß: Zentralisierung des Staatswesen. Der Gewinn aber, den sich die Teilnehmer dieser Koalition von ihrem Sieg versprachen, lag in gänzlich verschiedenen Richtungen; und in diese Richtungen sollten sie nach der Niederlage des Gegners bald auseinanderfallen.

Keller vereinigte die Elemente dieses »Freisinns« in seiner eigenen Biographie. Er war Landkind und Städter, Kleinbürger und Aufsteiger, *de facto*-Proletarier und Künstler in einer Person. Sein Bedürfnis nach Selbstwert gab aber auch andern Stilisierungen Raum: wie er »Aristokrat« gewesen war, gab er sich als Revolutionär oder korrigierte seinen Bundesradikalismus später durch einen nicht minder radikalen Föderalismus. Was ihm vorläufig die Wahl zwischen diesen Fronten ersparte, war sein Begriff vom »Vaterland«, dessen ideale Erhöhung ein Werk seiner persönlichen Schuld-Arbeit war und Erlösung oder Rechtfertigung von dieser Schuld verhieß; ein Begriff, in dem »die Nation« dem »Patrioten«, dem »Bürger« unmittelbar begegnen sollte. Für Kellers Generation schwang in diesen Größen, so abstrakt sie waren in ihrer Gefühlsunmittelbarkeit, noch etwas von dem konkreten politischen Gehalt mit, den sie in der Französischen Revolution gehabt hatten. Ein naturrechtlicher Gehalt, der sie auch den Gegnern des französischen Fortschritts – etwa in den deutschen Befreiungskriegen – unentbehrlich machte. Noch schienen sie definiert genug, um ein konkretes Engagement zu begründen; und doch schon allgemein genug, um Widersprüche in diesem Engagement zu überspielen. Es waren Integrationsformeln für eine »Mehrheit«, die sich nicht bloß als eine Größe der Zahl, sondern eine der Qualität verstehen wollte – umso mehr, je deutlicher sie sich tatsächlich in politische Interessengruppen zu spalten fortfuhr.

Ein Land, das vor kurzem noch ein im Bürgerkrieg zerrissener Staatenbund gewesen war, bedurfte dieser idealisierten »Identität« nicht weniger als seine Subjekte. Es setzte den Staat im Gefühl schon voraus, den es in der Realität erst noch zu errichten galt, und nahm den politischen Alternativen, zwischen denen dabei zu wählen war, das Scharfe und Odiose – jedenfalls nach dem frommen Wunsch der Bürger, des Bürgers Keller. Daß der *Dichter* schärfer sah, hatte er im Traum seines grünen Heinrich bewiesen, wo die gesuchte Identität bereits im Fluchtpunkt gemeinsamen Profitstrebens konvergiert:

> »Da dies [sc. die »Identität der Nation«] aber am bequemsten durch allerlei Gemünztes zu erreichen und zu sichern ist, so betrachten sie jeden, der mit dergleichen wohlversehen, als einen gerüsteten Verteidiger und Unterstützer der Identität und sehen ihn darum an. Sei dem, wie ihm wolle, ich rate dir, dein Kapital hier noch ein wenig in Umlauf zu setzen und zu vermehren.«

Daß es sich dabei um einen Sündenfall handelte, brauchte ein junger Mensch nicht zu bemerken, für den der »Gewinn«, den der frühverstorbene Vater verkörperte, nicht nur unverfänglich, sondern ein Stück Selbstverpflichtung war. Darum erlaubte Keller sich nicht, das Vaterland durch den jungen Kapitalismus für so gespalten zu halten, wie es tatsächlich war.

Die Wahl zwischen den rivalisierenden gesellschaftlichen Kräften fiel ihm schwer, denn sie stellte die Herstellung seiner eigenen bürgerlichen Person in Frage. Er hat darum gerade da, wo ihm eine Handlung als parteipolitische Stellungnahme ausgelegt werden konnte – etwa seine Annahme des Staatsschreiberamtes –, desto nachdrücklicher am Wunschbild einer zwar vielfältigen, aber ungeteilten Nation festgehalten. »Das Fähnlein der sieben Aufrechten« ist so etwas wie patriotische Geisterbeschwörung, in die Vergangenheit zurückprojizierte Utopie eines glücklicheren Vaterlandes, entworfen von einem, der im Jahre 1860 selbst noch in aussichtsloser Lage schien. Keller selbst hat davon gesprochen, man müsse, »wie man schwangeren Frauen etwa schöne Bildwerke vorhält, dem allezeit trächtigen Nationalgrundstock stets etwas Besseres zeigen, als er schon ist«.

Wer – aus politischen wie psychologischen Gründen – das Ganze zu gewinnen oder zu verlieren hat, dem geraten seine politischen Interventionen im einzelnen leicht daneben. Er tut sich schwer mit ihnen und gibt seinen Zeitgenossen Rätsel auf. Kellers Verhältnis zu Alfred Escher, seinem Altersgenossen und Haupt des Zürcher Freisinns, ist ein Beispiel für Ambivalenz. 1847, im Geburtsjahr des Bundesstaates, feiert er ihn als »erbaulichen Charakter«, rühmt ihm nach, er »unterzieht (...) sich den strengsten Arbeiten vom Morgen bis zum Abend, übernimmt schwere weitläufige Ämter, in einem Alter, wo andere junge Männer von fünf- bis achtundzwanzig Jahren, wenn sie seinen Reichtum besitzen, vor allem das Leben genießen.« Das Bruder-Vorbild nimmt, eben weil es aus inneren wie äußeren Gründen unerreichbar bleibt, Vater-Züge an; die produktive Abstinenz, geschöpft aus dem Geist des jungen Kapitalismus und von Entbehrung gezeichnet, gebietet Respekt. Und es ist wohl kein Zufall, daß der bürgerliche Versager, dieses Über-Ich vor Augen, seinerseits eine staatsmännische Zurückhaltung gegenüber der Revolution markiert: sie werde »von Tage zu Tage unzulässiger und überflüssiger«, findet er, »in einer Zeit, wo das lebendige Wort sich fast überall Bahn zu brechen weiß, besonders aber bei uns, wo die Gerechtigkeit immer eklatanter nach jeder Verfinsterung auf dem gesetzlichen Wege siegt. Ja, wir werden bald alle Revolution verdammen und verfolgen müssen, weil sie, da bald überall gesetzliche Anfänge der Freiheit gegründet sind, das Erbe des Absolutismus wird«. Ein Jahr darauf wird dieser bewundernde Blick für »das Heil schöner und marmorfester Form auch in politischen Dingen« überholt sein (oder scheinen) durch neue Bereitschaft zu revolutionärer Begeisterung. Aber der trotzige Ton, der sie durchschwingt, zeigt das Forcierte an. Im Grunde bereitet sich schon jene restaurative Stimmung vor, die den späteren Keller charakterisiert. Er redet in den sechziger Jahren von einer neuen Schweiz, die bereits überholt, deren Zukunft Geschichte geworden ist, wie im »Fähnlein«.

Was Escher verkörpert, das rasch alternde Neue, genießt Kellers überpersönliche Hochachtung; eben als solche provoziert sie aber auch seinen persönlichen Widerspruch. Der Taugenichts hat gegenüber großbürgerlichen Magnaten *seine* Ehre zu wahren. Dazu gehört, daß man Förderung und Protektion wohl oder übel annehmen muß (Keller hat in seinen Zürcher Notjahren auf Eschers Staatskanzlei gearbeitet und verdankt dessen wohlwollendem Regiment den »Studienaufenthalt« in Heidelberg und Berlin) – und ihm im Intimbereich des eigenen Werts doch nichts schuldig sein will. Zu diesem Stolz gehört, daß man den Zürcher Regierungsmännern in der Zeit, wo ihnen das Projekt eines Eisenbahntunnels durch den Lukmanier gewinnbringend schien, den kleinen Gegendienst eines Werbe-Gedichts zu diesem Anlaß nicht leistet; oder daß man das Angebot einer Professur am neugegründeten Eidgenössischen Polytechnikum so lange verschleppt, bis es sich erledigt hat. Dieser »Ruf«, gekleidet in eine freundschaftliche Anfrage des zu eidgenössischen Ehren gelangten Freischaren-Bruders Dubs, mußte für den verlorenen Sohn in Berlin Sensationswert haben – um so mehr, als das neue Institut auch ein politisch ehrgeiziges Projekt war; nach dem Willen seiner freisinnigen Förderer sollte es auf kaltem Weg die im Parlament abgelehnte nationale Universität verwirklichen. Gerade in diesem Fall ist Kellers Zaudern, so vielfältig es »rationalisiert« wird, auf ein Hauptmotiv durchsichtig: er will sich von Männern, die für ihn die Ehrensache der Geldwirtschaft und ihre Anrüchigkeit (auch diese) verkörpern, nichts schenken lassen. Im Kollegial-Informellen des Angebots wie in dessen Großartigkeit wittert er das für ihn Unerträgliche: Geringschätzung; die selbstverständliche Annahme, er sei, in seiner Lage, gnadenreif. Es ist ein deutliches »Zuviel der Ehre!«, mit dem er dieses unseriöse Wunder, wie sein grüner Heinrich dasjenige auf dem Grafenschloß, an sich vorübergehen läßt.

Die Arroganz der Macht wird abgewehrt, wo sie als Wohltat auftritt; wieviel mehr da, wo sie soziale Schwäche für ihre Zwecke benützt. Ende der fünfziger Jahre scheint der Widerstand gegen Eschers »System« Keller ganz ins Lager der sich formierenden Opposition getrieben zu haben. Er denunziert die »Baumwolle«, deren »Freiheit« im Inland zur Zwangsarbeit für Kinder, zu neuen Formen der Leibeigenschaft geführt hat; nach außen zum defätistischen Arrangement mit dem Frankreich Napoleons III. Keller gehört zu den Mitverfassern des Manifests von Uster 1860, in dem auf Ablösung jener Zürcher Parlamentarier gedrängt wird, die aus der eidgenössischen Politik ein Geschäft gemacht und die Verwertung ihres Kapitals dem öffentlichen Wohl gleichgesetzt haben. Es war, wo nicht Escher selbst, so doch sein »Hof«, worauf der Angriff zielte.

Zwar war der kleine Aufstand, was Kellers Anteil betraf, wieder nicht so eindeutig, wie er sich stellte. Aus der Interpretation, die Keller im Berner »Bund« dem oppositionellen Ereignis gab, klingt schon ein Bedürfnis nach Abstand heraus: er rechnet sich unausdrücklich zu jener »Anzahl bisher stiller und unbefangener Männer, die sich im ganzen wohl fühlten und nicht immer die Not so nah am Mann sahen, wo die andern zur Sammlung riefen«. Dennoch: so deutlich, wie seit dem Vormärz nicht mehr, ist Keller seinen Landsleuten hier wieder als »Volksmann« erschienen. So war die Überraschung nicht gering, als derselbe Keller sich keine sechs Monate später in dürren Worten um das Amt des Ersten Zürcher Staatsschreibers bewarb und es auch erhielt. Daß dieser Schritt von der Escher-Partei inspiriert – und vom »Princeps« selbst abgesegnet – war, unterlag keinem Zweifel. Um so zweifelhafter stand Kellers oppositionelle Gesinnung da. Daß die Macht einen Gegner nicht wirksamer mundtot machen kann als dadurch, daß sie ihn an die Brust zieht, ist eines und bezeugt mindestens ihre Souveränität. Was aber – wenn es nicht Geld, Sicherheitsbedürfnis, Opportunismus war – mochte den bürgerstolzen Dichter bewegen, jetzt eine solche Stellung zu suchen und anzunehmen, nachdem er sich um minder exponierte Ehren so hartnäckig gedrückt hatte?

In der Korrespondenz um die Polytechnikum-Angelegenheit – die schon in ihrer Umständlichkeit und Unschlüssigkeit mit dem Entschluß zum Staatsamt scharf kontrastiert – findet sich der vielsagende Hinweis:

> »Ich ziehe es nun vor, erst einige Zeit in Zürich zu leben, meine ungerecht beurteilte Persönlichkeit dort herzustellen und dann nach und nach zu sehen, etwa durch freie zweckdienliche Vorträge unter irgend einer Form meine Nutzbarkeit zum Lehrfach zu prüfen und auszubilden, oder aber dann, wenn es nötig sein sollte, vielleicht eine bescheidene Stelle in der Staatsverwaltung zu versehen; ich bin im Grunde gar nicht so unpraktisch, wie man glaubt, wenn ich nur erst einmal Ruhe habe.«

An die Mutter, der die Professur »sehr in die Nase steche«, schreibt er bündig: »Wenn es nötig ist, so will ich lieber einen sonstigen einfachen Posten, der nicht viel zu denken gibt«.

Der Wille zur vollen Rehabilitation, zum Nachweis der eigenen »Nutzbarkeit« vertrug sich nicht mit unverdienten Ehren und zieht ihnen, »wenn es nötig sein sollte«, eine kleine Verwaltungsstelle vor. Der »einfache Posten« ist allerdings kaum eine passende Umschreibung des Arbeitsplatzes, den er 1861 tatsächlich bezieht. Nicht nur war das Kanzleramt in einem eidgenössischen Kanton die anspruchsvollste und bestdotierte vollamtliche Verwaltungsstelle (die Exekutive war ehrenamtlich tätig). Sie diente auch manchem politischen Aufsteiger (so Kellers Vorgänger und Förderer Hagenbuch) als Trittbrett für den Regierungsrat und verkörperte durch Koordination und Protokollierung der Regierungstätigkeit – gerade, weil diese noch informell-kollegialer wahrgenommen wurde – ein beträchtliches Macht- und Einflußpotential. Es war ein *de facto* im höchsten Grad politisches Amt und wurde von den Machthabern in diesem Sinne besetzt. Es besaß in seiner Zwischenstellung zwischen Exekutive und Legislative (der Keller, als gewählter Vertreter eines Unterländer Wahlkreises, überdies angehörte) eine Repräsentativität eigener, schwer zu umschreibender Art. Die Würde dieses Amtes diente gleichsam, über die Parteien und die nach Gewalten geteilten Staatsorgane hinweg, der Staatsidee unmittelbar, ohne Aufsehen allerdings und nur durch ein gerütteltes Maß unsichtbarer Arbeit.

Damit kam das Amt den Bedürfnissen dieses Trägers freilich entgegen und verbarg – oder er verbarg in diesem Amt –, daß es eine Berufung *faute de mieux* war; daß sich hier einer anschickte, für den Fehlschlag seiner bürgerlichen Hoffnungen Buße zu tun. Takt und Schamgefühl verboten von selbst, diese Deutung seines Amtes nach außen dringen zu lassen. Von außen gesehen war die Verwandlung des Raté in eine öffentliche Respektsperson gerade aufreizend genug. Aber wie er sein Amt vor seinem Gewissen verstand, zeigt sich in der Art, wie er es wahrnahm . . . und wozu er es nicht verwendet hat. Es gibt keinen kommenden Regierungsrat Keller anzuzeigen, sondern einen Mann, der, mit welchen Nebenerscheinungen immer, in seinem Amte bis zur Unsichtbarkeit aufzugehen schien und dieser Treue, auf die nicht viele, die ihn zu kennen meinten, gefaßt gewesen waren, auch sein parlamentarisches Mandat opferte . . . von seiner Dichtung vorläufig zu schweigen. »Nur daß er dienen durfte, freute ihn«? Nein, es freute ihn nicht, das wäre eine zu idyllische Annahme. Dagegen sprach, auch wenn die Legende es sich mit diesem Zug gemütlich machte, das mürrisch Verdunkelte seiner Pflichterfüllung, und die Kompensationen danach: Alkohol, Mundfaulheit, Aggression. Er nahm das Amt wahr als Arbeit an seiner Schuld, als – im doppelten Sinn des Wortes – Deckung für sein bürgerliches Defizit. In diesem Amt hatte er einen Pakt mit seiner Selbstachtung geschlossen. Es war eine Gewissenssache und ließ ihn nicht vergessen, daß es auch Stellvertretung war: Lückenbüßer für verwirktes Glück, Ersatz-Produktivität eines sozial Zukurzgekommenen.

Am Vorabend des Amtsantritts wurde in der Emigrantenkolonie Ferdinand Lassalle gefeiert: der elegante Agitator war mit Gefolge auf der Durchreise in das unruhige Italien. Der künftige Staatsschreiber saß schweigend unter der Gesellschaft, die lange die seine gewesen war. Erst als Lassalle anfing, den Dichter Herwegh mit Hypnose zu behandeln, brauste Keller auf und griff den Hexenmeister mit einem Stuhl an: »Jetzt ist's mir zu dick, ihr Lumpenpack, ihr Gauner!« Der offenbar schwer Betrunkene wurde hinausgeworfen; am andern Morgen verschlief er sich zum ersten und angeblich einzigen Mal während seiner Amtszeit und mußte von einem Regierungsrat aus dem Bett geholt werden. – Die Symbolik ist fast zu aufdringlich: Keller exorziert im trunkenen Elend die Dämonen seiner Jugend, den heruntergekommenen Dichter, den 48er-Illusionisten, die zum Zauber gewordene Radikalität. Daß diese Qualifikationen dem geschichtlichen Lassalle – und auch Herwegh – Unrecht taten, brauchte Keller nicht zu bemerken. Die Vermutung liegt nahe, daß die Strafe des Zwergs ohnehin weniger dem Politiker Lassalle als dem Lebemann galt. Alle Demütigungen der Berliner Salons mochten sich nochmals in dieser hoch-gereizten Erscheinung des Dandy und blendenden Parvenu verkörpert haben.

Aber der Protest des neuen Amtsträgers richtet sich nach beiden Seiten; der bewußte galt der schillernden »Welt«; der unbewußte dem Dienst. Schlafen ist das kindliche, aber probate Mittel gegen innere Konflikte; es nimmt jetzt die Stelle des rätselhaften »Säumens«, »Versäumens« der Jugendjahre ein. Die Rechnung mit dem Dienst wird auch in den nächsten Jahren nie ganz aufgehen. Die Prügeleien und Alkoholexzesse des Staatsschreibers bleiben so notorisch, daß der demokratische »Landbote« 1865 die »Aufgabe, (...) den obersten Schreiber unserer Republik gegen Händel und darauffolgende Prügel zu assekurieren«, für nahezu unlösbar erklärt. Nachreden dieser Art sollen der dreiundzwanzigjährigen Waise Luise Scheidegger, mit der sich Keller 1866 verlobte, das Leben verleidet haben; die offenbar von Haus aus Depressive gab sich im Sommer des gleichen Jahres den Tod.

Es war also wohl nicht ausschließlich politisch motiviert, was Keller immer stärker an die Kräfte band, die ihn im Amt hielten, und von der Partei entfernte, mit der er vor kurzem noch das »System« Eschers angegriffen hatte. Er trug sich mit dem Gedanken, dem verhaßt gewordenen »Landboten« und seinem Meinungsbildungsmonopol auf dem Lande mit einer Konkurrenz-Zeitung entgegenzutreten und dabei den Dichter Leuthold (ein Gescheiterter, wie er selbst einer gewesen war) als Redakteur ins Brot zu setzen (der unpolitische Formkünstler zeigte sich nicht interessiert). Einzelnen oppositionellen Agitatoren begegnete Keller mit einem so militanten, ja apokalyptischen Abscheu, daß eines seiner Gedichte (»Die öffentlichen Verleumder«) im Dritten Reich als Hitler-Porträt verstanden und von den Widerstandskämpfern der »Weißen Rose« benützt werden konnte.

Die Usurpatoren, die Nicht-Legitimen mochten eine von Kellers Kindheit her wunde Stelle getroffen haben – für das Auge der Öffentlichkeit war der Staatsschreiber einfach zum Mann seiner politischen Patronage geworden, eine widersprüchliche Figur, um nicht zu sagen: ein Witz. Der erklärte Atheist verfaßte jetzt im Namen seiner Regierung »Bettagsmandate«, die von den Kanzeln verlesen werden mußten, und konnte es ihr, wie sich schon beim ersten, nicht publizierten zeigte, doch nicht recht machen; er arbeitete zwar als Sekretär in einem Unterstützungskomitee für die aufständischen Polen mit, durfte sich aber bei den »Demokraten« des eigenen Kantons nicht mehr sehen lassen und wurde denn auch von seiner Unterländer Wählerschaft als Volksvertreter nicht mehr bestätigt.

War es »Herrendienst«, wenn er seiner Regierung gegenüber wenigstens die Schweigepflicht der Loyalität einhielt? Es gibt Zeugnisse des jüngeren Keller, nach denen er gerade in einer Opposition *à tout prix* das Unfreie, also Autoritäre wahrnahm: »In jedem Bevollmächtigten und Repräsentanten sogleich den *Herren* zu spüren, dazu gehört eigentlich eine unfreie Hundsnatur . . .« Diese Hundsnatur sah er jedenfalls mit den journalistischen Helfern der »demokratischen« Bewegung heraufkommen. Aber die »trockene Revolution mittels einer ganz friedlichen, aber sehr malitiösen Volksabstimmung« schritt fort und erzwang eine Verfassungsrevision zugunsten der erweiterten Volksrechte und damit einen Systemwechsel im Kanton. Mit dem Schicksal der altliberalen Regierung schien 1869 auch dasjenige ihres Schreibers besiegelt. »Her kommt der Tod, die Zeit geht hin / Mich wundert, daß ich so fröhlich bin«, schrieb er am 14. Juni in sein Handprotokoll. Aber der beschlossene Rücktritt wurde nicht genommen. Die neuen Herren – die sich in diesem Punkt nicht weniger staatsklug zeigten als die alten – bestätigten den tüchtigen Staatsschreiber in seinem Amt, und er diente, zum Erstaunen alter und neuer Feinde, weitere sieben Jahre unter dem »demokratischen« Regiment.

Spätestens hier läßt sich ahnen, daß, was wie ein Arrangement mit den jeweils Herrschenden wirken mußte, in Wahrheit eine eigentümliche, zugleich hochprivate und überpersönliche Form des Dienstes war – eine, die der äußeren Umschreibung der Staatsschreiberpflicht auch eine innere Dimension, einen Inhalt von staatspolitischer Kühnheit gab. Der sich hier von politischen Machtwechseln nicht mehr ins Abseits drängen ließ, *wachte* zugleich über seine Republik, für deren Gediegenheit er unter allen Umständen gutstehen mußte, wenn sein Abenteuer der Rehabilitation aufgehen sollte; wenn sie die Autorität bleiben sollte, ihn freizusprechen von Schuld in dem Maße, als er ihr diente. »Rettet euer Bild in meiner Seele« – er war jetzt in einer Position, als quasi amtlicher Bildhüter dieser Forderung selbst ein Stück Nachachtung zu schaffen. Die ihn 1861 wunderbarerweise beriefen und 1869 seltsamerweise bestätigten, waren Leute verfeindeter Parteien, gewiß; und doch mochten sie – und wäre es nur aus gutem Machtinstinkt – gewittert haben, daß auf Keller in diesem Amt Verlaß war wie auf keinen andern, weil seine Qualifikation dafür in der Tat mit keiner andern zu vergleichen war. Er diente, allen Herren zum Trotz und darum auch für alle zu gebrauchen, seiner Republik unmittelbar; er war ihr verbunden durch Schuldigkeit, durch das Ethos persönlicher Kompensation.

Dieser Staatsdienst brachte Keller mit den Jahren in den Geruch einer etwas abseitigen, ja skurrilen Überparteilichkeit, der ihm vor den gröbsten Anfeindungen Schutz bot und sie durch scheinbar gutmütigere Mißverständnisse ablöste. Die Trink- und Prügelgeschichten des kleinen Staatsschreibers machten ihn, mit seiner Pflichttreue zusammen, zu einer sprichwörtlichen Figur. Die Legende vom »Meister Gottfried« beginnt auf ihren kurzen Beinen umzugehen; jene Popularität des mürrischen Zwergs, bärtigen Trinkers und großen Schweigers formiert sich, der hinter seiner rauhen Art einen goldenen Humor und ein vaterländisches Herz verbirgt, dem darum so manches verziehen werden kann. Kein Zweifel, daß Keller mit den »Züricher Novellen«, mit dem »Sinngedicht« und den »Sieben Legenden«, vor allem aber mit »Seldwyla« diese Idylle genährt hat. Es sind denn auch diese Werke, die man mit dem Staatsdienst in Verbindung zu bringen pflegt – als Ausdruck der Versöhnung von Politik und Literatur; der Bestätigung des Dichters durch den pflichtbewußten Bürger; als Anlaß zur Selbstgratulation.

Die Verbindung besteht, aber so harmlos ist sie nicht. Nicht nur, weil Amt und Literatur einander *de facto* ausschlossen. Vielmehr deshalb, weil jene Literatur, die tatsächlich eine vaterländische Idylle evoziert, Behauptung im doppelten Wortsinn darstellt, ein Festhalten an der durch die Tatsachen längst überholten Utopie der Heimat als moralischer, freispruchfähiger Instanz – während jene Stellen, die tatsächlich Kellers politische Erfahrungen reflektieren, Schmerzensbilder, Formen gebrochenen Vertrauens sind. Wie labil Kellers Verhältnis zur »positiven Schweiz« auch während der Jahre staatsdienstlicher Unangefochtenheit war, illustriert seine Trinkrede aus dem Jahr 1872 (anläßlich der Verabschiedung eines Freundes an die Universität Straßburg), die – nach der Annexion des Elsaß durch das Zweite Deutsche Kaiserreich – auch einen schweizerischen »Anschluß« in Betracht zog und damit einen Sturm der Entrüstung auslöste. Seine beschwichtigende Erklärung, er habe vorausgesetzt, daß dieses kommende Reich dannzumal fähig und bereit sein müßte, eine Republik in seinem Staatsverband zu ertragen, und daß der schweizerische Föderalismus im Innern so geschwächt sei, daß der Bundesgedanke nur noch in einem größeren Ganzen zu garantieren wäre, dürfte die Mißverständnisse nicht beseitigt haben. Gewiß lassen sich für alle Elemente dieses vaterländischen Skandals in Kellers Denken Stützen finden: im Primat einer »deutschen« vor einer vorgeblich »schweizerischen« Kultur; im affektiven Übernationalismus der national-demokratischen Achtundvierziger-Bewegung; im Bewußtsein, daß förderalistische Vielfalt im Notfall die letzte Schranke darstellen würde gegen die triumphierende Einfalt des Profitprinzips; schließlich auch in der zunehmenden Allergie gegen die nationale Eitelkeit.

Aber diese möglichen Motive nennen, heißt sogleich einsehen, daß sie angesichts des neu-deutschen Imperialismus nicht gelten können, der viel eher eine Expansion all der Kräfte darstellte, die Keller zu fürchten Grund hatte. So bleibt nur übrig, den Grund für jenen seltsamen Toast nicht »draußen«, sondern »drinnen« zu suchen: in der Überzeugung nämlich, daß für Keller das positive Vaterland eine *relative* Größe war, in Relation zu sehen zu einer Idee, die er von ihm besaß und die es verraten konnte, zu verraten im Begriff war. Von einem noch tieferen, wenn man will, privateren Motiv – dem der notwendigen Vergänglichkeit auch des Heiligsten, gerade des Heiligsten – wird noch die Rede sein müssen. Vorläufig genüge die Feststellung, daß seine Staatsmänner – alt-liberale wie demokratische – gelegentlich zu fühlen bekamen, daß dieser sprichwörtlich getreue Staatsdiener nicht ihr Diener war. Wie labil die respektvolle Neutralität, deren sie sich gegen ihn befleißigten, allezeit blieb, beweist die öffentliche Feier seines fünfzigsten Geburtstages, wo die Reverenz der Republik mit dem Bedauern darüber vorgetragen wurde, daß er durch sein Amt gehindert sei, seiner höheren und eigentlichen Bestimmung zu leben ... Es ist, über die Neckerei hinaus, eine objektive Ironie, die man in dieser Wertschätzung ausmachen muß. Denn sie geht daran vorbei (wie sollte sie nicht), daß diesem Dichter seine Dichtung als Bußhandlung nicht genügt hatte; daß ihm nur ein Weg noch offen geschienen hatte: sich seinen Wert von der Republik bestätigen zu lassen.

Freilich: es war so wenig die Republik der Gründerzeit wie das Reich Bismarcks; um soviel weniger war es diese Republik, als seine Erwartung in sie höher gewesen war. Im Namen dieser Erwartung – und als ihr Bürge – hatte er »gedient«, und wie es jetzt aussah: umsonst. Seine politisch gezielten Werke – »Das verlorene Lachen« und vor allem »Martin Salander« – bringen diese fundamentale Verstimmung an den Tag. Angesichts dieses größeren Unglücks war es für ihn kein Unglück mehr, ein paar Jahre später wirklich aus dem Amt zu scheiden – nicht ohne, wenn man Kellers Schilderung folgen will, seinen »Tyrannen« noch nach Herzenslust seine Meinung gesagt zu haben, wobei sie buchstäblich die Zeche zu bezahlen hatten. Bei Amtsbeginn: eine Attacke gegen Lassalle, den Anwalt der verlorenen Revolte; beim Ausscheiden: ein Tritt ans Bein der etablierten Macht – damit sind die Grenzpunkte des Schweigens jener fünfzehn Amtsjahre bezeichnet. Für gemütliche Deutungen bieten sie nicht Hand, und für ein-sinnige erst recht nicht. Kein politisches Vor-Urteil über Keller, das in dieser Zeit nicht ins Wanken geriete. Wer den »erzradikalen Poeten« und Freischärler im Auge hatte, den Dränger auf einen vereinigten Bundesstaat (ein Vater-Erbe auch dies), der hätte nicht den enragierten Föderalisten hinter ihm gesucht, als der er sich nicht erst im Zwielicht jenes 72er Trinkspruches, im Grund schon in der Rede des jungen Hediger zu erkennen gab. Der noch 1860 der »Baumwolle« mit klassenkämpferischen Tönen den Prozeß gemacht hatte, schwenkte kein Jahr später auf ihre Seite ab und sprach zur »Salander«-Zeit von Sozialisten als Pöbel. (»Weiber, vordringlich, schrill!«)

Und doch ist der Prozeß mit Kürzeln wie »Wendung zum Konservativen« keineswegs hinreichend bezeichnet. Es werden Ausbrüche einer anderen Radikalität zu vermerken sein, die der organisch-treuherzigen Annahme einer »Entwicklung« Hohn sprechen. Noch eher läßt sich die (minder spektakuläre) hören, er habe sein Leben lang »geschwankt« – gleichsam zwischen einem republik-positiven und -negativen Pol, einem ordnungs-bestimmten und einem destruktiv-anarchischen, wobei sich die Spannung bald gegen die eine, bald gegen die andere Seite entladen habe. Und es mag dann auch naheliegen, für diese Spannung etwas den Typus Dichter Konstituierendes, gleichsam Schicksalhaftes in Anspruch zu nehmen: den notwendigen und unvermeidlichen Widerspruch zwischen *seiner* Sprache und der Sprache von Macht und Verwaltung; die Nicht-Identität des schöpferisch bedrohten Individuums mit *jeder* Form von sozialer Ordnung.

Aber auch dies wäre bei Keller nur ein Teil der Wahrheit, und wohl der harmloseste. Diese Arbeit wurde geschrieben zum Nachweis, daß es in der Existenz dieses Dichters genauer zugeht; daß sein Verhältnis zum politischen Angebot seines Vaterlandes prekär war aus Gründen, die so für keinen andern Autor gelten; die bei diesem konstitutiv sind für seine Produktivität. Denn dieses Verhältnis enthält die Dimension nicht nur der Befreiung, sondern der Erlösung. Im Kern ist die Beziehung längst keine bloß liberale mehr (der gegenseitiges Geltenlassen, Nicht-Stören genügte), sondern eine religiöse. Sie hat einzutreten für verlorene familiäre, soziale, ökonomische Verbindlichkeiten, die als offen geblieben, als unabgeltbar erfahren wurden; sie hat das Verfehlte nicht einfach zu ersetzen, sondern zu überwölben, in letzter Instanz als nicht verfehlt zu erklären, *heimzuholen*.

Das und nichts Geringeres ist der Anspruch an das Vaterland, den Keller seinem eigenen Gewissen gestellt hat und an dem die »positive« Politik gemessen wird. Die objektive Seite dieser Radikal-Opposition ist der Prozeß, der der Institution im Namen der Menschlichkeit gemacht werden muß; ein Prozeß, der Veränderung zeitigt und den Autor selbst als veränderlich erscheinen läßt. (»Was ewig gleich bleiben muß, ist das Streben nach Humanität, in welchem uns jene Sterne [sc. »unsere Klassiker«, A.M.] wie diejenigen früherer Zeiten vorleuchten. *Was* aber diese Humanität jederzeit umfassen solle: dieses zu bestimmen hängt nicht von dem Talente und dem Streben ab, sondern von der Zeit und der Geschichte.«) Gleich human wie das Aufbegehren des Geschichtsgeistes gegenüber dem »Positiven« aber ist seine Grundverpflichtung zu diesem: da liegt auch die subjektive Wurzel des Dichter-Radikalismus. Er bezeichnet im »Verlorenen Lachen« genau die Stelle, wo der geliebte Baum – der eigene Lebensbaum – ausgerissen worden war: »Da ging es ihm durchs Herz wie wenn er allein schuld wäre und das Gewissen des Landes in sich tragen müßte.« Kellers Verständnis dieses seines Staates ist Gewissenssache. Er weiß sich ihm verpflichtet durch jene Schuld, die er nicht mehr hoffen kann, Vater und Mutter, ja sich selbst abzutragen. Dieses Verständnis verpflichtet aber auch den Staat – nicht zur »Größe«, aber zur republikanischen Substanz, zur denkbar höchsten politischen Kultur.

Welche Hoffnungen Keller auf die Entwicklungsfähigkeit dieses Staates, nicht nur als Bürger, sondern als Künstler gesetzt hat (und wie wenig also jene Dissoziation Bürger/Künstler gerade bei diesem Autor gerechtfertigt ist), kann man dem großen, schon 1860 geschriebenen Aufsatz »Am Mythenstein« entnehmen. Er ist die Beschreibung einer kleinen Reise in die Urschweiz zur Einweihung des »Schillersteines«, eines Naturdenkmals am Vierwaldstättersee. Es soll von nun an den verehrten Namen des Klassikers tragen, in dem sich die Teilnehmer künftig als Schweizer und als Deutsche fühlen dürfen; heimatberechtigt bei sich selbst durch die Gnade eines Dichters, der die Schweiz nie mit Augen gesehen hatte. Damit ist das Stück zum vornherein Beschreibung einer Kultur- wie Naturlandschaft, und dies mit einer malerischen Suggestion, die dem Maler Keller nicht erreichbar gewesen war. Diesmal glückt sie, weil er in diesem Medium und bei diesem Anlaß um die »tiefere Bedeutung« nicht zu sorgen brauchte, die seinen Pinsel nach eigenem Urteil ins Abwegige, Abenteuerliche, Unnatürliche gelockt hatte. Der Anlaß, seine Szenerie schon sind ein Programm.

Aber der Aufsatz läßt es dabei nicht bewenden, er entwirft ein noch kühneres – und in Kellers Werk einmaliges – Projekt für die staatliche Zukunft. Er sieht das Schillerfest als Nukleus einer Festivität im nationalen Maßstab, einer durch Laienchöre und Spieltruppen getragenen, in alle Landesgegenden fortzupflanzenden Einübung der Bürger ins Festliche der eigenen Existenz; einer allmählichen Verwandlung der Schiller-Landschaft beim Rütli in eine nationale Festwiese, wo Arbeits- und Feierkleid aus *einem* Stoff geschnitten sein sollen. Es soll ein Gesamtkunstwerk sein, die kühne Übersetzung einer romantischen Utopie ins Republikanische, der Wagnerschen Zukunftsmusik wohl verwandt, aber mit ihr nicht zu verwechseln. Wenn die Wendung von der »progressiven Universalpoesie« jemals in schweizerischem Mund beim Wort genommen wurde – mit politischer Betonung auch des Beiworts –, dann hier. Hier weht der Geist eidgenössischer Turn-, Sänger- und Schützenfeste jener Jahre, die Sammlungen demokratischer Selbstverpflichtung waren, noch in ganzer Frische und ohne jenen Hauch von Vereinsmeierei, Honoratioren-Mief und bierlauter Verkümmerung, der sie später begleitet. Was für Keller »sündenrein« wurde in »Vaterlandes Saus und Brause«, war die Freude an der demokratischen Zukunft, die sich für einmal als soziales Gesamtkunstwerk darstellte – in der Rechtsgleichheit und Festfreiheit der Fröhlichen und Brüderlichen; wo sich auch die Schuld des einzelnen zur läßlichen »Sünde« erheitern durfte. Die »ästhetische Erziehung des Menschen«, die die verehrte deutsche Klassik nur als Idee gefeiert und ihre Bürgschaft, den »Spieltrieb«, nur wenigen Begünstigten zugeteilt hatte – im »Mythenstein« traute Keller seinem ganzen Volk zu, diese Bürgschaft anzutreten und auf

Erden – dem Boden dieser Republik – Schritt für Schritt zu verwirklichen; die Aufhebung von Kunst und Natur, von Idee und Leben zur festlichen Staatsmaxime zu erheben. Im Chor der Nation sollen die einzelnen, widersprüchlichen Stimmen nicht untergehen, sondern mitklingen dürfen an ihrer Stelle.

Utopisches Heimweh eines Nicht-Etablierten 1860 – und doch glaubt man hier die inneren Gründe für seine Etablierung als Staatsschreiber (1861) mit Händen zu greifen, allerdings auch den Anspruch seines Vaterlandsbildes, der dem seines Schuldgewissens äquivalent bleiben mußte. Hier war Raum für Spannungen, für Konflikte emotional-grundsätzlicher Art, die – um ein Mißverständnis abzuwehren – nichts mit Rausch und Mangel an Realismus zu tun hatten. Was man damals in Europa unter »Größe« verstand, war nicht gefragt. Alles, wessen er von seinem Staat bedürftig war, kann mit »Glaubwürdigkeit« umschrieben werden, substantielle Legitimität, wohl auch: zivile Liebenswürdigkeit – eine Organisation, die es nicht leid wurde, nach ihrem Sinn zu forschen und sich dabei der Vernunft, des guten Willens ihrer Bürger zu bedienen wagte. Der väterliche Gott der Leistung und der mütterliche Versorger-Gott verkörperten sich für die »fromme Seele« – wie sie im »Schweizerpsalm« heißt – jetzt im »hehren Vaterland« – für den vierzigjährigen Keller hatte die peinlich gewordene Männerchorphrase damals einen genauen Sinn. Er hatte den Gott der Kirche abgedankt, um sich den Menschennamen zu verdienen; er hatte die Rechnung, die ihm damit aufgemacht war, nicht begleichen können: diejenige der zulänglichen Ökonomie und der *eigenen* Zulänglichkeit in dieser; ja, nicht einmal den Haushalt seiner engsten Verhältnisse hatte er im Gleichgewicht zu halten vermocht. So wurde denn »Gott im Vaterland« zur bindenden und lösenden Figur; der Dienst an ihr zur Frage des persönlichen Heils und des gemeinsamen Wohls in einem, und das Gebet, das zu diesem hochgespannten Patriotismus gehörte, lautete: »Das ist sehr schön, o Gott! ich danke dir dafür, ich gelobe, das Meinige auch zu tun!«

Fromm war die Seele geblieben, die den Verlust eines persönlichen Gottes durch Dienst an der Gemeinschaft wettzumachen entschlossen war: durch Republikfrömmigkeit. Sie ist mit Staatsfrömmigkeit als einem unbeweglichen und untertänigen Prinzip nicht zu verwechseln. Sie hatte mit Artigkeit nichts, mit Vollwertigkeit alles zu tun; sie verlangt dem Staat jene Idee ab, an deren Realisierung sie ihn mißt. Was man Kellers politisches Engagement nennen mag, steht im Spannungsfeld dieser Erwartung und ist eben darum linear nicht darzustellen, fügt sich keinem Schema von »Entwicklung«. Es bewegt sich nicht zwischen »links« und »rechts«, sondern vibriert gleichsam quer zu diesen Positionen zwischen Glauben und Unglauben, Hoffnung und Desillusion. Die Anziehungskraft des »negativen« Pols wird dabei zusehends mächtiger und kann den Zweifel der Verzweiflung naherücken – eine Position, die für ein eindimensionales Verständnis »konservativ« erscheinen mag. In Wahrheit kämpft sie mit einem Urteil summarischer Art, in dem alle Parteiungen inbegriffen sind, mit einem *Fluch* im irdischen, aber auch theologischen Wortsinn. Das Gericht über die »Salander«-Gesellschaft, die er mit Feuer und Wasser heimsuchen wollte, hat etwas von Sodom und Sintflut – etwas von Zurücknahme einer enttäuschten Hoffnung, einer mißratenen Schöpfung. Es gibt in den »Salander«-Notizen kein traurigeres Wort als »Festschwindel«.

Aber jenseits von strafender Gerechtigkeit und Selbstbestrafung ist diesem Staatsdienst ein Element einschlägig, das ihn zum vornherein delikat und jene Wert-Übertragung zweifelhaft gemacht hat – ein Vorbehalt, der nicht zu Lasten der Republik, sondern ihres Dieners geht, ja, der Idee des unmittelbaren Staatsdienstes überhaupt. Nach liberaler Überzeugung dient ja der Gemeinschaft nie ganz vollwertig, wer ihr von Staates wegen dient – will sagen, als Beamter, vom Staat zugleich reglementarisch Verpflichteter und sozial Versorgter. Er dient ihm *faute de mieux* und ohne seine Freiheit recht unter Beweis stellen zu können; jene Freiheit, aus deren Summe und konfliktreichem Zusammenspiel die wahre Freiheit des Staates erwächst. Beargwöhnte und beneidete Staatsmänner wie Escher hatten Keller in seinen Augen nicht nur »Glück«, häuslichen Reichtum und privilegierte Stellung, sondern jene Freiheit voraus. Sie hatten im Wettbewerb bewiesen, daß sie Männer waren, die dem Staat dienen durften – denn sie mußten es nicht. Auch ihre politische Existenz, was immer sie sonst sein mochte – persönliches Opfer oder kluge Interessenvertretung –, war Ausdruck von Freiheit. Das war eine Legitimation, die sich der von Mutter und Schwester ausgehaltene, von erfolgreichen Altersgenossen geförderte Literat nicht erworben hatte. Noch mehr: sein Bildungsgang hatte ihm bewiesen, daß sie ihm unerreichbar blieb, und sein Staatsamt war – so ehrenvoll es scheinen mochte – zugleich der kränkende Ausdruck seines Defizits; also in diesem Sinn eine Strafaufgabe. Er blieb zwar nicht »objektiv«, aber vor dem Maßstab seines Vater-Ichs hinter den Anforderungen zurück, indem er seine »Pflicht« erfüllte. Ehrensache war sie wohl, aber eines Bürgers, der eine bessere Ehre nicht mehr einzubringen hatte; dessen Entsagung nicht freiwillig, also nicht vollgültig war. So stand seine Kritik am Staat, so begründet und nötig sie sein mochte, heimlich auf schwachen Füßen.

Wie empfindlich Keller im Punkt persönlich-politischer Legitimation dachte, beweist eine kleine Episode im »Martin Salander«. Salander, der für eine Wahl ins (kantonale) Parlament durchaus zu haben wäre, verweigert sie, als der Vorschlag dazu von den Weidelich-Zwillingen kommt, die er – noch bevor sie tragikomischerweise seine Schwiegersöhne werden – als unseriöse Spekulanten empfindet. In seinen Augen genügt es nicht, daß eine Wahl gesichert ist, sie muß *fundiert* sein: eine Verpflichtung ist in ihrer Substanz nicht zu trennen von der Art, wie sie zustandekommt. Das Fehlen dieser Stütze empfand Keller nicht nur in der Vorgeschichte seines Staatsschreiberamtes, sondern auch in diesem selbst. Hier ist der tiefste Grund dessen zu vermuten, was als *mürrische* Pflichterfüllung in der Anekdote fortlebt; hier aber auch die Aggressionshemmung gegenüber seinen »Tyrannen«. Was immer sie sich sonst leisten mochten, in einem hatten sie nicht gefehlt: sie hatten ihre Stellung zu erobern verstanden; sie waren Männer, vital qualifiziert – er nicht.

Daß der »Staatsschreiber« in Kellers Augen ein Ersatz, Ausdruck persönlichen Wertverlusts, ein Opfer war, ist keine willkürliche Unterstellung. Der Beleg dafür findet sich in Kellers Werk – sprechend genug, wenn auch nicht als direktes Eingeständnis, sondern als strukturelles. Und er findet sich da, längst bevor der Staatsdienst für Keller eine persönliche Tatsache war. Der Beamte ist schon im »Grünen Heinrich« *der* Bürger, dem Charakter und Umstände verbieten, dem Vaterland seinen Zoll in voller Währung zu entrichten; der keine Wahl hat, als sich dem Staat unmittelbar zu verschreiben. Er ißt Gnadenbrot, ob er will oder nicht. Nie wird er wissen, ob er seinen Lohn – groß oder gering – wahrhaft wert ist; er wird es nur hoffen und in seiner Gewissenhaftigkeit nichts versäumen können. In der Wirtschafts-Theologie des Liberalismus, nach der nur die frei Erwerbenden erwählt sind, bleibt der Staatsdiener eine schattenhafte Figur im Limbus zwischen Gut und Böse. Seine Leistung beruht auf Sorge und Angst statt auf Unternehmer-Lust; seine Notwendigkeit ist die des Übels. Er bleibt ein Schmarotzer am Sozialgewinn, den er zwar treulich zu verwalten, aber niemals zu schaffen versteht.

Diesem Typ edlen Minderwerts und subalterner Größe begegnet der junge Heinrich beim dörflichen Tellenspiel, dem literarischen Gegenstück und Vorläufer der »Mythenstein«-Phantasie (in der Zweitfassung ernüchtert »Das Fasnachtsspiel« überschrieben). Heinrich wird stutzig über die Mischung von handfestem materiellen Interesse und patriotischer Verklärung, die ihm in den Protagonisten des Festspiels entgegentritt. Da ist es gerade der Amtmann – ein Staatsdiener also –, der ihm klarmachen will, daß es sich hierbei um ein glückliches, ja notwendiges Zusammentreffen handelt. Und so klingt aus diesem Munde das Hohelied des wirtschaftlichen Liberalismus:

»Sodann merkt Euch für Eure künftigen Tage: wer seinen Vorteil nicht mit unverhohlener Hand zu erringen und zu wahren versteht, der wird auch nie imstande sein, seinem Nächsten aus freier Tat einen Vorteil zu verschaffen! Denn es ist (hier schien sich der Statthalter mehr an den Schulmeister zu wenden) ein großer Unterschied zwischen dem freien Preisgeben oder Mitteilen eines erworbenen, errungenen Gutes und zwischen dem trägen Fahrenlassen dessen, was man nie besessen hat, oder dem Entsagen auf das, was man zu schwächlich ist zu verteidigen. Jenes gleicht dem wohltätigen Gebrauche eines wohlerworbenen Vermögens, dieses aber der Verschleuderung ererbter oder gefundener Reichtümer. Einer, der immer und ewig entsagt, überall sanftmütig hintenansteht, mag ein guter harmloser Mensch sein; aber niemand wird es ihm Dank wissen und von ihm sagen: Dieser hat mir einen Vorteil verschafft!«

Dies ist aber nicht das letzte Wort des Romans. Nach diesem Plädoyer für freie Wirtschaft, vorgebracht von einem, der ihren rauhen Sitten nicht ausgesetzt ist, nimmt der Schulmeister den Jüngling beiseite und klärt ihn auf seine Weise über die Motive des Amtmanns auf:

»Der Statthalter eifert nur darum so sehr gegen das, was er Entsagung nennt, weil er selbst eine Art Entsagender ist, das heißt weil er selbst diejenige Wirksamkeit geopfert hat, die ihn erst glücklich machen würde und seinen Eigenschaften entspräche. Obgleich diese Selbstverleugnung in meinen Augen eine Tugend ist und er in seiner jetzigen Wirksamkeit so verdienstlich und nützlich dasteht als er es kaum anderswie könnte, so ist er doch nicht dieser Meinung, und er hat manchmal so düstere und prüfungsreiche Stunden, wie man es seiner heiteren und freundlichen Weise nicht zumuten würde. Von Natur nämlich ist er ebenso feuriger Gemütsart als von einem großen und klaren Verstande begabt und daher mehr dazu geschaffen, im Kampfe der Grundsätze beim Aufeinanderplatzen der Geister einen tapferen Führer abzugeben und im Großen Menschen zu bestimmen als in ein und demselben Amte ein stehender Verwalter zu sein. Allein er hat nicht den Mut, auf einen Tag brotlos zu werden, er hat gar keine Ahnung davon, wie sich die Vögel und die Lilien des Feldes ohne ein fixes Einkommen nähren und kleiden, und daher hat er sich der Geltendmachung seiner eigenen Meinungen begeben.«

Eine Persönlichkeitsanalyse, deren Verbindlichkeit noch erhöht wird, wenn sie einer anstellt, der seinerseits Staatsdiener und Lohnempfänger ist. Summa: die Stärke der freien Wirtschaft wird am ehesten und zwanghaftesten von einem heimlich Schwachen gefeiert, den sie faktisch ausgestoßen hat und der sie um so mehr verinnerlichen muß. Und die folgenden Worte des Schulmeisters lesen sich vollends wie eine fast unglaubliche Vorwegnahme von Kellers eigener Mühe mit dem Staatsamt, jenem Doppelgesicht von Pflichttreue und Unlust, Verstummen und Aggressivität, das die Anekdote »liebevoll« bewahrt:

»Schon mehr als ein Mal, wenn durch den Parteienkampf Regierungswechsel herbeigeführt wurden und der siegende Teil den unterlegenen durch ungesetzliche Maßnahmen zwacken wollte, hat er sich wie ein Ehrenmann in seinem Amte dagegen gestemmt, aber das, was er seinem Temperament nach am liebsten getan hätte, nämlich der Regierung sein Amt vor die Füße zu werfen und mittelst seiner Einsicht und seiner Energie die Gewalthaber wieder dahin zu jagen, von wannen sie gekommen: das hat er unterlassen, und dies Unterlassen kostet ihn zehnmal mehr Mühe und Bitterkeit als seine ununterbrochene arbeitsvolle Amtsführung (. . .) er hat ein dunkles Grauen vor dem, was man Brotlosigkeit nennt.«

Die Beweiskette zuungunsten des Staatsamts, der »Regierungspersonen von Profession«, die »ohne ihr Amt Bettler« wären, schließt sich vollends, wenn der Roman seinen Helden (in der zweiten, von Kellers Erfahrung geprüften Fassung) selbst zum Oberamtmann macht. Es ist die ehrenhafte, aber mit Glücksverbot belegte Endgestalt des Verkürzten, vom Produktionsprozeß »Abgeschiedenen« – sie ersetzt den physischen Tod der ersten Fassung. Wörtlich oder bildlich bedeutet das Amt: Zurücknahme der Person, die zu werden man auszog. Der »Statthalter« erweist sich als eben dies: als geisterhafter Doppelgänger jener Person, als traurige Erinnerung an sie. Das Versprechen auf Produktivität, das man Gott in der Natur abgelegt hatte: »Das ist sehr schön, o Gott! ich danke dir dafür, ich gelobe, das Meinige auch zu tun!« war auf dem Weg der bürgerlichen Wertschöpfung nicht einzulösen. Es mußte gebrochen werden und ließ einen Gebrochenen zurück. An ihre Stelle trat einerseits das Amt, andererseits eine Schöpfung anderer Art. In dieser – dem Werk – die höchste objektive Rehabilitation zu sehen, bleibt seinen Bewunderern unbenommen. Daß der Autor anders empfand, bezeugt die Eigenart dieses Werks selbst, die stille »Grundtrauer«, die es durchzieht.

Es gibt in diesem Werk auch den *gefeierten* Beamten. Genau besehen ist der junge Hediger einer, dessen schöne Festrede vergessen machen soll, daß ihn die »Grauköpfe« alt-republikanischen Schlages nicht für vollwertig halten. Aber abgesehen davon, daß jene Rede – ihrer Volkstümlichkeit zum Trotz – etwas vom Schwächeren ist, was Keller über sein Vaterland verlauten ließ, gehört der Staatsjüngling und Glücksschmied der kurzen Periode patriotisch-euphorischer Mythenbildung an, mit der sich der unbehagliche »freie« Schriftsteller seine letzte Option, den Staatsdienst, zu versüßen suchte. Der Hohn, mit dem er später auf jene Festredner-Episode zurückkommt (er wollte das Herzstück helvetischer Selbstverherrlichung dem »jungen Fant durch einen alten Gedankenredner, der selber nicht sprechen kann, heimlich zustecken [. . .] lassen«), zeugt nicht eben von Vertrauen auf ihre Tragweite. Söhnen, die sich von ihren stürmisch-parteiischen Vätern in den Staatsdienst entfernen, gehört keine Zukunft, auch wenn sie von ihr reden. Nicht einmal dann, wenn der Autor ihre Seite nimmt, wie bei Arnold Salander. Es ist das Kunstgewissen selbst, das dann die gute Absicht des Autors durchkreuzt.

Von »Martin Salander« reden, heißt zurückkommen auf das dunkelste Motiv in diesem Lebenswerk; auf den Verdacht (um ihn nicht eine Erfahrung zu nennen), daß das persönliche Opfer des Staatsdienstes durch die Entwicklung dieses Staatswesens selbst um seinen Sinn gebracht sei. Der gealterte Keller kämpft, im doppelten Sinne des Wortes, mit diesem Verdacht, den er nicht zur Gewißheit werden lassen möchte. Er bemüht sich, das Lachen nicht zu verlieren: das Lachen des – bei allem Außenstehen – herzlich Beteiligten. Es ist Liebesmüh, das muß betont und jeder Gedanke an Schadenfreude oder politische Rechthaberei ausgeschlossen sein. Man kann sich mit dem Gegenstand seiner Liebe und Hoffnung nicht stärker identifizieren als durch das persönliche Opfer, auch wenn man Gründe hat, an dessen Freiwilligkeit zu zweifeln. Daß sich das Opfer »lohne«, erwartet der Opfernde wohl nicht (sonst wäre das Opfer ein gezieltes, also ein Geschäft) und verlöre seinen sittlichen Grund. Von Maria Waser stammt das schöne Wort, man habe nur dann das Recht, ein Opfer zu bringen, wenn man zugleich die Kraft aufbringe, zu verschweigen, daß es eines sei. An diesem Verschweigen und Schweigen hat es Keller nicht fehlen lassen, es ist ein Stück Anekdote. Aber es ist auch mehr. Es verschweigt den Schmerz über das Gefühl – oder ist es schon Gewißheit? –, daß er sich auch mit diesem Staatsdienst »verschätzt« haben könnte. Auch darüber muß jetzt geschwiegen werden, weil davon ja nicht die Rede sein darf. Das Wort ist Trauer: die nunmehr auch politisch verdunkelte Grundtrauer über Verfehlung; über das vielleicht Verfehlte im Kern seiner Republik selbst.

Denn es hielt schwer, aus den Früchten, die dieser Baum während der Gründerzeit trieb, noch auf die Gesundheit des Marks zu schließen. Im »Verlorenen Lachen« war das Stichwort des Titels noch wiederzufinden gewesen – mühsam genug und mit Charakterverlusten, die dieses Lachen am Ende als eine Form republikanischen Galgenhumors erscheinen lassen. Denn dem Happy End geht ein Fall voraus, der es entwertet: der Held hatte seinen Baum, den er gegen alle Gewinnsucht festgehalten hatte, am Ende selbst verraten müssen. Das Wort ist nicht zu stark gewählt, wenn man sich das Volk auf dem gestürzten Symbol sein Fest machen sieht; wenn man bedenkt, wie sehr »grün« bei diesem Autor die Farbe der Lebenshoffnung war. Das »Waldesdickicht der Nation« ist grausam ausgeräumt worden, sein letzter Zeuge muß fallen – und was auf dem verspielten Boden gedeiht, ist kein »ungezeichnetes Stammholz« mehr, sondern quickes Unkraut.

»Martin Salander« bezeichnet vollends den Kehraus politischer Hoffnung. Die Intention ist deutlich: Keller beabsichtigt, nicht ohne Blick auf europäische, russische, französische Beispiele, einen »Zeitroman« aus schweizerischer Wurzel zu schreiben. Sein Held soll einer der neuen Männer sein, der mit Distanz betrachteten »Demokraten«; ein in seinen Grenzen guter Mann, der nicht nur um seinetwillen hoch hinaus will (die Karikatur der ersten Entwürfe ließ Kellers Gerechtigkeitssinn nicht bestehen); der eben irrt, solang er strebt. Er soll aus dem (damals immer noch reformlustigen) Schulmeisterstand hervorgegangen und mit Hilfe des Frauengutes – und der guten Frau selbst – Unternehmer geworden sein; ein »berechtigter Mann« also nach dem Herzen der freien Wirtschaft. Es soll zu seinem Charakter gehören, daß er, nachdem er das gleiche Recht für alle, »unabhängig«, und das heißt auch: vermögend zu werden, wahrgenommen hat, die demokratische Basis dieses Postulats nicht einfach auf sich beruhen läßt, sondern dafür politisch zu wirken fortfährt und sich dabei in seiner eigenen Kaste isoliert. Es soll nun zu zeigen sein, wie dieser Charakter an die Grenze des Ruins gerät, obwohl er sich die respektabelsten »Forderungen der Zeit« zu eigen macht. Denn diese Forderungen beruhen, wie er zu seinem Schaden erfährt, auf der Basis des umfassenden Warenverkehrs, der Kapitalverwertung um jeden Preis, der ungedeckten Spekulation.

Dieser Charakter soll nun, nachdem er gleichsam durch die Konsequenzen seines eigenen radikaldemokratischen Glaubensbekenntnisses widerlegt (wenn auch nicht entwertet) wird, durch einen andern abgelöst werden. Der Retter erscheine in der Gestalt seines eigenen Sohnes, der politisch kühler, wirtschaftlich desinteressierter zu handeln vermag und dem auf Grund dieser Eigenschaften die Rettung der verwirtschafteten Republik zuzutrauen sein soll.

So ist »Martin Salander« nicht als patriotisches Muster, sondern als sozialer Typus des Aufsteigers (»Excelsior«), als Repräsentant konzipiert, und man wird nicht sagen, daß es der Autor an gutem Willen habe fehlen lassen. Martin ist keine Karikatur; das gediegene Irren wird von der betrügerischen Irreführung abgesetzt. Salander soll nichts gemein haben mit dem ihn gespenstisch verfolgenden Wohlwend, dem Hochstapler und Mucker; nichts mit den um ihr Parteibuch knobelnden Schwiegersöhnen. Er soll mit dem kräftigsten Kellerschen Mittel – einer Frau Marie – vor den dümmsten Streichen geschützt sein. Was dennoch im Zwielicht bleibt, ist als zwielichtig intendiert: ein demokratischer Dogmatismus, die Bereitschaft, sich und andere falsch einzuschätzen, an die schrankenlose Verbesserungsfähigkeit des Volkes zu glauben etc. – Schwächen also, die ihrem Träger auch Ehre machen.

Aber: die Verführbarkeit dieses Helden will sich nicht recht an das Kalkül seines Autors halten. Sein Charakter als *Kunstfigur* verrät Mängel, die in der Absicht Kellers nicht liegen konnten. Man mag zu Beginn – um der notwendigen Exposition willen – noch hinnehmen, daß der Heimgekehrte nach Jahren der Abwesenheit, statt seine bedrängte Frau aufzusuchen, sich erst ins Wirtshaus locken läßt, um dort seine Abenteuer auszubreiten und zu erfahren, daß er bereits um ihre Früchte betrogen ist – durch jenen Wohlwend, der ihm schon früher zum Verhängnis geworden war. Diese Information ist nicht nur für das Verständnis unentbehrlich; der Autor weiß dieses Verständnis auch gleich zu engagieren, Schrecken und Mitleid zu wecken, indem er eine Handlung, die der Form nach kaum begonnen hat, inhaltlich bereits als überholt, als *ad absurdum* geführt, vorstellt – ein explosiver Anfang. Und doch wird dem Inhalt, in den der Formzwang hier umschlägt, ein empörendes Element zugesetzt, das dem Kalkül des Autors entgeht und das geweckte Verständnis überfordert. Empörend darum, weil sich hier ein durchaus außerkünstlerisches, der moralischen Bewertung entzogenes Kalkül einmischt. Die »Schwäche« des Helden offenbart das objektive Gewicht, ja die Priorität des geschäftlichen vor dem menschlichen Verkehr. Sie statuiert damit zugleich die Unvereinbarkeit beider und entzieht damit dem Vorhaben, ihnen in Romanform wenigstens einen gemeinsamen Fluchtpunkt anzuweisen, unwillkürlich und gewiß ungewollt den Boden. Die Trennung der Eheleute bezeugt mit aller Schärfe diesen Zusammenhang. Mit Notwendigkeit – die nichts »Höheres«, nur die kapitalistische Vernunft für sich hat – wendet sich der Heimkehrer nach kurzem familiärem Wiedersehen ungesäumt nach Brasilien zurück, dem gelobten Land des schnellen Profits, um seinen Vermögensverlust – in Zahlen: etwas über zweihunderttausend Franken (nach heutiger Kaufkraft darf man mit zehn multiplizieren) – wieder wettzumachen. Und niemand findet etwas dabei – auch der Autor nicht –, daß ihm das innerhalb von drei Jahren gelingt. Der Unterschied zur früheren Abwesenheit ist nur der, daß die Frau an diesem Schritt nun gleichsam als Filialleiterin beteiligt ist. Sie bewährt sich jetzt auch als geschäftliche Verbindung, der Mann als noch geschickterer Ausbeuter . . .

Eine spielverderberische Deutung? Sie soll nur besagen, wie tief einem Autor, der es auf den Nachweis (immer noch möglicher) republikanischer Substanz in der »neuen Zeit« abgesehen hatte, das Spiel durch die objektiven Gesetze dieser Zeit verdorben war; daß gerade ein gewissenhafter Schilderer Fremde und Entfernung zwischen Menschen nicht zeigen konnte, ohne zugleich den Befund »Entfremdung« darzustellen, und zwar gerade dort, wo er ihn aufheben wollte: im Schoß einer tüchtigen Familie. Zugegeben: diese Kritik ist anachronistisch; sie entnimmt ihre Kriterien den Erfahrungen des 20. Jahrhunderts. Aber sie liest sie aus einem Roman des 19. Jahrhunderts ab, und zwar aus jenen Eigenschaften, die diesen Roman damals »seltsam« und ungelöst erscheinen ließen; die dem Autor selbst die Freude an ihm verdarben, auch wenn er die Gründe anderswo suchte, im Mangel an Poesie zum Beispiel. Es war eine Prosa anderer, der rein literarischen Bewältigung entzogener Art, die diesen »Mangel« durchsetzte ... und ihn abseits von Kellers Intention, ja gegen seinen Willen, zum »Zeitroman« machte. Das Defizit eines guten Schweizers durch seine Tüchtigkeit in einem Kolonialland nicht nur zu decken, sondern für gedeckt zu halten, offenbart ein Defizit umfassender Art ... das den Autor nicht beschäftigte.

Gewiß: die Gründe für den Wohlstand des imperialistischen Europa waren damals noch weniger als heute für die Mehrzahl anstößig. »Brasilien« war exterritorial, es lag außerhalb der Normen des eigenen Verhaltens. Gerechtigkeit und Bürgersinn stellten sich als Probleme interner Produktion und Verteilung dar. Sie waren eine Sache unter (weißen) Brüdern. Es wäre töricht, Keller einen Strick daraus zu drehen, daß er für die Gesetze des »Weltmarktes« nicht das Auge eines kritischen Ökonomen besaß. Aber ebenso gedankenlos wäre es, am Zusammenhang dieses Wahrnehmungsmangels mit bestimmten Eigenschaften dieses Altersromans – besonders der charakterlichen Unschärfe seines Helden – vorbeizusehen. Die kritische Beobachtung, die »Salander« wirtschaftlichen und politischen Mißständen in der Schweiz angedeihen läßt, leidet daran, daß sie, was systembedingt war, moralisch und persönlich abzuhandeln, nach Charakterstärken abzuschattieren sucht – und dann in Trauer darüber verfällt, daß die Republik nach diesem Maßstab in der Tat dem Untergang geweiht scheint.

Freilich bleiben auch die Bösewichter von einer Ahnung umspielt, daß sie gleichsam gezwungenermaßen handeln und für ihre Gaunereien nicht ganz haften. Es widerfährt ihnen die

Gnade des Humors – aber eines unbehaglichen und oft bösartigen Humors; er ist der Lückenbüßer gestalterischer Verzweiflung. Salanders Gegenspieler – Wohlwend voran – können immer wieder beinahe menschlich scheinen, weil sie des spezifischen Gewichts entbehren; ihre Unzurechnungsfähigkeit begleitet sie wie ein mildernder Umstand. Aber das erklärt nicht ganz die Wehrlosigkeit Salanders gegenüber ihren Zumutungen. Es erklärt schwerlich, warum diese immer wieder alptraumhafte Formen annimmt; als verfalle der Held in ihnen dem Feindlichen der Wirtschaft selbst. Diese Verfallenheit berührt wie das Eingeständnis, daß es den Punkt bürgerlicher Festigkeit, von dem aus diese Welt aus den Angeln zu heben – oder wieder einzurenken – wäre, nicht mehr gibt; gerade nach den Prämissen dessen, was bisher hatte als »bürgerlich« gelten können, nicht mehr geben kann. Diese Prämissen aber waren lebenslänglich diejenigen des Autors gewesen.

Es sei wiederholt: aus der Tatsache, daß für einen Autor die Wirtschaft, die er schildert, undurchdringlich ist, folgt natürlich nicht, daß sein Blick per se unscharf oder unzuständig sein müsse. Tolstoj, Flaubert, Fontane verfügten nicht explizit über (oder versagten sich mit Betonung) eine kritische Gesellschaftstheorie zur Steuerung ihrer ästhetischen Praxis. Das hinderte diese Autoren nicht an einer von keiner Theorie erreichbaren Empfindlichkeit bei der Schilderung ihrer Gesellschaft. Es ist diese objektivierende Kraft, die im »Salander« nur noch stellenweise aufscheint. Verglichen mit jedem Roman Fontanes ist er das Zerrbild eines »Zeitromans« – verzerrt nämlich durch die stille Bemühung, die Größen Gut und Böse, Wert und Unwert einem Stoff und seinem Personal zu unterlegen (um nicht zu sagen: sie darin zu retten), der für diese Behandlung aus geschichtlichen Gründen nicht gemacht war. Das Resultat: was Kellers Wahrnehmung unbestechlich wiedergibt – die Charakterbilder der kleinen und großen Gewinnmacher –, ist zwar der Fall, darf aber nicht recht wirklich sein.

Der bürgerliche Zensor in Keller biegt es gleichsam ins Märchenhafte und Groteske um, wodurch es keineswegs an Harmlosigkeit gewinnt; ein Wohlwend erscheint in dieser Beleuchtung zugleich lächerlich und schicksalhaft, windig und unentrinnbar. Aber: so wenig wie der »Schlechte« wirklich zu verteufeln ist, ist andererseits der »Gute« wirklich zu retten. Der Künstler fällt gleichsam dem Moralisten Keller ins Wort und umgekehrt. Nicht daß er *ohne* kritische, wenn man will: ideologische Prämissen an seinen »Zeitroman« herangeht, läßt diesen verunglücken, sondern das Zuviel dieser Prämissen; das Ununterdrückbare der inhaltlichen Erwartung.

Daraus wird ein doppeltes Paradox: die beabsichtigte Distanzierung von den geschilderten Zeitphänomenen läßt *Schwächen* erkennen, Schwächen auch mit dem Beiklang von Zuneigung, Schwächen aus Wahrheitsliebe, wenn man will – die aber in jenem Licht moralischer Zensur als Mangel an Widerstandskraft, als stille Komplizenschaft herauskommen, also als etwas in den Augen des Autors Fatales. So fatal wie das Gegenstück: daß das in diesen Stoff trotz allem gesetzte Vertrauen, die ihm aufgesetzte Moral, nicht haltbar erscheinen wollte; daß sie Anlaß zur Verzweiflung wurde – Verzweiflung am Guten in dieser Republik. Er wollte sie symbolisch untergehen lassen, ihre Exponenten mit Feuer und Wasser traktieren, wie die Entwürfe verraten. Daß sie nicht ausgeführt wurden, ist sicher mehr als ein biographischer Zufall. Sie waren vor seinem Gewissen so nicht ausführbar. Dennoch: die vorgesehene Apokalypse auf dem Uetliberg ist das genaue Gegenstück zur Apotheose am »Mythenstein«. Sie suggeriert Zurücknahme, Widerruf eines Lebenswerks – wobei die Empfindung, dieses Lebenswerk sei am Ende doch »nur« etwas Persönliches gewesen, überholbar durch neue Tatsachen, mitgeschwungen haben mag, traurig oder tröstlich. Es war eben ein anderes neues Land, das er in diesem Roman mit den Mitteln und Hoffnungen des alten Patriotismus gezeichnet hatte; das Ende der Republik von 1848. Trotz allem – und deswegen – auch immer noch ein Stück Selbstgericht.

»Martin Salander« mag ein unglückliches Buch sein – ein schwaches Buch ist es nicht. Seine Provokation beruht darauf, daß es treu ist – unhistorisch treu einem historischen Vaterland. Es war nicht Kellers Schuld, daß ihm die Tatsachen nicht gaben, was er in ihnen suchte. Dennoch beugt sich die Romanform dieser Schuld, als wäre es die ihre. Die Verurteilung der Realitäten bleibt gehemmt: als käme ihnen der Taugenichts in der eignen Brust zu Hilfe. Gewiß ist »Münsterburg« nicht mehr das alte Seldwyla. Es kann es nicht mehr sein, weil die Seldwyler, »ehemals die eifrigsten Kannegießer, dahin gelangt (sind), sich ängstlich vor jedem Urteil in politischen Dingen zu hüten, um ja kein Geschäft, bewußt oder unbewußt, auf ein solches zu stützen«. Es ist also nicht einmal der Geschäftssinn, der sie entpolitisiert hat, sondern Mangel an Sinn überhaupt, die Unfähigkeit, Gefühl zuzusetzen – in genauer Symmetrie zu ihrer Unfähigkeit, Feste zu feiern – darin wenigstens waren die Seldwyler ordentlich gewesen. Als lokaler Befund kann Münsterburg nicht mehr Seldwyla sein. Aber es ist seine Erbschaft, seine Verallgemeinerung: in Münsterburg ist Seldwyla universell geworden, zum Prinzip einer Epoche arriviert *und* heruntergekommen; es war schon in der Vorrede zum zweiten Band der »Leute von Seldwyla« auf dem Weg dazu, der – soweit er noch von Idyllen handelt – als »Nachernte« präsentiert wird. So weit aber diese Erinnerungen in Münsterburg fortleben – und das tun sie nur zu kräftig – hat »Münsterburg« wohl oder übel auch etwas von Seldwylas Schimmer mitbekommen, obwohl es jetzt der Glanz des Verfalls ist. Seldwyla war der Name für eine Gesellschaft, die sich auf Glück, Gnade, Spiel und Spekulation hatte verlassen müssen, um ihre widerborstige Substanz zu retten, eine im Grund asoziale Substanz, die mit des Dichters eigener, tief bedrängter, rehabilitierungsbedürftiger zusammenstimmte. Das ist eine Herkunft, die das Gewissen nicht leicht abschüttelt, wenn ihm das Asoziale und im Grunde Untaugliche jetzt als herrschendes Prinzip, als Spekulationsglück seines Vaterlandes, entgegentritt. Der alte Keller suchte daran zu retten, was in seinem Herzen zu retten war: der

Name für diesen Versuch ist »Martin Salander«. Und wenn er vom Mißlingen des Buches sprach, meinte er damit den Verdacht, unter dem er litt: er habe sich und andern nur die Unrettbarkeit seines Gegenstandes bestätigt. »Es ist nicht schön. Es ist nicht schön. Es ist zu wenig Poesie darin.«

Aber wie steht es mit Arnold Salander, dem Sohn und Garanten einer »positiven« Alternative zu »Münsterburg«? Der zweite Band, der sie hätte beglaubigen müssen, blieb ungeschrieben. Daraus sollen keine weitgehenden Schlüsse gezogen werden. Ich schöpfe die Vermutung, daß diese Alternative nicht zu gestalten war, ausschließlich aus dem existierenden Text. Und in diesem ist Arnold eine Gestalt, der niemand poetische Glaubwürdigkeit nachrühmen wird; ein dürftiger Bannerträger selbst verglichen mit dem jungen Hediger, seinem Alter ego aus besseren Zeiten. Der altkluge Jungmann verspricht dem Leser nicht viel mehr als betonte Zurückhaltung gegenüber Gegenwartsschwierigkeiten, die Reserve des Historikers, der er – mit Hilfe des väterlichen Vermögens – zu werden beabsichtigt. Er statuiert eine Art politische Abstinenz aus Gewissensgründen, die zu seiner übrigen Mäßigkeit im Singen und Trinken paßt. Er ist eine Art Beamter der Zukunft, die er als sachliche Aufgabe für sachliche Menschen betrachtet. Aber auch aus diesem Kontrast zum betriebsam-irrenden Vater zieht diese »technokratische« Position kein inneres Gewicht. Sie erinnert viel eher an jene Seldwyla-Vorrede vom Übel der Apolitie und an die Klage, »es ereignet sich nichts mehr, was der beschaulichen Aufzeichnung würdig wäre«. Daß Arnold seinem Vater eine späte Liebe mit dem Hinweis auf deren Wurst- und Knoblauchatem auszureden weiß, mag als Reifezeugnis gelten lassen, wer will. Im Kern reduziert sich, was Arnold dem Vater wie dem Vaterland zu sagen hat, auf die Wahrheit »C'est chez nous comme partout« – ein Satz, der auch in der Umkehrung gilt und freilich, wenn alle Leitseile patriotischen Selbstbewußtseins reißen, einen dürren Trost enthält.

»Es geht bei uns zu wie überall« – das wäre denn die Moral des »Zeitromans«, mit dem der Anschluß an internationale Verhältnisse und Maßstäbe gewonnen ist? Gewiß war das innere Maß von Kellers Werk niemals ein *blinder* Patriotismus gewesen; gerade gegen dessen Übergreifen auf Gebiete, wo er nichts zu suchen hatte (das der Literatur etwa), hat er sich immer zu wehren gewußt. Aber das hatte Naionalstolz nicht ausgeschlossen, war vielmehr eine seiner Quellen und Attribute gewesen; Stolz darauf, daß die Schweiz als Staats- und Gemeinwesen sich nach erweiterungsfähigen, Identität und Vielfalt verbürgenden Grundsätzen gefunden habe und weiterbilde. Zu diesem bescheidenen Stolz bekennen sich die patriotischen Schriften der fünfziger und sechziger Jahre, »Am Mythenstein« voran. Man gehörte einer Nation an, die eine »Patrie à faire« war nach innen und außen, eine staatsbürgerliche wie persönliche Aufgabe erster Güte. In der zunehmenden Reife der politischen Praxis mochte sie sich andern Vaterländern annähern, aber sie durfte mit keinem andern zu verwechseln sein. »C'est chez nous comme partout« hört sich dagegen, besichtigt man das Münsterburger Resultat, wie eine kleinlaute Zurücknahme aller Eigenart an und läßt einen Ton mitschwingen wie: dieser Fortschritt war seine Mühe nicht wert. Zwar hält die Unvollendung des »Salander« diesen Widerruf in der Schwebe; seine »Schwäche« aber – als ästhetische Wahrheit und politische Gebrochenheit – hat das Urteil schon gesprochen. »C'est chez nous comme partout« ist Sachlichkeit ohne Hoffnung, ein Trost unterm Galgen.

Dieser melancholische Schluß wird erhärtet, wenn der Nachweis zu erbringen ist, daß Keller an sein Vaterland die gleichen ultimativen Maßstäbe legte, denen er seine persönliche Existenz unterwarf. Und diesen Schluß legt sein Werk nahe, an seinen kühnsten und auch prekärsten Stellen. Es konnte für ihn im scheinbar Großen wie im scheinbar Kleinen, im staatlichen wie im individuellen Haushalt niemals nur darum gehen, zu leben und zu überleben. Sondern es ging darum, dem Leben Wert zu verleihen; gesellschaftlich eingelösten, in der

Währung der Gesinnung zu entrichtenden Wert. Sollte es der Republik, mit der seine eigene Wertschöpfung stand und fiel, nicht gelingen, die ethische Bedingung ihrer Existenz einzulösen, so *mußte diese Republik nicht sein*. Daß die Schweiz nicht sein muß – nicht zu sein braucht im Falle politischen Selbstverlusts, hatte Keller bereits 1862 in seinem ersten Bettagsmandat als Staatsschreiber ausgesprochen:

> »Aber wenn auch, wie einer unserer Redner am frohen Volksfeste es aussprach, der große Baumeister unserer Geschichte nicht sowohl ein vollgültiges Muster als einen Versuch im kleinen, gleichsam ein kleines Baumodell aufgestellt hat, so kann der selbe Meister das Modell wieder zerschlagen, sobald es ihm nicht mehr gefällt, sobald es seinem großen Plane nicht entspricht. Und es würde ihm nicht mehr entsprechen von der Stunde an, da wir nicht mehr mit männlichem Ernste vorwärts streben, unerprobte Entschlüsse schon für Taten halten und für jede mühelose Kraftäußerung in Worten uns mit einem Freudenfeste belohnen wollten.«

Vordergründig sind diese Worte gewiß auf den Zentralismus und die Gesetzgebungs-Rhetorik der Opposition gemünzt. Aber diese Zielrichtung verbirgt nicht ihre eigene, tiefere Radikalität. Man darf vermuten, daß es gerade dieser Passus war, der die Regierung das Mandat – die erste öffentliche Staatsverlautbarung Kellers – zurückhalten und nicht, wie sonst gebräuchlich, von den Kanzeln verkünden ließ. Seine Radikalität steht nicht einsam da. Sie liegt noch jenem mißverstandenen Trinkspruch zugunsten eines möglichen Anschlusses an das Reich zugrunde. Sie klingt dem Leser aber auch aus dem Werk entgegen, und zwar auch da, wo dieses Werk zukunftsfroh gestimmt erscheint, wie in diesen Worten Frymanns im »Fähnlein«:

> »Wie es dem Manne geziemt, in kräftiger Lebensmitte zuweilen an den Tod zu denken, so mag er auch in beschauli-

cher Stunde das sichere Ende seines Vaterlandes ins Auge fassen, damit er die Gegenwart desselben umso inbrünstiger liebe; denn alles ist vergänglich und dem Wechsel unterworfen auf dieser Erde. Oder wollt ihr einst ein Dasein dahinschleppen wie der ewige Jude, der nicht sterben kann, dienstbar allen neu aufgeschossenen Völkern, er, der die Aegypter, die Griechen und die Römer begraben hat? Nein! ein Volk, welches weiß, daß es einst nicht mehr sein wird, nützt seine Tage umso lebendiger, lebt umso länger und hinterläßt ein rühmliches Gedächtnis; denn es wird sich keine Ruhe gönnen, bis es die Fähigkeiten, die in ihm liegen, ans Licht und zur Geltung gebracht hat, gleich einem rastlosen Manne, der sein Haus bestellt, ehe er denn dahin scheidet. Dies ist nach meiner Meinung die Hauptsache. Ist die Aufgabe eines Volkes gelöst, so kommt es auf einige Tage längerer oder kürzerer Dauer nicht mehr an, neue Erscheinungen harren schon an der Pforte der Zeit!«

Nach jenem ersten refüsierten Bettagsmandat wußte Keller, daß eine so hohe Meinung vom Vaterland der Deckung bedurfte (eine solche Deckung bot, in Grenzen, das Kunstwerk); daß sie den positiven Verwaltern des Staates – gleich welcher Parteicouleur – niemals willkommen ist. Kellers spätere (publizierte) Bettagsmandate geben denn auch jenes Ärgernis nicht mehr und sind um ebensoviel ärmer an Glanz und innerer Kraft. Ein Psychologe mag in der Bereitschaft, das Vaterland lieber untergehen als vegetieren zu lassen, eine Ambivalenz vermuten, die freilich mit »Lust am Untergang« wieder zu eindeutig bezeichnet wäre. Fest steht nur noch einmal der zutiefst persönliche Charakter dieses Vaterlandsbildes, sein unzerreißbares und durch das liberale Glaubensbekenntnis legitimiertes Junktim mit dem eigenen Wert. Wer annehmen möchte, der durch Erfahrung und Enttäuschung Gewitzigte habe diese Verbindung und ihre radikale, ja end-zeitliche Implikation preisgegeben, der lese das »Märchen« genau, mit dem Marie Salander ihre Kinder über Hunger und Abwesenheit des Versorgers zu trösten versucht. Da ist von einem Zwergenvolk die Rede, das sich, wenn es sein Aussterben nahefühle, noch einmal zu einem Fest versammle und aller guten Dinge genieße:

> »Haben sie nun genug gegessen und getrunken und von ihren jungen Tagen, mittleren Jahren und alten Erfahrungen gesprochen, so stehen sie unversehens alle miteinander auf, schütteln sich abermals, und zwar durcheinander gehend, die Hände und sprechen etwas kleinlaut: ›Wünsche wohl gespeist zu haben!‹«

Ein einziges lediges Weiblein, erzählt Marie, werde noch eine Weile übrigbleiben, um aufzuräumen:

> »Hiebei helfen ihr die zehn Ritter, die mittlerweile draußen noch zurückgeblieben sind und ihre Pfirsichbowlen ausgeschlafen haben. Und wie Bauern, wenn sie Marksteine setzen, vorher rote Ziegelscherben als sogenannte Zeugen in die Grube legen, so werfen sie die Krebsschalen mithinein und gehen dann auch fort, sich schlafen zu legen. Was tut aber nun das letzte Weiblein? Es nimmt das Säcklein, worein sein eigenes Goldschüsselchen gewesen, auf den Rücken, einen Stecken zu Hand und wandert seelenallein in die Ferne, um einem andern Volk dieser Art das Gedächtnis des ausgestorbenen zu überbringen.«

Eine Passage voller Echos: an die nun endgültig verkleinerten Diminutive der Rede Karl Hedigers; an vergangene Hunger- und Rauschzeiten; an das »Krebsessen« mit seiner heimlichen Beziehung auf die Demokratie (vgl. Seite 125); an väterliche Wächteraufgaben, an Ritterdienst und Mutterseelen-Einsamkeit; vor allem aber: Erinnerung an die Hoffnung und daran, daß man, naturnotwendig oder wohlverdient, an ihrem Ende steht. Ein Märchen zum Trost – aber zugleich eine poetische Antwort auf eine Wirklichkeit, die untragbar geworden ist. Die Frage, ob die »Aufgabe eines Volkes gelöst« sei, hat sich klein gemacht. Auch mit »Martin Salander« ist ein Zwerg im

Stillen ausgewandert aus dem Land seines Lebens, drei Jahre vor seinem leiblichen Tod. Es ist das Jahr, wo Stauffer-Bern das Bild des auf dem Stuhl Eingesunkenen photographiert hat, dessen Hände keinen Halt mehr wissen als das Taschentuch.

Fünftes Kapitel

Vom Grauen und Grünen

»Der gestern des eigenen Lenzes noch pflag,
Sieht heute schon die Blüte verdorben –
Doch seit eine Rose zu denken vermag,
Ist niemals ein Gärtner gestorben.«

Gottfried Keller: »Rosenglaube«

Wo die Verbindlichkeit religiöser Institutionen verblaßt, fällt die Verantwortung für den Umgang mit »letzten Fragen«, die Sache mit Gott und dem Tod, der Zuständigkeit des Individuums anheim. Sich zwar nicht von dieser Verantwortung, aber von ihrem Erdrückenden und Zwanghaften freizumachen, das Nicht-Schlüssige des Menschenwerks zu ertragen und der Begrenzung der persönlichen Existenz eigenen Wert abzugewinnen: das ist seit Renaissance und Aufklärung das selbstgesetzte Ziel abendländischer Humanität gewesen. Wie weit sie sich dabei selbst überfordert hat, ist eine Frage, die offenbleiben muß. Sie kann nur mit Lessings Ringparabel annähernd beantwortet werden. Annähernd – das will sagen, daß »Gott« nicht aufgehört hat, in diesem historischen wie persönlichen Prozeß der Selbstverwirklichung wirksam zu sein, als offene Frage, ob er ihm förderlich oder tödlich sei. Und noch unvermittelter gilt dasselbe vom Tode, dessen Kraft, uns in Frage zu stellen, ungebrochen und durch jenen Autonomie-Anspruch bis zum Unerträglichen verschärft ist – so sehr, daß wir ihm nur mit Verlegenheit zu begegnen wissen, wo er andere trifft; mit Angst, wo er auf uns selbst zukommt. Daß diese »letzte Frage« keineswegs offen, sondern in der massivsten Form vorentschieden ist und durch jede Todesanzeige, die wir in der Zeitung lesen, beantwortet wird, gehört zu den Fakten, vor denen wir uns offenbar nur retten können, indem wir sie »vernachlässigen«. Wir dürfen – um unsere Lebensmühe ernstnehmen zu können – nicht zum Tode bestimmt sein. In dieser vitalen Trotzhaltung überlebt, notwendig verkürzt, unser Sinn- und Freiheitsbedürfnis. Aber eben als solches bleibt es auch ambivalent und bereit, umzuschlagen in das Bedürfnis nach Redlichkeit: da unser Tod eine Tatsache ist, kommt auch der Augenblick, wo wir sie wahrhaben müssen. Da diese »letzte Frage« mit uns selber gestellt ist, bleibt keine Wahl, als daß wir uns ihr auch selber stellen. Und dann erst entscheiden wir wirklich über Grad und Qualität unserer Freiheit; dann wird die Frage, ob wir zurückfallen müssen in unfreie Verhaltensmuster oder aber den Tod – meinen Tod – hereinzunehmen wissen in unsere Lebensweise, von einer »letzten« zu einer nächsten Frage; einer Frage der Menschenwürde und der täglichen Lebensart. An diesen Früchten allein wird geprüft, was ein Mensch ist und worin seine Menschlichkeit besteht. Ob der Baum, an dem sie gereift sind, derjenige der Erkenntnis oder des Glaubens sei, ist gleichgültig; sein Name tut nichts zur Sache, und Krone und Wurzeln mögen im Unsichtbaren bleiben. Fest steht nur das eine, daß es nicht der Baum des Ewigen Lebens ist.

Auf den ersten Blick ist es eine läßliche und wenig systematisch wirksame Gottheit, der man bei Keller begegnet. Die kindliche Identifikation Gottes mit dem goldnen Turmhahn und dem Tiger im Bilderbuch; seine Anrufung als Nothelfer und Tischlein-deck-dich; die Versuchung, seiner Autorität, nachdem sie zum Druckmittel geworden ist, das Gebet zu verweigern und sogar zu fluchen – eine notwendige Phase der Selbstfindung, die dann im geschwisterlichen Trauerbildchen des heidnisch-frommen Meretlein »verewigt« wird; der instinktive Aberwille, sich über diesen ebenso mächtigen wie zweideutigen Gott peinlich befragen zu lassen – eine solche »religiöse« Entwicklung scheint einfach im Zeichen der notwendigen Ablösung vom kindlichen Vater-Bild zu stehen. Sie mündet in die gelungene Integration des jenseitigen Schöpfers, Versorgers und Strafers in die natürliche und gesellige Welt, wo seine angsterregenden, zum Widerstand reizenden Eigenschaften aufgehoben, ja ins Freudige gewendet erscheinen: Gott ist »ein weltlicher Geist, weil er die Welt ist und die Welt in ihm; Gott strahlt von Weltlichkeit«.

Endgültig und recht tragend freilich will diese Zuversicht nicht werden. Nicht anders als im Roman macht sie in Kellers

Biographie die Schwankungen seines Selbstverständnisses mit. Die Geschichte von der allmählichen Abdankung des persönlichen Gottes steckt voller Widersprüche, in deren Behandlung man unfreiwilligen – aber auch absichtlichen – Humor finden kann. In den vierziger Jahren sehen wir den jungen Mann, der sich bereits als radikaler Poet bemerkbar gemacht hat, noch einmal eifrig, fast programmatisch die Seite Gottes nehmen. Die links-hegelianische Gegenseite (die »Ichel«) machte sich in seinen Augen ihren Atheismus zu leicht. Er sieht in ihm eine Gefühllosigkeit gegenüber allen, die Gottes und seiner jenseitigen Bürgschaft bedürfen, weil sie auf Erden nichts zu hoffen haben. Außerdem stößt ihn die Physiognomie der Zweifellosen und Rechthaber ab: es ist, genau besehen, überall menschliche Rücksicht, was ihm seine Gottes-Ritterlichkeit eingibt. Erst fünf Jahre später, unter dem Eindruck von Feuerbachs Anthropologie, faßt er Mut, mit der Absage an die persönliche Unsterblichkeit auch auf ihren jenseitigen Garanten zu verzichten. Diesem Verzicht auf das »Trugbild der Unsterblichkeit« sind die schönsten Gedichte der Heidelberger Zeit entsprungen. Das lyrische Programm von »Sonnwende und Entsagen« verkündet einen Atheismus im Namen der Lebensfreudigkeit und Menschenzuwendung, der freilich seine Herkunft aus winterlichem Verzicht nicht verleugnet und dieser Brechung den wahren Gefühlston verdankt. Es muß dieses einzige, unverlierbare Leben geben, scheinen sie zu besagen, um der Würde und Schönheit dieses Lebens willen – und leiser lassen sie mithören: mein Leben ist es nicht, ich bin verloren dafür. Der Gottesverzicht hat auch seine politische Seite: im Himmel wie auf Erden können keine absoluten Monarchen mehr geduldet werden. Der wenig spätere »Grüne Heinrich« zeigt einen jungen Menschen, der in seiner wirtschaftlichen und Gefühls-Not den entfernten Gott rückfälligerweise wieder zu Rate zieht und auf seine Großmut spekuliert, die sich denn auch – wenn schon nur in Form eines Trinkgeldes – im »Flötenwunder« bewährt.

In dieser zugleich spaßhaften und tief-privaten, auf »Bewältigung« verzichtenden Form scheint Gott – wenn das Wort erlaubt ist – fortzuspuken in dieser freisinnigen Biographie und über den vaterlosen Teil des Dichters Gewalt zu behalten. Konsistenz dieser poetisch-praktischen Schwäche mit dem vorwaltenden Leitenden, einem lebenstapferen Atheismus, wird nicht beansprucht – so sehr dieser, als plastisches Prinzip, das Werk beherrscht und sich vor allem in seinen Mädchen- und Frauengestalten verkörpert, die sich – wie Meretlein oder Dortchen – keiner Unnatur so unbeugsam versagen wie dem expliziten religiösen Bekenntnis. Dortchen gibt ein Beispiel dafür, wie zwanglos sich heitere Gottesferne mit religiöser Tradition verträgt – oder, nach dem besten Willen des Autors, vertragen soll. Es ist der sinnreich-raffinierte Angelus Silesius, den Dortchen zum Eideshelfer ihrer Neigung zu Heinrich macht: freilich, um den »gefrornen Christen« zu einem durchaus irdischen Glück zu ermutigen. Sie begegnet »Gott« mit der gleichen Schonung, die man zivilerweise Abwesenden schuldet: »Sie sehe nicht ein, sagt sie, warum man gegen den lieben Gott, auch wenn man von seiner Abwesenheit überzeugt sei und ihn nicht fürchte, brauche grob und unverschämt zu sein.« Aber auch einer, dem sein Christentum zu leicht vom Munde geht, ist verdächtig und ein trüber Erdengast. Man denke an den »liberalen« Pfarrer im »Verlorenen Lachen«, dessen zeitgerechte Christlichkeit auseinanderfällt in Ersatzhandlung einerseits – eine frömmelnde Kunstreligion – und von Unsicherheit genährte Intoleranz anderseits. Ihm hält Keller gerade wieder den harten Ernst von Gottes Wort entgegen.

Ein Vexierspiel wechselhafter Glaubensbekenntnisse – im Innersten zusammengehalten durch Menschenfreundlichkeit. Aber wohl noch tiefer durch Selbstmißtrauen und heimliche Angst vor dem Diesseitsanspruch, der im stillen nicht nur über Kellers Kräfte ging, dem auch seine Glückserfahrung, seine Glücksfähigkeit widersprach. Es ist nachfühlbar, wenn Kurt Guggenheim in diesem ungelösten und schuldbewußten Gottes-Verhältnis, in der Überforderung durch das selbstgewählte religiöse Vakuum den dunkeln Punkt dieses Dichter-Lebens sehen möchte. Stützen läßt sich solche Vermutung immer auf die Tatsache, daß Keller lebenslänglich aus dem Umkreis religiöser Motivik nicht herausgetreten ist, sei's daß er sie abwehrend, sei's daß er sie läßlich-humanistisch und anmutig verfremdend behandelt.

Ebenso gewiß ist aber, daß die *bewußte* Moral dieser Legenden und Geschichten allemal zugunsten einer gott-freien Menschlichkeit ausfällt – so deutlich, daß die »Sache mit Gott« geradezu als Vorwand erscheint, als durch Vernunft und Offenheit auflösbares Versteck der natürlichsten Bedürfnisse. Es spricht, läßt man das Werk reden, fast alles für die These, Keller habe »Gott« nur als heuristisches Prinzip auf dem Weg zur Humanität gebraucht, das man leicht entbehrt, wenn diese erreicht ist. Und wo »Gott« – wie in »Ursula« oder im »Verlorenen Lachen« – als ideeller Mucker und Verunstalter erscheint, habe das Werk seine Gegen-Mission darin gesucht, dieser Erpressung immer neu die eigene Würde, die aufgeklärte Selbst-Achtung der Menschengestalt abzugewinnen. Es scheint, »Gott« dürfe nur bestehen und verdiene Achtung nur da, wo eine treuherzige Natur, wo Anmut und Würde gleichsam gutstehen für seinen Namen und den eigenen Charakter in seinem Bilde malen: das ist die Übersetzung der berühmten Feuerbachschen Maxime (»In seinen Göttern malt sich der Mensch«) in literarisches Ethos, in bürgerlich-poetische Praxis. Und da der Mensch frei bleiben muß, sich selbst zu entwickeln, ist auch der Wechsel von einem emotionalen (sei's unglücklichen, sei's euphorischen) Atheismus zu einem ebenso unvermittelten Gottesdienst immer möglich und ein Gegenstand gutartigen Humors. Ein Beispiel für andere: die »Bekehrung« des als Gottesleugner verdächtigen Schulmeisters im Zeichen der Liebe (»Die mißbrauchten Liebesbriefe« – beiläufig eine von Kellers merkwürdigsten Geschichten in ihrer Mischung von Literatur-Satire und Berufsverbot-Thematik). Theologisch vertretbar scheint für Keller immer nur das gewesen zu sein, was ihm menschlich legitim erschien; was den Gläubigen (oder Ungläubigen) gleichsam weltlicher strahlen ließ. Damit, und nur damit, legt er Zeugnis ab für den »höheren Sinn«, der ihm mitgegeben war: durch Gebrauch oder Mißbrauch, Nutzen oder Vergraben seiner Talente bereitet er sich aber auch selbst sein Jüngstes Gericht.

Und dennoch: so rund geht die Rechnung mit »Gott« bei Keller nicht auf, da ist Guggenheim recht zu geben. Ein Schatten fällt unauflösbar auf das menschlich-weltliche Strahlen: der Schatten des Todes; und vor diesem Schatten wird jenes Leuchten zum Schein – freilich nicht im Sinn der Lüge. Es soll nicht so sein, daß der Tod die Schönheit und Wahrheit des Lebens widerlegt (man kann sich Kellers ganzes Werk im Widerstand gegen diesen Schluß geschrieben denken). Es soll vielmehr gerade so sein, daß er diese Schönheit und Wahrheit verbürgt, ja erhöht. Keller macht den Tod gleichsam zum Beschwörungshelfer gegen die Todesangst. Es ist die Frage – und es bleibt bei Keller lebenslänglich eine bange Frage –, ob der Tod zu diesem paradoxen Dienst sich hergibt; ob der Autor selbst zu diesem Kraftakt der Beschwörung taugt, ob er ihm gewachsen ist, ja, ob er ihn im Grunde, wie sein Werk nicht müde wird zu behaupten, will – ob er ihn wollen kann. Denn diese Todesbürgschaft für das Leben ist so bindend, wie das Gottesbild (gleichsam in eigenwilliger Nachfolge des Zweiten und des Dritten Gebots) beweglich ist – bindend mit einer Strenge, die für den Welt-Mutigen anders herum drückend, ja tödlich zu werden droht. Es läßt sich im Schatten dieses absolut verbindlichen Todes keineswegs bequemer leben als im Schatten einer Kirche. Die Beweislast auf diesem Leben vermehrt sich vielmehr in dem Maße, wie alle jenseitige Schuldabschüttelung abgewehrt wird. Wider Willen christlich, pointiert protestantisch bleibt Kellers Überzeugung, daß der Tod »der Sünde Sold« sei. Nur hat er einen anderen, verinnerlichteren Sündenbegriff als der gläubige Christ. Einen strengeren, muß man sagen, weil jederlei Gnade unter der Würde dieses Begriffes ist. Gnade soll ihr eigenes Verdienst sein, Menschenwerk also, oder sie wird nicht gegeben. Die Sünde wider den heiligen Geist dieser Weltfrömmigkeit und Diesseitsverpflichtung heißt: das Seinige nicht getan haben – unter seinesgleichen nicht produktiv gewesen zu sein. Indem Gott relativ wird, verabsolutiert sich die richterliche Kompetenz seiner Rechts- und Gnadennachfolger, der Gemeinschaft und des eigenen Gewissens.

So stehen Gott und Tod in einem genauen Ablösungsverhältnis. Gott radikal in die Welt verlegen heißt, das individuelle Welt-Ende zum Gottesurteil machen. Es ist jetzt der Tod an Gottes Statt, mit dem der Weltfromme seinen selbstgewählten und den Nächsten verantwortlichen Bund eingeht: in der Zeit, und diese nachweisbar nützend, Gebrauch zu machen von seinem Leben. Wenn ein Wille noch »heilig« heißen darf, ist es der, kein Jenseits gelten zu lassen für diese Selbstverpflichtung. Der Tod wird damit buchstäblich zum ersten und letzten Eid-Genossen des Dichters und Citoyen. »Im Namen des Todes« könnte über der Verfassung stehen, die er sich selber gibt – in dem Sinne freilich, daß die Präambel auf gesteigertes Leben zielen und in diesem ihre rückwirkende Kraft entfalten möchte. Der »Allmächtige«, den die 1848-er Verfassung zitiert, erscheint dagegen, als General-Vorbehalt für alles Menschenwerk, beinahe wie ein Prinzip metaphysischen Unernstes. Die Natur in ihrer Herrlichkeit sei das einzige Gnadenmittel, an das wir uns halten sollen – indem sie uns gegeben ist, sei sie uns zugleich aufgegeben, Prüfungsstoff unserer Lebenskraft. Die Aufgabe laute: sie adäquat zu übersetzen in gesellschaftliche Natur. Was den ergreifenden, weil verwandten Reiz eines Naturgeschöpfs ausmacht, seine genau begrenzte und vergängliche Form, soll zum sittlichen wie künstlerischen Anreiz werden, unsere eigene Endlichkeit wahr- und ernstzunehmen.

»Nun haben wir das Blatt gewendet
Und frisch dem Tod ins Aug geschaut;
Kein ungewisses Ziel mehr blendet,
Doch grüner scheint uns Busch und Kraut!

Und grüner wards in unserm Herzen,
Es zeugts der frohgewordne Mund;
Doch unsern Liedern, unsern Scherzen,
Liegt fest ein edler Ernst zu Grund.«

Was geschaffen und geworden vor unseren Augen liegt, haben wir die Pflicht, aus uns zu machen: eine Figur, die für sich selbst bestehen darf; die sich salviert weiß durch die Würde ihrer Form. Diese Formgebung aber schließe auch den Verzicht auf allen Trost und alle Hoffnung ein, die nicht aus dieser Eigenschöpfung selbst hervorgehen. Der Lebenslauf des grünen Heinrich läßt sich lesen als ein einziger Versuch, die Schöpfung durch eigene Arbeit zu wiederholen, und damit von Stufe zu Stufe eigenen Wert zu schaffen: auf der Stufe der Kinderspiele zuerst, dann im Medium der Malerei, schließlich politisch im Staatsdienst. Mit der Erfüllbarkeit dieser Aufgabe steht und fällt »Gott« im Menschen. Es ist eine *ganze* Schöpfung, zu der das Gelübde verpflichtet; aber es ist die Gewißheit des Todes, die es unverbrüchlich macht. Denn ganz leben heißt nicht: ewig leben. Es heißt, aus der begrenzten Zeit etwas Integrales und Festliches machen; es heißt die Zeit verstehen und nützen als Kredit. Diese Leistung steht dann für Religion – »auf daß«, mit Meister Eckhart zu reden, »der Mensch lerne mitwirken an seinem Gott.«

Ein hochgesinntes und hochgefährdetes Muster. Es ist die Überhöhung und individuelle Radikalisierung eines zeitcharakteristischen: der früh-liberalen Weltgläubigkeit, die zusammenfiel mit dem Selbstvertrauen, gleichsam durch die Summe freier Einzelleistungen den Gang der Welt überzuführen in gemeinsamen Fortschritt. Als individuelle Radikalisierung dieses Optimismus, sage ich, und habe beizufügen: auch schon als dessen Umschlag; als seine Brechung ins *Traurige*. Denn der »Grüne Heinrich« meldet ja nicht den Erfolg jener Leistung, sondern ihren Abbruch, ihr Mißlingen. Er zeichnet – erkennt man das »Religiöse« ihrer Prämissen an – einen kleinen Weltuntergang. Der Richter Tod spricht nicht frei, er bekräftigt die Schuld – das Schuldiggebliebensein – und verewigt es auf seine Weise. Er bringt es an den Tag, daß Heinrich nicht bloß, in unbestimmtem Zusammenhang mit seinem Mißerfolg, »den Tod fand«, sondern daß der Tod schon immer in der Lebensmühe gelauert hatte und, weit entfernt, ihr Glanz und Wert zu garantieren, sie im stillen schon lange, schon immer belastet und an sich irre gemacht hatte – so sehr und so tief, daß sein physischer Auftritt fast als Formsache erscheinen konnte (wie er in der Entstehungsgeschichte des Werks denn auch übers Knie gebrochen schien – »unter Tränen« hat Keller diesen Schluß »hingeschmiert«).

Nun kann man einwenden, daß dieser »zypressendunkle Schluß« ja von Anfang an geplant gewesen sei. Gewiß, so lange der Roman sich in den Grenzen eines »kleinen Künstlerromans« bewegt hatte – in denen ihm auch ein begrenzter Beweiswert zugekommen wäre; der nämlich des notwendigen Abschlusses einer Lebensepisode, deren romantische Mißverständnisse kein anderes Ende verdienen. Damit wäre das Credo realistischer Weltfrömmigkeit *e contrario* eher bekräftigt als widerlegt gewesen. Tatsache ist aber, daß der Roman durch den Einbezug der Jugendgeschichte jenes Schema nicht nur gesprengt, sondern dem Entwurf ein anderes, unvergleichlich verbindlicheres Fundament gegeben hatte. Es war – in den Grenzen einer Individualität – ein Roman im vollen, repräsentativen Sinn dieser Form geworden; angelegt auf symbolische Totalität. Damit kam auch – genährt durch die mit dem Namen Feuerbachs bezeichnete Erfahrung – dem Begrenztheits-Motiv eine andere Tragweite und dem Tod eine andere repräsentative Beweiskraft zu. Wenn er nicht mehr Bürge einer Hoffnung sein konnte, bezeichnet er ihren Fehlschlag, das

Mißlingen eines Lebensentwurfs. Und es ist kein Wunder, daß dieser Ausgang nicht nur Leihbibliothek-Lesern anstößig vorkam. Er bleibt verstörend bis auf den heutigen Tag, weil er nicht bloß Not suggeriert, sondern Notwendigkeit; weil er das Leuchten einer Welt abtönt zum Licht der Verzweiflung.

Den Tod anerkennen als Prinzip, das dem Leben dient, indem er es auf die Probe stellt – das ist keine leichte Spielregel. Es ist ein prekäres System, eine andauernde Zumutung an die geliebte Welt nicht weniger als an die Tragkraft des Subjekts. Die geringste Herabstimmung des Mutes, eine Verschiebung der Gewichte kann Unglück bringen, eklatantes und heftiges – oder, was wahrscheinlicher ist, chronisches und dauerhaftes. Wem Gott nicht mehr dazu taugt, seine Sorgen auf ihn zu werfen, der kann mit seiner Sorge allein sein wie nie. Es würden Kraft und Zuversicht eines Riesen oder Helden dazugehören – also nichts eben Humanes –, sich mit der Verheißung weiterzuschleppen, wenn sie zur Last wird, welche die andern – die geliebte Republik – nicht mehr mitzutragen bereit sind; wenn die Zuversicht nicht mehr ausreicht oder das Bedürfnis matt wird, die Welt am Leuchten zu halten.

Keller war weder Held noch Riese; davon überzeugte ihn nicht nur der Blick in den Spiegel. Er hat die entsprechende Gestik auch bei andern herzlich gehaßt und in seinem Werk die »kleinste Größe« gesucht – bis zur (selbst für den schweizerischen Sprachgebrauch ungewöhnlichen) Vorliebe für den Diminutiv. Was man bei ihm für »kleinmeisterlich« halten möchte, ist aber alles andere als Biedermeierei: es ist die Fähigkeit – das *Glück* reift sie nicht – im »Tod einer Mücke« die große Verwandtschaft zu bemerken. Keller war ein Mensch, den die redliche Prüfung seiner Kräfte dazu führte, ihre Grenzen nicht nur zu erkennen, sondern aus schwierigen Gründen notwendig zu finden. Dazu gehörte auch das Vermögen, zur Entzauberung seiner Hoffnung, die er an diese Begrenztheit band, stillzuhalten. Es mußte getragen sein, daß es in seiner Macht nicht lag, der schlechten Unendlichkeit der Frommen eine schlechterdings gediegene Endlichkeit entgegenzuhalten.

Und es ist ein Maß für den Ernst seines Bündnisses mit dem preisgegebenen »Gott«, daß er sich auch auf der Stufe des »Martin Salander« weigerte, seinem versagenden Glauben denjenigen an ein höheres Wesen unterzuschieben. Der Verdacht, alle Mühe sei in der Tat eitel gewesen, brachte ihn nicht dazu, den Tod für minder bindend und endgültig zu halten, als er ihn im Vollbesitz seines Jugendmutes empfunden hatte.

Nun, da dieser als kompensatorische Leistung nicht mehr aufzubringen war, mußte Keller der Tod auf andere Art lieb bleiben, und auf einer andern Stufe persönlicher Schöpfung. Der Preis, freilich, hieß Trauer; sie war nicht von heute, aber nun trat sie mit der Reinheit des Definitiven hervor.

Wenn Keller als Sechziger von der »stillen Grundtrauer« spricht, mit der er lebe, meint er diesen persönlichen Schöpfungsgrund, der sich im »Grünen Heinrich« noch mächtig glaubte, die Schöpfung zu befreien und ihre schöne Last zu tragen – der im »Salander« nun dazu bestimmt scheint, sie zu überdauern. Erinnerung an die Hoffnung war diese Trauer von Anfang an gewesen, wenn auch damals mit freudiger Betonung. Aber es hatte für Keller schon immer Gründe gegeben, sich vor seinem eigenen Credo zwar für berufen, aber nicht für erwählt zu halten. Darin besteht die eigentümliche Tapferkeit dieses Lebenswerks. Die Geschichte von Kellers Todesglauben trägt deswegen – freiwillig oder nicht – religiöse Züge, weil sie ein so radikal weltliches Martyrium ist. »Ich dulde, ich schulde« – vielleicht, ja gewiß – aber keine Macht der Welt, auch nicht die der persönlichen Verzweiflung, brachte Keller dazu, diese Schuld in einem Gnadenvorrat aufgehen zu lassen und den Glauben an die persönliche und soziale Haftpflicht seiner »Sache mit Gott« zu begraben. Sie war immer im Zeichen des Todes rechtskräftig gewesen; sie war am Ende, wenn durch nichts anderes, so durch ein unbequemes Sterben zu besiegeln.

Aber so weit also diese stille Schöpfungswette reichte – unmutige Züge trägt sie oft; wehleidige nie. Gerade die Todesnähe löst schon die Ansätze dazu auf. »Weitreichend« war sie grade in der Entkrampfung und Läßlichkeit angesichts der

»letzten Dinge«; der Respekt davor verträgt sich mit einem eigentümlichen, handfest-vertrauten Humor, ja, er fordert diesen heraus – oft bis zur Schauerlichkeit. Es kann befremdend sein, einen Dichter in der Todesnähe, an Sterbebetten, bei Begräbnissen so sehr »zu Hause«, will sagen: im Vollbesitz seiner schöpferischen Mittel zu finden. Schmerz, Witz und Gemütsruhe wohnen da aufs dichteste beieinander. Die extreme Herausforderung des Schöpfers im Dichter selbst erzeugt auch die Miene des Schalks, der versucherischen Eulenspiegelei, die von der »Grundtrauer« nicht zu trennen, vielmehr die ihren geliebten Gegenständen am meisten zugewandte Seite ist. Wenn es in dieser Wette um Gott und Welt in der eignen Brust außer dem Tod – nein: durch ihn – eine Ehrensache gibt, so heißt sie Sympathie mit der todbestimmten, todes*fähigen* Schöpfung. In dieser Zuwendung spricht sich am brüderlichsten der Wunsch aus, der Schöpfung den Schmerz, den ihre Schönheit erregt, nicht nachzutragen. Es ist diese Ambivalenz zwischen geschmälertem Selbstwert und ungeschmälertem Liebeswunsch, in der man den »Herzton« von Kellers Werk zu vernehmen meint. Und es ist der Tod selbst, der ihn in Gang hält, auch nachdem die Liebeshoffnung geschwunden ist. Es gibt ein Kellersches Adjektiv, das dieses Spannungsverhältnis zwischen Offenheit und Trotzbieten, Trauer und Nicht-Übelnehmen, Selbstironie und Redlichkeit zusammenfaßt: »wehmütig«. In seinem Mut wund geworden zu sein, in seinem Weh den Mut nicht zu vergessen, das ist das unauffällige Pathos dieser Trauerarbeit und das durchgängige stille Ethos des Werks.

In Kellers Werk hat der Tod, wie ich zu sehen glaube, dreierlei Sinn.

Erstens: als Ernstmacher, in die Kunst übersetzt: als plastisches Prinzip, das die Kunstfigur auf dem Hintergrund ihrer endgültigen Zurücknahme erst recht »blühen«, Farbe bekennen läßt.

Dann: als stiller Teilhaber und Bundesgenosse der Grundtrauer; als Form des Bewußtseins, daß man nicht nur »vorgezeichnet« (im Sinn von Frischs »Tagebuch« II), sondern auf denkwürdige Weise *aus*gezeichnet ist. Im Grenzfall: der Tod als Talisman gegen untragbare Lebenszumutungen, auch gegen Glücksfälle. Und schließlich: als Rächer verunglückter Erwartung, Strafer am »grünen Leben« – als Prinzip, das das Böse nicht nur schafft, sondern auch gewollt hat.

Drittens: der Tod als Lebensart.

Die drei Bedeutungen treten nicht gleichgewichtig miteinander, sondern in einer gewissen Folge hervor, die Kausalität vortäuschen könnte. Das erste Moment zeigt sich am deutlichsten in jener Phase, die man als »Feuerbachsche Wende« zu bezeichnen pflegt. Das zweite verdichtet sich um die ausgesprochenen oder impliziten Eingeständnisse des Mißerfolgs, des erotischen, sozialen, politischen. Mit der dritten Interpretation scheint schließlich die ausgebildete »Gegend Resignatio« erreicht zu sein, die bei aller subjektiven Unschönheit nicht aufhört, ein ziviler Ort zu sein. Aber der Nexus Zuversicht / örtlicher Schmerz / umfassende Grundtrauer – so zwingend das Erfahrungsklischee sein mag, auf dem er beruht – ist in der Sache trügerisch. Er diene, wo ihm hier gefolgt wird, nur der Durchsichtigkeit der Darstellung, deren Zweck es ist, das methodisch Getrennte als im Kern Untrennbares schließlich wieder zusammenzuführen.

Der Tod als Platzhalter des Lebensernstes, als Herausforderung an die Kunst: die Gedichte unter dem Titel »Sonnwende und Entsagen« lassen Anlaß und Anstrengung ahnen, deren es bedurfte, um der Kunst ihre neue Lichtstärke abzunötigen und das »Trugbild der Unsterblichkeit« so hinfällig wie möglich zu machen. Es war ein Programm, dessen Glaubwürdigkeit in der poetischen und menschlichen Praxis gleichsam auf seiner eigenen Angefochtenheit beruhte; es war der Tour de force eines winterlich gewordenen, winterlich bedrohten jungen Menschen, der sich und der Welt einen neuen (auch politischen) Frühling verschrieb. Es ist dieser subjektive Schmerzenston der Selbstüberwindung, der dieser nicht beispiellosen Wendung – es gibt sie bei Büchner und Heine – ihr subjektiv-dokumentarisches, also: objektives Gewicht gibt. Sie ist belegt durch programmatische Stellen im »Grünen Heinrich«, belegt durch das Lebensethos der verehrten »Frauenbilder«, belegt durch Briefe wie diesen an Baumgartner: »Die Unsterblichkeit geht in den Kauf. So schön und empfindungsreich der Gedanke ist – kehre die Hand auf die rechte Seite um, und das Gegenteil ist ebenso ergreifend und tief. Wenigstens für mich waren es sehr feierliche und nachdenkliche Stunden, als ich anfing, mich an den Gedanken des wahrhaften Todes zu gewöhnen.« Es ist der Atem der Vergänglichkeit, der den Funken des Daseins schürt. Zusammen mit der im Wortsinn einmaligen, in ihrer Zerstörbarkeit liebenswert und feierlich gewordenen Natur leuchten aber auch die »kalten Wintertage« auf, die einen so blühenden Naturglauben nötig machen – das Gefühl, daß die Früchte dieser Träume, *wenn* sie reifen sollten, dem Begeisterten nicht in den Schoß fallen werden – wohl im Gegenteil. Die Hoffnung trägt schon die Farbe des Verzichts und die Spur der Vergangenheitsform:

> »Froh bin ich, daß ich aufgeblüht
> in deinem runden Kranz;
> Zum Dank trüb' ich die Quelle nicht
> Und lobe deinen Glanz.«

Was an Kellers Gedichten aus dieser Zeit Aufbruch ist, klingt auch schon wie »Danksagung« – was eine Trauerformalität bezeichnet ... Aufbruch heißt hier: den Ton einer Jugend gewinnen, die ihrerseits schon hinüber ist ins Unerreichbare (»Jugendgedenken«). Es heißt: sie für die Sprache wiedergewinnen, »nur noch ein Mal will ich rückwärts sehn«. von diesem »ein Mal« und »Einmal« her weht der Wind, dem man nach vorne, in die Zukunft hinein, entgegenzugehen hofft. Dieses still gewordene »Einmal« ist der Ort des Lebens, den man dem sicheren Tod abgewinnen und zu einem Land eigenen Rechts und eigener Schönheit ausgestalten möchte.

Der Lebensmut will nicht wahrhaben, daß dieses Ziel seinem Wesen, seinem Seelengehalt nach schon »verloren« ist und vielleicht sein muß. Aber das Gefühl spricht es aus, und das Gedicht lebt davon. Auch die Münchner Malerzeit, gedacht als Begründung bürgerlicher Zukunft, ist ihrem Gehalt und Ertrag nach Gestaltung der Vergangenheit gewesen. Wenn es wahr ist, daß jede Gegenwart nur in dem Maße real und produktiv ist, wie sie gemeisterte Vergangenheit ist, so ist es bei diesem Künstler, Maler, schließlich Staatsdiener doppelt wahr: das Medium seiner Kunst war nicht der Fortschritt, wie radikal er sich zu ihm auch manchmal bekannt haben mochte. Es war das Still-Halten als Aktivität, *Raumgewinn im Schatten des Zeitverlusts*. Daß die Zeit nicht »geht«, sondern »stillsteht«, ist eine Umschreibung dieses Befunds und als stilistisch-anthropologische Grundfigur von Kellers Existenz gedeutet worden. Es ist jedenfalls alles andere als der Ausdruck eines progressiv-liberalen Glaubensbekenntnisses. Wenn er an dieses glaubte, tat er es mit Willen. Dieser Wille ist freilich nicht gering zu schätzen. Er ist auf seine Weise ebenso elementar verbindlich wie die Figur des Zeitverlusts, den der »Pilger« durch andere Tüchtigkeit wettzumachen suchte. Aber wo Kellers Kunst ans Lebendige rührt, tut sie es unbekümmert um Willen und Tüchtigkeit. Da *ist* sie »Zeitverlust« von Haus aus und von Anfang an. Und sie ist es im unauflöslichen, von der Mutterseite geprägten Zeichen der Trauer. Ihre Nähe (»die Aura« Walter Benjamins) zieht sie aus jener Ferne aller Hoffnung, die in den Wörtern »einst« und »einmal« ihre Ambivalenz bewahrt.

Diese Dauer-Ferne ist als Ahnung immer nah – und dennoch will Kellers bürgerliche Kunst nichts davon wissen. Er ist nicht Lenau und nicht Platen; freiwillig oder gar lüstern wird dem Tode nichts anheimgegeben. Die irdische Zuversicht soll nicht

Beleuchtungssache sein. Sie hängt an Realien und will, was ihr in der Kunst gelingt, für Natur und Republik übrig haben, statt das Innerste – nur weil es schmerzhaft sein könnte – für sich zu behalten. Die Zeit soll es bringen, was man von der eigenen Seele erhofft. Die Wahrnehmung, die man aus dieser Quelle schöpft, möchte Gemeinbesitz werden. Ja, die Wahrhaftigkeit soll ihr Bestes tun, zu retten, was in Wahrheit (die beim Tode liegt, die Seele weiß es) nicht zu retten ist. »Poetischer Realismus« lautet bekanntlich das Etikett, unter dem man Kellers Werk abzuheften gewohnt ist: hier wird die Formel lesbar als eine des Widerstands. »Poesie« ist der Entschluß, im »Realismus« den Sinn so lange nicht fahren zu lassen, als die redlichste Kunstbemühung ihn festzuhalten vermag ... Es ist Bürger-Poesie angesichts keineswegs vertrauenswürdiger Tatsachen, ein Vorschlag nicht zur Güte, sondern zur Verbesserung (wie im »Fähnlein der sieben Aufrechten«). Wenn es nicht gleichgültig, wenn es eine Kultursache ist, wie sich der Mensch in seinen Göttern malt, so ist gemeinsames Menschenwerk erst recht eines *schaffenden* Spiegels bedürftig. Mag die Einzelperson namens Keller zum Abschied bestimmt und sogar gestimmt sein: die schöne Natur, die physische und die soziale, verdienten es anders und besser. Von dieser Wahrheit (die den bloßen Realismus überschreitet) zu zeugen, ist die poetische und sittlich-pädagogische Aufgabe des Dichters. Und wenn sie Selbstüberwindung verlangt: um so nötiger ist sie dann und um so verdienstlicher. »Feuerbachsche Wende« heißt Selbstüberwindung: und wie tief sie bis ins Private hinein verpflichtend war, dokumentiert eine von Kellers Liebesgeschichten, nicht geschrieben, sondern gelebt, die sich in der kritischen Heidelberger Zeit an die Person des verehrten Philosophen knüpft. Der gleiche Feuerbach, der den Schweizer Studenten so nachhaltig ans Irdische zu verweisen wußte, stand dann, wie sich zeigte, einer irdischen Wunscherfüllung im Weg; als Keller der schönen Johanna Kapp seine Liebe bekannte, bekam er zu hören: »Der Mann, der Ihrem Kopfe ward, was Ihr edles Herz in mir fand, dieser herrliche

Mann ist es . . .« Das Lebensmuster des Zukurzgekommenen bestätigte sich auch in diesem empfindlichen Fall, und er machte unter Tränen gute Miene dazu. Zwischen seiner Liebe und seinem Respekt vor der Liebe wählen, hieß, einmal mehr, keine Wahl haben.

Im ersten Kapitel dieser Arbeit war zu zeigen, wie fundamental die Erfahrung des »Liebesverlusts« in dieser Biographie gewesen sein muß. Die Wiederholung schaffte keine Gewohnheit und nahm dem Schmerz nichts weg, im Gegenteil. Sie verschärfte nur die Bedingungen für seine Nutzbarkeit. Verlorene Liebesmüh und verlorene Zeit müssen umgeschaffen werden zum Gewinn. Es soll Kellers wichtigste Sorge sein, den Verlust für das Geliebte so klein wie möglich zu halten (»die Quelle nicht zu trüben«) – so klein, wie die eigene Person sich noch immer gefühlt hat angesichts der lebensmächtigen Schönheit; auf die Gefahr hin, sich davor auch immer wieder klein und dünn machen zu müssen. Das ist die Topographie des »lebendig Begrabenen« einmal im Licht der Rücksichtnahme, als Ausdruck ersparter Not für andere. Zurücknahme aus Liebesbeweis – aus freiem Willen zu tun sich bemühen, was die Not über einen verhängt: das ist »poetischer Realismus« als sittliche Leistung.

Die Anerkennung, daß man im konkreten Fall »für den anderen tot ist«, darf freilich nicht nur als Elend und Frustration gesehen werden. Sie enthält ihre eigenen delikaten und doch realen Belohnungen. Die moderne Seelenforschung hat bewiesen, daß die Erfahrung eigener Grenzwerte – im Klartext: die Bereitschaft, mit dem persönlichen Tod zu leben – auch ihr Entlastendes, ja Befreiendes hat. Sie ist der Fixierung auf die Angst vor dem Tod, das heißt: dessen Verdrängung, allemal vorzuziehen und hält das Schlimmste hintan, was dem Seelenleben widerfahren kann: das Absterben sinnlicher Gegenwart in der Depression; die umfassende »Unfähigkeit zu trauern«.

Todesangst und Wahrnehmungsverlust sind denn auch – wie belastet es sonst sein mag – nicht die Sorge von Kellers Werk. Es bleibt ihm bis zum »Salander« – und erst in diesem nicht mehr ganz – Kraft übrig, sein Leid wachzuhalten und in diesem Sinn »auszutragen«. »Sonnwende und Entsagen« sind Chiffren, die ihre schöpferische Kraft nicht verlieren, auch wenn sie wechselnde Gegenden und Grade der Resignation beleuchten: bis fast zuletzt vermögen sie das Todesprinzip an das der Liebe zu binden. Der Inbegriff dieser Verbindung ist das *Fest*.

An Kellers Festen öffnet sich der begrenzte Zeit-Raum, vom nahen Abschied nicht verdunkelt, sondern erheitert, allemal wieder um den »lebendig Begrabenen«, sprengt seine Hülle und gibt ihn frei für Freuden, die ihm »in Wirklichkeit« vorenthalten sind. Kein Kellersches Fest ohne Todesnähe; selbst im »Fähnlein der sieben Aufrechten« steht die Schrift in Frymanns Rede (vgl. Seite 169 f.) unauffällig an der Wand; als Forderung, die das eidgenössische Schützenfest zugleich leuchtend widerlegt und heimlich einlöst. Je näher die Erfüllung, desto kräftiger, als ihre Bedingung, der Todesglanz. Ein einziges Mal hat sich Keller die geschlechtliche Vereinigung unmittelbar zu feiern herausgenommen: in »Romeo und Julia auf dem Dorfe«. Aber sie war nur »erlaubt« als Liebestod. Das stille Absinken der beiden Jugendlichen von der Höhe ackerbürgerlicher Ehrbarkeit über die Zerrüttung der Familien in die Niederungen des Asozialen und Vogelfreien, des vom »schwarzen Geiger« angeleiteten Lumpenproletariats – dieser so unschuldige wie verbotene Abweg setzt erotische Energien frei, die sonst fast überall gebannt bleiben. Der »Fall« wird gleichsam liebevoll aufgefangen, aus der sozialen und moralischen Vertikale umgeleitet in die epische Horizontale des Paradieses. Er darf zur Wanderung zweier Liebenden durch den Stillstand der Zeit werden, der sich zu einem der herrlichsten Naturbilder der Weltliteratur verdichtet.

Es ist die Todesnähe, die hier Hell und Dunkel zum Fest ordnet; es ist die Fähigkeit, zugrunde zu gehen, die sich hier – jenseits aller Seldwylas der Geschichte – entbinden darf nicht nur zu einem Schein, sondern zu einem sinnlichen Leuchten von Glück. Das sind die tiefsten Stellen von Kellers Werk, aber, in solcher Reinheit, die seltensten. Er mißtraute ihnen auch und ließ sich leicht bereden, sie später wieder zu tilgen. Sonst pflegt sich das Festlicht vager und schwächer über alle Ebenen seines Stils zu verteilen, als kaum noch erkennbares Mitleuchten von Wehmut. Aber nicht nur bei zarten Gestalten wie Anna im »Grünen Heinrich«, auch bei verrufenen wie der Mama Weidelich im »Salander« ist es die Todesschönheit, die ihre Gegenwart für das Gefühl wieder – oder zum ersten Mal – herstellt. »Armes Kind«, heißt die Anrede, durch die, von eigener Jugenderinnerung des Autors angeweht, auch die Tote im Sarg wieder Züge des Lebens gewinnt – jenes Lebens, dessen stille Würde auf seiner Verlorenheit beruht. Ein Verlorener ist auch der zurückgebliebene Witwer Weidelich, von dem gesagt werden kann:

> »Am letzten Morgen nahm er mit unsicherer Hand seinen stoppeligen Bart ab, vor dem kleinen Spiegelchen stehend, das ihm viele Jahre gedient. Die eingefallenen Wangen, das veränderte Kinn und besonders das Aussparen des bescheidenen Backenbartes machten ihm die größte Mühe, deren ihm das elende Leben nicht mehr wert schien.
> Einen Augenblick fiel es ihm ein, ob er nicht besser täte, mit dem Messer tiefer hinabzufahren und die Kehle abzuschneiden, so wäre auch er erlöst. Aber das eingewurzelte Pflichtgefühl ließ ihn keinen zweiten Augenblick bei dem Gedanken verweilen; er barbierte sich ruhiger zu Ende.«

So sehen im Spätwerk Trauernde aus, denen »einst« das Leben lieb gewesen war. An die Stelle dieser Liebe ist ihre Schattengestalt, die Schuldigkeit, getreten. Aber indem die Sprache davor *ihre* Schuldigkeit tut, gewinnt sie etwas von jener kräftigen Jugend zurück, die ihr Gegenstand entbehrt. Todeswürdigkeit ist die Gestalt, in der Kellers Sprache das Lebens- und Liebenswürdige am dauerhaftesten zu erinnern vermag. Sie schöpft im dichterischen Sinn Kraft daraus, sie lebt – und was in ihr lebt, ist, wie verschwiegen immer, die Erinnerung an jene Festlichkeit, die Hölderlins Distichon meint:

»Viele versuchten umsonst das Freudigste freudig zu sagen:
Hier spricht endlich es mir, hier in der Trauer sich aus.«

»Armes Kind« – Todesnähe fällt bei diesem Autor auch immer mit »Jugendgedenken« zusammen und partizipiert an der Helligkeit, die damals empfunden – oder vermißt – wurde. Die Todesnähe ist das Element der inneren Beteiligung Kellers – und damit auch Freiheit zur Teilnahme, wie jene Anrede verrät; der Mitmenschlichkeit aus Anlaß des Todes, und über den Tod hinaus. Sie erlaubt, am Toten menschlich zu finden, was man am Lebenden nicht zu würdigen wußte, ja, was einen von ihm abstieß. Ich kenne in Kellers Schriften keine größere Stelle als seinen brieflichen Nachruf auf den in Geisteskrankheit gestorbenen Lyriker und Landsmann Heinrich Leuthold. »Der arme Kerl hat übrigens in der letzten Zeit etwa Laute von sich gegeben, woran zu erkennen war, daß er innerlich brütete und an Gefühlen eines Büßenden litt. Das hatte zum Elend noch gefehlt, daß ein erziehungs- und ratloses Kind noch die paar Bocksprünge bereuen soll, die es gemacht hat, nachdem es ausgesetzt worden ist.« Er hatte den Pseudo-Parnassien und -Bohemien nicht eben gemocht, als er noch lebte, auch wenn er sich um seine Unterstützung bemüht hatte. Aber angesichts des Todes war er fähig und gewillt, eine Verwandtschaft zu sehen, die tiefer ging als die zwischen dichtenden Landsleuten und die nichts zu tun hatte mit den Gefühlen eines vergleichsweise Erfolgreichen gegen einen Gescheiterten.

Es war Verwandtschaft im Versäumnis; Brüderlichkeit im Ungelebten; eine Gefühlstat wie keine andere, denn sie muß über den eigenen Schatten springen. Es ist kein Zufall, daß er dieser Solidarität mit einem Toten bald danach auch die Freundschaft mit einem Lebenden geopfert hat: jenen Baechtold, der sein Biograph sein wollte (und dann auch wurde), aber in Kellers Augen treulos gehandelt hatte am Nachlaß Leutholds, des »erziehungs- und ratlosen Kindes«.

Der Tod als Bürge dichterischen Sinns, als Erbe jenes verlorenen Gottes, der einmal als Versorger und Versicherer verehrt werden durfte – dieser Tod hat freilich auch Eigenschaften, die keinen Euphemismus vertragen und das Fest zur Kulisse werden lassen, hinter die man ins Dunkle blickt. Es ist jenes Dunkel, das die Pychoanalyse zu lichten versucht und wo die Sterotypen des Alltags nicht gelten; wo man dem Bedürfnis begegnen kann, den Tod nicht nur zu fürchten, sondern auch zu suchen; den Tod als Zuflucht vor größerem Übel: dem Bewußtsein unverzeihlicher Schuld oder dem Gefühl dauernden Minderwerts. Auch diesen Tod gibt es in Kellers Werk. Das nahe Ende nährt ja nicht nur die Möglichkeit zu lieben; es nimmt auch der Unmöglichkeit zu lieben etwas von ihrem Gewicht. Das *Memento vivere* an die Adresse der Mitbürger und des Vaterlandes lautet, von der Subjektseite betrachtet, etwas anders: denke alle Zeit daran, daß du sterben *darfst*. Die gleiche Klausel des Todes, die das Leben schwer machen kann, dient, wenn man einmal unglücklich genug ist, auch der stillen Erleichterung. »Schauet hinan: / Es kommet nicht auf euch an / Und ihr könnt unbesorgt sterben« – Brechts umgedrehtes Kirchenlied liegt nicht so weit ab von Kellers ethischem Materialismus.

Aber nicht nur *gemildert* ist die Lebenspflicht im Todestrost. Der Tod kann das Subjekt auch aktiv entlasten: indem er Schutz und Trotz gegen das Leben bietet. Und zwar nicht erst dann, wenn dessen Forderungen untragbar geworden sind. Die Schutztätigkeit des Todes richtet sich grade gegen möglich scheinendes Glück, gegen – man kann es nicht anders sagen – drohende Wunscherfüllung; gegen Erwartungen, die die tiefere Lebensklausel aufzuheben trachten. »Lieben Sie die Toten so sehr?« ist die erste Frage, die Dortchen Schönfund an den grünen Heinrich richtet, »der«, nach der Angabe des Küsters, »durchaus in der Kirche oder auf dem Kirchhof einschlafen« wollte. Er wird es, als »gefrorner Christ«, weiter mit dem Tode halten, statt sein Glück mit Händen zu greifen: Dortchens Frage erweist sich, aufs Ganze des Romans gesehen, als alles andere denn neckisch: Heinrichs Selbstbestimmung zum Tode holt ihn ein, nachdem das Leben der Mutter, das einzig zählende, endgültig verscherzt ist.

Im Ausdruck »dem Tod geweiht« steckt die sakrale Dimension des Gelübdes. Sie tritt in Kraft, sobald das »Leben« – und wäre es in menschlichster Absicht – seine Zuständigkeit auf diese Seele überschätzt. »Dortchen ist nicht Hierchen« – der Name der Geliebten selbst muß herhalten, ihren Anspruch abzuwehren. »Dame, s'il vous plaist, laissez cestuy cueur en repos!« – der hier im Namen des toten Ritters mit verstellter Stimme spricht (»es spukt, es spukt«, lacht Dortchen »wie eine Tolle«), läßt das Gespenst *seine* Wahrheit sagen – die Wahrheit eines »gewaltsam gebrochenen« und nun »vertrockneten« Herzens. Die Totenliebe, der Zug zum Kirchhof – Keller hat einmal das Leben als Leonoren-Ritt beschrieben, dessen gespenstische Schnelligkeit, paradox genug, die Wahrzeichen der Biographie (in Kellers Sprache »die begangenen dummen Streiche«) zum Gleichnis letzter Ruhe zusammenzieht: »Denn dieselben scheinen in der perspektivischen Verkürzung so dicht hintereinanderzustehen wie jene Meilensteine, welche der Reiter für die Leichensteine eines Kirchhofes ansah, als er auf seinem Zauberpferde an ihnen vorüberjagte.« Hier entwickelt gerade die stürmische Un-Gegenwart den »Stillstand der Zeit«.

Auch wo die Dichtung die Vereinigung Liebender erlaubt – wie in den »Mißbrauchten Liebesbriefen« –, versteckt sie irgendwo die Todesfigur im Rebus der Fabel. Gritli und ihr Schulmeister finden sich auf einem Keltengrab, das der zum Einsiedler Gewordene auf- und wieder zugedeckt hat. Und die Mahnung: »Machen Sie nicht, daß der aufwacht, der da unten liegt!« trägt über die Fabel hinaus und ist über ein Netz untergründiger Verständigung mit allen Werken Kellers verbunden. Das Kennwort könnte lauten: Gedenke, daß Leben alles ist – aber nichts für dich. »Das Leben ist am größten: / Es steht nicht mehr bereit«, heißt es in Brechts »Hauspostille«. Zurückübersetzt in das stillere Idiom eines Zeitgenossen Kellers: »Locket nicht mit Liebesgaben / Laßt dies Herz alleine haben / Seine Wonne, seine Pein!« – »Es darf keine Privatleute mehr geben!« hieß es einmal hochgemut in Kellers vormärzlichem Tagebuch. Jetzt im Herbst ist der Tod der Bürge des absolut Privaten – im Doppelsinn des Schutzes und der Beraubung.

Ist der Blick einmal geschärft für diese Rolle des Todes, so begegnet man ihm in Kellers Werk auf Schritt und Tritt. In der Altersfassung des »Grünen Heinrich«, wo das physische Ende des Helden durch eine Form sozialer Unfruchtbarkeit ersetzt ist, begleitet dafür der Totenschädel Zwiehans, des (durch Mutter-Schuld!) um seine Identität betrogenen Narren, den grünen Heinrich durch seine Münchner Lehrjahre: nicht nur als »interessantes« Requisit, sondern auch als Talisman zum Schutz gegen böse Geister aller Art – am meisten diejenigen unstatthafter Glückserwartung. Das im »Landvogt von Greifensee« zwischen Figura Leu und Salomon Landolt hin- und hergetauschte »Tödlein« ist der Garant ihres »Stillhaltens«. Es ist auch nicht schwer, ein Schlüsseldokument von Kellers erotischer Biographie, seinen Werbe-Brief an Luise Rieter, als Einladung zum Refus zu lesen: nur ein Wunder weiblichen Eigenwillens hätte diesen Achtundzwanzigjährigen vor seiner defaitistischen Selbsteinschätzung retten können. Es ist jenes Wunder, das in »Kleider machen Leute« Nettchen dem unschuldigen Hochstapler Wenzel Strapinski angedeihen läßt. Hier geschieht es einmal, daß das Angebot des eigenen Kältetodes nicht angenommen wird. »›Komm, fremder Mensch!‹« sagte sie mit unterdrückter zitternder Stimme, »›ich werde mit dir sprechen und dich fortschaffen!‹«

Aber das sind didaktische Wundergeschichten, berichtet von Frauenbildern, »wie die bittere Erde sie nicht hegt«. Die Biographie weiß nichts von ihnen, so wenig wie die Autobiographie. Hier hat der gewisse Tod die Pflicht, unverdiente Wunder zu verhindern und die alles überspannende, beseelende wie vergiftende Mutter-Bindung unauflöslich zu halten. Das heißt: den Schuldspruch, der sich in ihr verwirklicht, nicht zu lösen. Die barocke Sprache des »Tödleins« soll da ein Trost sein: »Sieh her, so sehen Mann und Frau aus, wenn der Spass vorbei ist! Wer wird denn lieben und heiraten wollen!« Das Rätsel, warum der grüne Heinrich »nicht glücklich werden kann« – man wird es nicht lösen, solange man ein mysteriöses Epochen-Schicksal dafür heranzieht, etwa das des Nachromantikers und Epigonen; so abstrakt verläuft die »Geistesgeschichte« nicht. Sie ist nicht von der längeren und breiteren Geschichte menschlicher Produktivität zu trennen, die ihre eigenen Sozialisationsmuster erzeugt. Wohl ist keins wie das andere, aber die individuelle Variante läßt doch immer die umfassenden Prämissen durchscheinen und stellt sich als ihre persönliche Brechung dar.

Diese Brechung – sie ist eine solche nicht nur der Form, auch ihrem Inhalte nach – galt es hier zu beschreiben und die Bedingungen zu beobachten, unter denen sie ihrerseits produktiv werden konnte. Todespflicht, Todesweihe: das sind literarische Zeichen für Befunde aus dem Beziehungsbereich, deren Verwendung im Kunstwerk sie davor bewahrt hat, Symbole für ein nur blindes Schicksal, ein Stück bloße Ideologie zu werden. Aber ihre Vieldeutigkeit und Vielsinnigkeit, ihr »ästhetischer Mehrwert«, hebt sie nicht völlig ab vom ganzen sozio-ökonomischen, »kulturellen« Bezugssystem ihrer Zeit. Sie werden vielmehr erst vor diesem genau erfaßbar, wie sie umgekehrt dieses Bezugssystem, das am Ende nichts anderes ist als ein System menschlicher Beziehungen, zu dokumentieren fortfahren. Wir können niemals wissen, was »der Tod«, was »Gott«, was »Moral« oder »Liebe« schlechterdings bedeuten. Aber wir können dem Kunstwerk, das wahrhaft zeitgenössisch ist, begründete Vermutungen darüber entnehmen, was Zeitgenossen unter jenen Hauptwörtern verstanden haben; wie sie sich selbst darin gefunden oder verloren, kurzum: dargestellt haben. Und in dem Maße, wie ein Kunstwerk und sein Begriffsvermögen wahrhaft historisch sind, können sie auch wahrhaft aktuell erscheinen. Indem – mit Walter Benjamin zu reden – die Geschichte Wahrheits- und Sachgehalt auseinandertreten läßt, entscheidet sie über die Unsterblichkeit des Kunstwerks. Seine »Größe« besteht dann in der Anmahnung unserer eigenen Geschichtlichkeit. Denn nur das als prägnant Vergängliches Erkennbare verdient »unsterblich« zu heißen; und nur im Begriff des Verlorenen, wovon das Vergangene eine Dimension ist, steckt dialektisch der Begriff der Erlösung.

Die Geschichte der Produktivkräfte als Heilsgeschichte: Biographie ist Übersetzung ihrer Widersprüche ins Persönliche; das Werk ihr Lösungsversuch im Kleid des Scheins. In Kellers Werk besteht der Wille zur Produktivität aufs intimste zusammen mit seiner individuellen Negation, ja Verweigerung: auch *das* ist ein sprechendes Ereignis der Produktionsgeschichte und enthält implizite ein Urteil über das Jahrhundert, in dem so produziert werden mußte: zugleich entfesselt und gedrückt. Es dürfen kulturgeschichtliche Schlüsse gezogen werden aus der Tatsache, daß »Schreiben« für Keller die Anerkennung einer ungedeckten Schuld bedeutete, die Erfahrung mangelnder Liquidität brachte und das Ungenügen vor dem selbstgewählten Maßstab bewies. Diese Schlüsse beeinträchtigen nicht die Herrlichkeit dieses Werks; sie begründen sie. Keller nahm den Entwurf – und die Zuversicht – seines bürgerlichen Jahrhunderts auf und rechnete mit seinen Werten. Es dokumentiert aufs persönlichste, daß der Entwurf nicht trug und die Rechnung nicht aufging. Es war kein Mißtrauen a priori in den »Fortschritt«, was diese objektive Kritik hervorbrachte; der gute, ja fromme Wille selbst verwandelte sich durch die Gestalt des Werks in seine eigene Kritik. Darin besteht die Beweiskraft von beidem, Werk und Kritik; im persönlichen Erleiden (nicht nur im objektiven Herstellen) des Widerspruchs in der eigenen Produktivität, die dadurch in die Nähe der Strafarbeit rückt. Das Urteil, das in diesem Schreiben gesprochen wurde, das der Schreiber zuerst sich selber sprach, lautete auf ein Verbot: das Verbot, ein verunglücktes Muster zu reproduzieren. »Reproduktion« ist die kühle und harte Fassung des Wortes »Glück«;

es deckt die physische Fortpflanzung ebenso ab wie den wirtschaftlichen Mehrwert. Es hatte in Kellers Biographie die Zuversicht auf beides gegeben. Jetzt ist es bewegend, das Abnehmen ihres Lichts über den ganzen Horizont hin zu konstatieren, je weiter die Jahre »fortschreiten«. Zuerst ergreift die Dämmerung die dunklen persönlichen Bezirke; zuletzt erst die Höhe des Vaterlandes.

Das Schauspiel ist frei von Untergangsrhetorik, Selbstgratulation und Wagnerschem Drama. Es ist bezwingend in seiner Stille: diese erst läßt das Historische des Vorgangs reinlich hervortreten. Denn der Glaube an die Neuschöpfung der Welt im Geiste der Industrie, der damals noch meinte Berge versetzen zu können und seinen Triumph kaum erst begonnen hatte – dieser mächtige Aberglaube war in der Zurücknahme dieses stillen Teilhabers mitgemeint und mitverwirkt. Da bestätigte sich kein schriller oder höhnischer Kultur-Pessimismus a priori; da lernte ein Individuum, das seinem Jahrhundert zwanglos vertraut hatte, mühselig um, belehrt *contre coeur* durch sein eigenes Werk. In dieser Arbeit war zu zeigen, wie sehr Keller, mit Gründen, den Gang seines Jahrhunderts persönlich nahm; denn der Fortschritt im qualitativen Sinn sollte ihm ersetzen, was er sich selber schuldig geblieben war. Diese bescheiden-kühne Erwartung wurde schon als Hybris gebüßt, als das Jahrhundert die seine noch als geschichtlichen Sieg feierte.

Keller war kein Spielverderber von Haus aus. Er hatte in den vierziger Jahren dem kulturpessimistischen Dichter Justinus Kerner, der die Ballonfahrt als schlimmes Zeichen am Himmel deutete, die hochgemute Vision eines »Luftschiffs hoch mit Griechenwein« entgegengehalten, und dazu gejauchzt: »Wer möchte da nicht Fährmann sein?« Und als er die Schatten dennoch wachsen sah, glaubte er lieber an die Schwäche seines Auges als an eine Eigenschaft der Wirklichkeit. Aus seiner persönlichen Schattenlage glaubte er, jene Jahrhundertsonne, deren »Wende« ihn berührt hatte, weiter rühmen und sich im Dunkel seiner eigenen Glücksentsagung zugleich bergen zu können. Er lebte gerade lange genug, um zu erfahren, daß sein Verzicht nicht geholfen hatte; daß »Münsterburg« sich anschickte, mit »Seldwyla« auch die Glücksfähigkeit im großen und ganzen auszuverkaufen; daß das Glück, auf das jene liebevoll behandelten Wirtschafts-Künstler spekulierten, durch die Wirtschaft selbst verscherzt und der asoziale Idylliker zum Sachwalter der Apokalypse geworden war.

Denn diese begann für Keller da, wo in der Schuldfrage nicht mehr mit gediegenem Gewicht gemessen wurde; wo Menschen den Wert, den sie hätten schaffen müssen, im bloßen Warenverkehr verzehrten; wo sie selbst, wie die Salander-Schwiegersöhne, nur noch an Warenzeichen zu unterscheiden waren: das Ohrläppchen des einen ist wie ein »Spritzkuchen«, das andere wie ein »Eiernudelchen« geformt. Menschen wie diese Zwillinge wurden jetzt zum Verwechseln produziert. Unbemerkt wie eine Pest neuer Art beginnt ein Massentod umzugehen: derjenige der Seelen. Es bedurfte keiner »Seelen«, um in einem Verkehr zu bestehen, der nicht mehr am Goldstandard des Charakters gemessen wurde: sie waren sogar hinderlich dabei. Mit der Klage, daß ihre Männer »keine Seelen« hätten, mögen die Salander-Töchter eine andere Art von Unproduktivität gemeint haben.

Aber die Unfähigkeit zu zeugen steckte auch in der Herstellung von Massenerzeugnissen. Die menschliche Unfruchtbarkeit ging damit Hand in Hand und war eines Unwesens mit der galoppierenden Schein-Produktivität; der Produktivität von Schein. Dieser unterwandert auch die Welt des Gefühls und dreht seiner Sprache das Wort im Mund um.

Man höre auf die merkwürdige Mischung von Sentimentalität und Mechanik, von Pathos und Diminutiv, mit der Mama Weidelich dem Vorwurf, ihre Söhne hätten »keine Seelen«, begegnet: es ist die Sprache der *Reklame*:

»Rund und nett hab' ich sie zur Welt gebracht, wie zwei Forellen, von den Köpfchen bis zu den Füßchen kein Mängelchen, und jedem hab' ich sein Seelchen mitgegeben von meiner eigenen unsterblichen Seele, soviel Platz finden kann in einem so kleinen Tümpelchen Blut, und es ist mit den Buben nachgehends gewachsen wie sie selbst! Wo sollt' es denn hingekommen sein?«

Ja noch mehr und schlimmer: diese Sprache schleicht sich, wie wir gesehen haben, auch in die Gestaltungskraft des Autors ein. Es gelingt ihm nicht mehr überall, was er liebt davon auszunehmen, Martin Salander hinlänglich von seinem Feind Wohlwend abzusetzen. Auch die Töchter Salander erscheinen eher als Objekte denn als Personen, werden verkauft und sind untereinander vertauschbar: das Münsterburger Geschäftsgebaren wird zum Problem der Romanform und ihrer Moral.

Diese Wirtschaft, das sah Keller mit Ingrimm, war allerdings insgesamt der Vernichtung »geweiht«, denn Vernichtung war ihre geheime Maxime. Damit aber war sein eigener empfindlicher Umgang mit dem Tod, samt allen persönlichen Opfern, die er ihm gebracht hatte, in Frage gestellt, ja absurd geworden: eine auf allen Märkten handelbare Karikatur des »Werts«, seine Veräußerlichung zum »Preis«. Die Maxime von Kellers Handeln, das *Opfer*, war allerdings zu einer Art allgemeinem Gesetz erhoben, aber nicht im Zeichen des ethischen Imperativs, sondern demjenigen des Verschleißes, des Wegwurfs, der Verschwendung und des Hohns.

Muß am Ende dennoch gesagt sein, daß die Verfinsterung aller Werte nicht ganz ohne Vorbild in Kellers eigener Produktivität war – daß diese gewissermaßen gefaßt sein mußte auf die Wendung ins Sinistre, weil es ihr – in andrer Art – keineswegs fremd war? Der Todestrost war schon in seiner besten und mutigsten Zeit von Dunkelheit nicht frei – es war keineswegs alles gewesen, daß der Todgeweihte den Tod nötig gefunden hatte zur Steigerung des Lebenswerts. Es war auch nicht alles, daß der eigene Glücksverzicht Schonung, Großmut, Rücksicht bedeutet hatte für das Nächste und Liebste. Es hatte eine

Erfahrung darin gesteckt, Unglück zu bringen, die auch einmal zum Wunsch, zur Quelle düsteren Selbstbewußtseins, zur Rache an der Schöpfung werden konnte. In der Tat: man tut der Wahrheit keine Ehre, wenn man diese Produktivität *nur* als gutartig und gutwillig beschreibt. Es steckte sehr wohl der Keim des Bösen in ihr. Des Biographen Baechtold Wort, es habe Keller, wie Grillparzer, »das tiefe Wohlwollen gemangelt«, war nicht nur von persönlicher Enttäuschung eingegeben. Es hat seine Stütze jenseits aller sozialen Erfahrung in den Bedingungen dieses Schaffens selbst, die der junge Keller wie folgt charakterisiert: »Wer keine bitteren Erfahrungen und kein Leid kennt, der hat keine Malice; und wer keine Malice hat, bekommt nicht den Teufel in den Leib, und wer diesen nicht hat, der kann nichts Kernhaftes arbeiten.«

Zum Teufelsbündnis des abendländischen Schöpfers gehört, wie sein Archetyp Doktor Faustus belegt, nicht nur der Liebesverzicht, sondern auch der Fluch, das Geliebte *töten* zu müssen. Das Echo dieser Klausel findet sich auch da, wo die Legende den prügelnden Staatsschreiber von Bosheit freizusprechen pflegt: in seinem Werk. Die strukturelle Generalschuld des grünen Heinrich dokumentiert sich in einigen unschuldigen Mordtaten. Es ist ja nicht nur der arme Römer, den Heinrich, nach Judiths Wort »allbereits auf seiner grünen Seele« hat. Auch der zweite nennenswerte Künstler im Roman, Lys, hätte beinahe mit dem Leben für Heinrichs Bekanntschaft bezahlt (in der ersten Fassung). Die Sprache der Motive ist ernst zu nehmen: Heinrich opfert zwei Menschen auf dem Irrweg seiner Künstlerschaft – eine Wiederholung der Kinderschuld, als er seine Mitschüler durch Phantasieleistungen in Not brachte. Annas Tod ist gewiß nicht im juristischen Sinn Heinrichs Werk – und doch kommt er ihm, im Sinne seiner Gefühlserziehung, nicht völlig ungelegen, hebt nicht nur seinen traurigen Schönheitssinn, sondern versichert ihn auch gegen die Zumutung einer irdischeren Liebe . . . die er durch seinen Verzicht zu schonen sich einbildet (Judith lacht ihm – nicht ohne Bitterkeit – ins Gesicht dafür).

Nein, der aktive Liebesverzicht ist von Lebensrache und Strafvollzug nicht immer leicht zu unterscheiden – so wenig, daß man die Umwege Heinrichs zu seiner alten Mutter am Ende auch als unterlassene Hilfeleistung, als die letzte, dunkelste Form von »Kinderverbrechen« lesen kann. »Zu spät« kommen heißt in der ersten Fassung dem Erfolg nach: seine Mutter getötet haben. Liebe wie Liebesverzicht gedeihen in Kellers Werk auf nächtlichem Grund. Die Sorge der Figura Leu um ihre seelische Gesundheit (im »Landvogt von Greifensee«) soll es gewesen sein, was ihrer Verbindung mit Salomon Landolt im Wege stand. Aber ist es dies, oder nicht vielmehr die stille Sorge um das notwendig Zerstörerische der sogenannten Liebeserfüllung? Wo immer Leute in Kellers Werk füreinander bestimmt scheinen, pflegen sich äußere Hindernisse und Mißverständnisse als unüberwindlich zu erweisen und auf Zwanghaftes zu deuten: so in der verstörenden Regine (»Das Sinngedicht«), wo die Katastrophe das Resultat beiderseitiger zarter Schonung sein soll. Anderswo kann »das Böse« in einer scheinbaren Nebenhandlung deponiert werden, wie im sadistischen Strafgericht, das Brandolf über den Anhang seiner Braut verhängt (in »Die arme Baronin«). Judith *nicht* zur Frau zu nehmen, ist in der zweiten Fassung des »Grünen Heinrich« der Preis, um den der Held sich erhalten kann, was von Leben und Liebe übrig ist – übrig bleiben darf. Kellers Männer mögen nicht wissen, was sie tun. Aber sie ahnen, warum sie etwas Naheliegendes nicht tun: der Dämon rät ab von einer Liebe, deren tödlichen, Tod stiftenden Grund er besser kennt als der Liebesbedürftige.

Der Tod denn also als Lebensart – was etwas anderes ist als »Lebensform«; was, im Guten oder Bösen, das Element der Wahl einschließt, und noch mehr das der Zuwendung; den Entschluß, das Verhängte nicht auf sich beruhen zu lassen, sondern zu übersetzen in eine »positive« Leistung – um zum ersten und einzigen Mal das Wort zu verwenden, das Keller selbst einen »Pfefferkuchenausdruck« genannt hat. Aber es muß jetzt wohl nicht mehr bewiesen werden, welche kritische Dunkelheit diese »Position« einschließt, mit wie vielem sie intim bekannt sein muß, um dennoch festgehalten zu werden, dem Zweifel und der Verzweiflung stillen Trotz zu bieten. Der Systemzwang des Lebensmusters könnte dazu verführen, diese Lebensart als Ziel und Vollendung zu behandeln; als jenes Dritte, in dem frühere Todes-Arten: die begeisterungsfähige des jungen Keller, die verdunkelte des reiferen, sich aufheben. Aber so trivial läßt sich das »Positive« wiederum nicht fassen. Die Dichter-Biographie fügt sich keinem Legendenmuster, auch nicht in der subtileren Dimension des Werks – ohnehin dürfte, was hier mit dem freundlichen Wort »Lebensart« bezeichnet wird, dem unbewaffneten Auge noch befremdend genug vorkommen.

Aber die chronologische Ordnung verbietet sich auch aus innern, wenn man will: psychologischen Gründen. In bestimmtem Sinn ist der Tod für niemanden ein Ende – er mag dem »Jenseits« so entschieden abgeschworen haben, wie er will. Der Tod ist kein Ende, weil dieses, so gewiß es auch sein mag, dennoch abstrakt bleibt. Konkret erfahren wir den Tod, soweit er überhaupt erfahrbar ist, als Lebende – auch das Sterben gehört dazu, es ist der Grenzfall des Noch-Lebens; wir erfahren ihn also als Figur des Wegs, bedrohlich, steigernd oder tröstend; als Attribut unserer Bewegung auf diesem Weg, als Bewußtsein, daß es sich um eine bestimmte Art von Reise handelt. In diesem Sinn ist die »Feuerbachsche Wende« auch eine logische Trivialität. Zum Ereignis wird sie durch den Geist, in dem sie sich spiegelt; durch das Bewußtsein, von dem sie »besetzt« wird; durch die Produktivität, die sie auslöst. Der Tod ist als solcher nicht erlebbar und also kein Ziel und kein Ende; das Leben aber kann sich den Schatten, den er vorauswirft, aneignen oder nicht; es kann sich daraus ein substantielles Bewußtsein seiner Endlichkeit formen oder nicht; es kann sich davor sein eigenes Ziel setzen oder nicht. So nur wird der Tod als Abstraktum real und zum Maß der Individualität; er ist der Begleiter, dessen Kontur erst verschwindet, wenn es Nacht wird. Da wir diesen Schatten aber nicht zu bemerken brauchen – viele tun es nie –, werfen wir ihn, auf unser jeweiliges Licht zugehend,in unserem Rücken; er deutet also auch auf unsere dunkle Herkunft, den unbekannten Anfang der Reise hin. So ist der Tod überall und nirgends um uns. Es ist möglich, ihm nie begegnet zu sein, bevor er uns trifft; es ist aber auch möglich, daß uns seine Nähe bei jedem Schritt durchdringt – so daß wir uns eher als Schatten fühlen, den *er* wirft.

So soll hier der Tod im Lichte Kellers am Ende noch einmal als Umfassendes beschrieben werden; als Herkunft, Weg und Ziel; als Gestalt dieses Lebens und, da uns dieses nurmehr im Reflex seiner Schriften nahe ist, als Gestalt der Kunst. Es sei zugleich die Zusammenfassung dieser Arbeit; und sie bestehe darin, daß ich – zum Gedächtnis Walter Muschgs – einer Farbe nachgehe, die in Kellers Werk als Wegweiser immer wiederkehrt und zugleich eine Schätzung erlaubt, wie hoch oder tief das Licht über seinem Leben stand: der Farbe Grün.

Farbsymbolik ist keine Spielerei; aber man braucht wohl nicht zu wissen, was »grün« schlechterdings bedeutet, um seine Symbolik bei Keller genau zu sehen. Das Kellersche Grün ist ein Symbol für Entwicklung überhaupt; für Fortpflanzung des Lebens und der Schöpfung, von der die einzelne literarische Schöpfung nur ein Teil ist; eine begrenzte – und in ihrer Begrenzung sinnreiche – Aufforderung, Lebensart auf diesem Planeten nicht aussterben zu lassen und »das Grüne« zu pflegen, als hinge das Heil unserer Seele, unser Überleben davon ab (und die Sorge um das Grünen ist an der Schwelle zum 21. Jahrhundert keine Metapher mehr). Kellers Grün ist die vegetative Farbe, die alle Farben des Lebens enthält und das Leben gegenüber den Todesfarben Schwarz und Weiß vertreten kann, den Tag gegen die Nacht, den Sommer gegen den Winter. Und doch bedarf sie selber der dunklen Erde im doppelten

Sinn des Wachstums und des Kontrastes, des Ursprungs und des Hintergrundes; jener Erde, zu der das Grüne auch wieder werden soll, nicht um zu verschwinden, sondern um sich zu erneuern.

Diese Grund-Semantik wird im »Grünen Heinrich« schon zu Beginn der Jugendgeschichte angesprochen und in der zweiten Fassung an den Beginn des ganzen Romans gesetzt: da wird schon der Anfang aus dem Ende menschlicher Dinge entwickelt. Da steht nicht die Geburt des Helden, sondern der Kirchhof seines Dorfes:

> ». . . es ist unmöglich, daß bis zur Tiefe von zehn Fuß ein Körnlein sei, welches nicht seine Wanderung durch einen menschlichen Organismus gemacht und einst die übrige Erde mit umgraben geholfen hat.«

Das ist die schwarze Wachstumsschicht, auf der das grüne Leben des Helden eingepflanzt ist: »Es wächst auch das grünste Gras darauf, und die Rosen nebst dem Jasmin wuchern in göttlicher Unordnung und Überfülle, so daß nicht einzelne Stäudlein auf ein frisches Grab gesetzt, sondern das Grab muß in den Blumenwald hineingehauen werden . . .«

In diesem Zeichen deutet sich, vor aller Handlung, so etwas wie das unbewußte Programm des Romans an: der Vorgeschmack eines Universums, in dem das grüne Leben dazu bestimmt wird, seine Hinfälligkeit durch Fülle wettzumachen. Was in der Zeit keine Stätte hat, nimmt sich dafür zum saftigen Grünen desto mehr Raum heraus. Es wird vom Autor gebannt zum Stillstand im Augenblick: jenem Leben mitten im Leben, dessen Seele die Bruderschaft mit allem Vergänglichen, dessen Geist das Mitwissen des Todes ist. Hier findet »Entwicklung« nicht so statt, daß ein Individuum von Stufe zu Stufe wird, was es ist; sondern so, daß es der Vergänglichkeit seinen Zoll zahlt durch Anerkennung, und das Unausweichliche aufwiegen lernt durch Charakter. Das Bildungsziel ist: dem immer gegenwärtigen Tod entgegenzuwachsen, ohne dem Leben etwas abzustreichen und seine Kürze zu verdenken; reif werden ohne

Blüte, wenn es sein muß: durch die Stärke des Grüns, das, wenn es welkt, anderes Leben zu nähren vermag. Es ist in diesem grünen Ethos etwas von jenem Schopenhauerschen Trost, der dem todesnahen Thomas Buddenbrook aufgeht – und die Zuversicht von Frymanns Trinkspruch im »Fähnlein«, der das gegenwärtige Volk als würdigen Nährboden eines andern feiert. Reif werden ohne Blüte – darin freilich steckt ein Widerspruch, subjektiv genommen: ein Verzicht *a priori*; das Bewußtsein, dem Leben nicht durch Fortpflanzung, nur durch Verfall dienen zu dürfen. Das heißt aber auch: mit dem ganzen eignen Leben verpflichtet zu sein; den Zoll der eignen Existenz *ganz* zu zahlen.

Im Tod und aus dem Tode zu grünen – das ist aber nicht nur der Beginn, es ist auch das Ende des Romans. ». . . und es ist auf seinem Grabe ein recht frisches und grünes Gras gewachsen«, lautet der letzte Satz der Jugendfassung, und in der zweiten, charakteristisch gedämpft: »Ich hatte ihr [sc. Judith] . . . das geschriebene Buch meiner Jugend geschenkt. Ihrem Willen gemäß habe ich es aus dem Nachlaß wieder erhalten und den anderen Teil dazu gefügt, um noch einmal die alten grünen Pfade der Erinnerung zu wandeln.«

Der Tod im Grünen, die verzichtende Utopie von Kellers Dichtung, erscheint hier im Zeichen der Liebe (deren physische Fruchtbarkeit untersagt blieb) zur »Erinnerung« aufgehellt – und gibt sich in diesem leiseren Wort zu erkennen als bewegende Kraft auch der Kunst. Nicht nur als biographisches Dokument, auch als Roman steht der »Grüne Heinrich« im Zeichen der Leitfarbe Grün. Was er ästhetisch entwickelt, ist dasselbe, was die menschliche Entwicklung seines Helden prägt (vertieft und verhindert): Erinnerung an die Schuld der Sterblichkeit. »Die alten grünen Pfade der Erinnerung« werden eingetragen in ein Buch, das der Held in seinen Münchner Hungerjahren grün binden ließ: es sollte buchstäblich von seinem Stoff sein, jener grünen Leinwand, die ihm die Mutter aus Vaters Erbe zurechtgeschnitten hatte. Die grüne Seide, die der fremde Buchbinder statt dessen verwendet, ist ein feudales

Mißverständnis und bildet insofern die ganze Malerzeit treulich nach. Es kostet den Besteller die letzte Barschaft und liefert ihn der Not aus. Schon in seiner Ausstattung wird das Erinnerungsbuch damit als Schuldbuch, als Luxus erkennbar: hier wurde ausgeführt, es sei auch die unvermehrbare Substanz seiner Eltern gewesen, die an diese »Erinnerung« verschwendet wird. Eben deshalb muß die Kunst den höchsten Gegenwert schaffen. Mit jedem verworfenen Versuch wird, was zu tun und zu retten bleibt, unerschwinglicher; wie in der altrömischen Legende der sibyllinischen Bücher: aufgegeben ist die Rechtfertigung des toten Vaters und der lebenden Mutter.

Der Vater: aus seinem Schützentuch, dem erz-republikanischen Stoff, werden die Kleider des grünen Heinrich geschnitten; sie geben ihm den Namen. Es ist sicher nicht nur Lust gewesen, aus diesem Fundus zu leben; es haftet die Pflicht daran, in die schon das kleine Kind auf Vaters Arm genommen wird. Die grüne Schützenuniform als Dienst am »demokratischen« Leben; die grüne Kartoffelstaude zum Beweis, wie schön das Nützliche sein kann: das fällt in der Erinnerung mit dem Bild des Frühverstorbenen zusammen und begründet eine Erbschaft, die nur um den Preis des eigenen Wertes auszuschlagen wäre. So trägt der junge Heinrich seinen Stoff wie eine zweite Haut. Die Leitfarbe wird erst aus Not, dann aus Laune und Trotz, schließlich aus Sendungsbewußtsein zum Symbol der eigenen Identität: so sehr, daß man den Weg des Romans als »Erziehung zum rechten Grün« charakterisieren könnte.

Es ist schon in der Meretlein-Geschichte das Grün der sinnlichen Wahrhaftigkeit, das sich gegen gesellschaftliche Unnatur und Ausbeutung sträubt, im Bohnenlaub Schutz sucht und sich schließlich in den Tod rettet. Zum ersten Mal im »Grünen Heinrich« erscheint hier der Tod als Platzhalter des Lebens. Wer grün trägt, gibt aber auch seine Auszeichnung zu erkennen: eine phantastisch-legitimierende in Heinrichs Kindheit, eine isolierende, disqualifizierende in der Industrie-Schule. Kompensatorisch ist sie beide Male. Sie nährt ihr Geheimnis schon aus dem Gefühl, vom gewöhnlichen Leben getrennt zu sein, ». . . weil ich der grüne Heinrich hieß, d. h. weil ich eine abgesonderte und abgeschiedene Erscheinung war«. Das unorthodoxe Grün des Konfirmandenanzugs bezeugt den Versuch, diese »abgeschiedene« Position als Eigenwillen auszugeben und als neuen Protestantismus zu tragen.

Protest und Schein-Behauptung ist auch die »Flucht ins Grüne«, die Land-Idylle des Oheims, wo die Illusion gepflegt wird, hier sei die vermißte Natur zum Greifen nahe gekommen. Hier, wo sie schon ein ideologisch vermitteltes Bild ihrer selbst ist, wird, vom Spott der Kusinen umgaukelt, von der ersten Liebe geweiht, die scheinbare Berufung zur Kunst entdeckt. Heinrich glaubt, in seinen Lehrjahren malen zu lernen und lernt doch nur: zuschauen; zuschauen auch, wie ihm sein Leben über dem Versuch, es in bleibende Werte einzufangen, unter den Händen zerrinnt. Die Maler-Wirtschaft befestigt seine »abgeschiedene« Stellung. Was ihn mit der gesuchten Schönheit verbindet, ist das Gefühl, in ihrer Anschauung »dem Tode schon anheimgegeben« zu sein, wie es in Platens Gedicht heißt – wenn auch ohne dessen betörende Kompensation.

Am Ende seiner Münchner Zeit weiß der grüne Heinrich nur, daß er ein doppelt gescheiterter Bürger ist. Auf dem Boden seines Schuldiggebliebenseins gilt es für ihn, noch »für *einen* Dienst der Erde (zu) taugen«, um die »abgeschiedene« Existenz wenigstens durch Pflichterfüllung aufzuheben: auch dieser Boden soll sich mit einem bescheidenen Grün färben lassen. »Es war ein milder Februartag und der Himmel blau; die Bäume wurden bald von der Sonne durchschossen, und wenn ihnen das Laub fehlte, so glänzte das weiche Moos auf dem Boden und auf den Stämmen um so grüner.« Diese Landschaft, in der das väterliche Meerrohr verlorenging, steht am Ende der Münchner Fastnachtszeit. Hier nimmt das sehend gewordene Auge Abschied von seinen Malerträumen. Hier scheint das bewegendste Grün in Kellers Werk auf: das unterweltliche Grün des Verzichts auf den eignen Frühling und die persönliche Krone. Die Zuschauerfarbe, die so lange die der Hoffnung gewesen war, schattet sich ab zu der des Opfers.

Das Schein-Lebendige hat seine »Abgeschiedenheit« angenommen um des Landes willen, das den Vaternamen trägt und die lebendige Erbschaft des Toten wird. Diesem Erbe wird die persönliche Lebensschuld gutgeschrieben: in der persönlichen Entsagung des Staatsamtes wie in der überpersönlichen Hoffnung auf die Lebenskraft der Republik. Das Vaterland ist im Traum von gewaltigem Grün durchwachsen.

> ». . . der Fluß war zehnmal breiter als sonst und glänzte wie ein Spiegel; die Häuser waren alle so groß wie sonst die Münsterkirche, von der fabelhaftesten Bauart und leuchteten im Sonnenschein; alle Fenster waren mit einer Fülle der seltensten Blumen bedeckt, die schwer über die mit Bildwerk bedeckten Mauern herabhingen, die Linden stiegen in unabsehbarer Höhe in den dunkelblauen durchsichtigen Himmel hinein, der ein einziger Edelstein schien, und die riesenhaften Lindenwipfel wehten darin hin und her, als ob sie ihn noch blanker fegen wollten, und zuletzt wuchsen sie in die durchsichtige blaue Masse hinein, daß es vollkommen anzusehen war wie die Moospflänzchen, die man im Bernstein eingeschlossen sieht, nur unendlich größer.«

Hier baut sich ein Bild der Heimat, wie es dem Pinsel nie gelingen wollte, im Raum der Sehnsucht auf, nimmt in einem Atem die Gestalt eines vegetativen Paradieses und eines monströsen Kleinods an: ein Vaterlandswunder, dessen Dimensionen erkennen lassen, daß es mit der eigenen Zwergengestalt bezahlt ist und im Wachen nicht zu halten sein wird. Die Verheißung, hier sei der Ort, wo es Heinrich bestimmt sei, »die letzte Hand an sich zu legen«, wird nur zu bald ihren finstern Doppelsinn enthüllen. In der ersten Fassung lautet das Roman-Urteil auf Tod; in der zweiten entfärbt sich das laubgrüne

Narrenkleid, mit dem Heinrich am Münchner Kostümfest zum letzten Mal Staat gemacht hatte, ins Unscheinbare, zum Mimikry des Amt-Manns und »Statthalters«. Aber auch in dieser Winterform und Todesgestalt, als abgedankte Hoffnung, versucht der Autor des »Heinrich« das Leben mitten im Tode festzuhalten, indem er den Tod mitten im Leben auf sich nimmt. Ein Mensch tut seine Schuldigkeit als Schreiber; als Schriftsteller arbeitet er mit seiner Schuld. Er tilgt sie nicht damit; er kann nicht einmal mehr hoffen, sie zu tilgen. Er hält ihr nur noch stand und stellt sie dar.

Schuld woran? Der grünen Schuld vom Vater her verbindet sich jene dunkle Mutter-Verschuldung, deren Gründen hier nachgegangen wurde. Es genüge die Erinnerung, daß sie die intimere und tiefere gewesen sein muß, weil sie auf tätiger Gegenseitigkeit beruhte; weil sie nicht nur ein Schuldiggebliebensein, sondern ein anhaltendes Schuldigwerden bedeutete. Kellers Heinrich verschuldet sich nicht nur an der Mutter, sondern auch mit ihr; in der Fehleinschätzung seines Lebens ist sie die treueste Komplizin und büßt dafür mit dem Tode; zahlt für anderes, Verborgenes, Unbesprochenes dabei mit. Gewiß ist, daß diese Mutter ihren Sohn zu einer »abgesonderten und abgeschiedenen Erscheinung« erzog; ihm unrettbar fern und unheilbar nahe verbunden war durch früheste Verwicklung; daß sie ihn ohne bösen Willen ausstieß aus dem Kreise derer, die sich herausnehmen dürfen, mit der Liebe auch Selbstachtung, also Zuversicht zu verbinden. Aus dieser Beziehung ist das »Grüne« früh gewichen, um der Blässe und dem Grau Platz zu machen; der – bestenfalls – allmählich verblassenden Finsternis und dem gelichteten Schmerz.

Aber einer, der die Quelle seiner Existenz so getrübt gesehen hatte, entgeht, wie zu zeigen war, nicht immer der Versuchung zur Rache am grünen Leben. Es gibt Stellen genug in Kellers Werk, wo die Menschenbehandlung zur Tortur, der Humor bösartig wird; wo die Trauer einen Ausgang ins Finstere suchte. Die Erinnerung ist nicht weit hergeholt, daß das Volksbewußtsein unter dem »Grünen« auch den Teufel versteht. In der Jugendgeschichte fand sich jene Stelle, wo Trauer und Mordlust aus *einer* Handlung sprachen: das Getier, das Heinrich nicht am Leben zu halten und nicht zu töten vermag, wird halb tot und halb lebendig in die Grube geworfen und zugescharrt: ». . . der Rasenplatz war aber lange eine schauerliche Stätte für mich, und ich wagte nie jener kindlichen Neugierde zu gehorchen, welche es immer antreibt, etwas Vergrabenes wieder auszugraben und anzusehen.« Hier wird grausam und trostlos heimgesucht an fremder Schöpfung, was die Not mit der eigenen ist: das Bewußtsein von Unwert. Der Zyklus »Lebendig begraben« spricht deutlich aus, daß es das Stückwerk der eigenen Person war, was er »weinend« mit dem glühenden Draht totzusengen und dann zu vergraben suchte.

Verantwortlich zu sein auch für das Leid, das Heinrich angetan wird, und seine Notwendigkeit einzusehen: das gehört zum Stolz des grünen Vatererbes, zur männlichen Hybris des Republikaners. In diesem Sinn dann doch nicht ganz ein Mann sein zu dürfen, ohne sich lächerlich zu machen; den nach allen Seiten todbringenden Stolz (»Es lebe was auf Erden stolziert in grüner Tracht«) aushungern zu müssen in der eigenen Brust; die Stimme, die des Friedens mit der Schuld-Welt gern seldwylerisch gespottet hätte und zu ihrer Heimsuchung aufrief, zu ersticken: das war die Lebensarbeit des Schriftstellers Gottfried Keller. Und es mußte – das ist seine »kleinste Größe« – Trauerarbeit sein, da der Todeswunsch, der in ihr steckte, menschlicher- und bürgerlicherweise nicht das letzte Wort haben durfte. Er mußte sich im selben hohen Grade zähmen lassen wie der Lebenswunsch, mit dem zusammen und an den gebunden er in der »Feuerbachschen Wende« einst aufgeflammt war. Die notwendige Verbindung von Tod und Leben niemals zu leugnen, aber das Teuerste gegen sie in Schutz zu nehmen, wo es ging und soweit die Kraft reichte: auf dieser ungeheuren Bescheidenheit beruht, bis heute, die künstlerische *und* die sittliche Wirkung dieses Autors. Die Schöpfung schien sich in jeder Gestalt seinem Wunsch so lange zu versagen, daß er lieber sein Bedürfnis für schuldig erklärte, ja: seine Person zurücknahm, um die Schöpfung so in Ruhe lassen zu können, wie er sie liebte. Eine Kirchhofsruhe, ja – wenn man sich die Kirchhöfe des »Grünen Heinrich« dazudenkt, »wo nicht einzelne Stäudlein auf ein frisches Grab gesetzt, sondern das Grab muß in den Blumenwald hineingehauen werden«. Wenn dieses Grab auf die Dauer in die »Gegend Resignatio« zu liegen käme, so wäre jedenfalls dies nicht Kellers Schuld: mit seiner Beschränkung auf das dienende und poetische Grün hat er den Nachgeborenen die bindendste Verpflichtung »zu blühen« hinterlassen, die es auf schweizerischem Boden gibt.

Damit sei der Versuch abgeschlossen, die Stelle zu ergründen, wo Kellers Werk für mich, den Leser, Erinnerung bedeutet. Erinnerung nicht nur an eine historische Figur, sondern auch an eigene Ängste und Bedürfnisse, die ohne dieses Werk dunkel geblieben wären; Erinnerung an offene Fragen der Gegenwart, nicht zuletzt an die Tragweite von Kunst. Ich kam dabei auch an andern Stellen vorbei, wo die Republik oder die Literaturgeschichte diesem Autor Denkmäler gesetzt hat. Nicht alle zeugen von Vorurteil oder Gedankenlosigkeit wie der monströse Keller-Kopf vor einer Versicherungsanstalt am Zürcher Mythenquai.

Wer nach dem »Sinn«, der Bedeutung von Kellers Werk gefragt hat, dem antwortet Stille. Aber diese Stille ist nicht die des Todes, der Verlegenheit oder des verlorenen Sinns. Sie hat mit der kleinen weltlichen Predigt zu tun, die der untüchtige Jukundus im »Verlorenen Lachen« seiner an ihrer Tüchtigkeit irregewordenen, beinahe verlorenen Frau Justine hält. Es ist eine Predigt – die Eigennamen besagen es – der Menschenfreundlichkeit an die Gerechtigkeit; eine Predigt eher in Gottes Namen als im Namen Gottes:

> »Wenn sich das Ewige und Unendliche immer so still hält und verbirgt, warum sollten wir uns nicht auch einmal eine

Zeit ganz vergnügt und friedlich still halten können? Ich bin des aufdringlichen Wesens und der Plattheiten aller dieser Unberufenen müde, die auch nichts wissen und mich doch immer behirten wollen. Wenn die persönlichen Gestalten aus einer Religion hinweggezogen sind, so verfallen ihre Tempel und der Rest ist Schweigen. Aber die gewonnene Stille und Ruhe ist nicht der Tod, sondern das Leben, das fortblüht und leuchtet, wie dieser Sonntagsmorgen, und guten Gewissens wandeln wir hindurch, der Dinge gewärtig, die kommen oder nicht kommen werden. Guten Gewissens und ungeteilt schreiten wir fort; nicht Kopf und Herz oder Wissen und Gemüt lassen wir uns durch den bekannten elenden Gemeinplatz auseinanderreißen; denn wir müssen als ganze unteilbare Leute in das Gericht, das jeden ereilt!«

Diese Resignation ist stumm nur für den, der die Stimme der Dichtung nicht mehr vernehmen kann. Sie bedeutet Anstiftung zu einem ganzen Leben. Der Autor hat sie festgeschrieben um den Preis persönlichen Glücks. Sein Werk hinterläßt am Ende nicht mehr und nicht weniger als die Erinnerung an das, was wir uns selber schulden; so viel Wahrhaftigkeit, wie wir bei aufrechtem Gang tragen können.

Bildteil

Frauenbilder

Die Mutter: Elisabeth Keller-Scheuchzer, *1787-1864, Tochter des Arztes J. H. Scheuchzer in Glattfelden. Ehe mit dem Drechslermeister Rudolf Keller 1817. 1824 verwitwet. 1826 Wiederverheiratung mit den Gesellen H. H. Wild geschieden 1834. 1853 Verkauf des Hauses am Rindermarkt. 1855 Umzug in die Gemeindegasse in Hottingen, 1861 in die Staatsschreiberwohnung des Sohnes.*

Gestern ging ich auf die Ausstellung mit Regula und noch mehreren Bekannten, weil bloß die Freitage in der Woche frei sind. Dein Bild befindet sich an einem schönen Platze im 2. Zimmer (es sind 5 Zimmer voll Gemälde). Es wurde mit großen Augen von uns *Nichtkennern* bewundert. Ich stand lange mit Nachdenken dabei und berechnete eben die Kosten der Rahme und die Zeit der Arbeit. Und dann, wieder die Besorgnis, wenn es hier nicht verkauft wird.

Die Mutter an den Sohn, 11. Juni 1842

Ich hoffe nur, daß Du selbst werdest noch gesund bleiben, und bitte, auch das Deinige dazu zu tun und Dich nicht mehr so abzuplagen wie früher. Auch gönne Dir etwas mehr im Essen und Trinken und kleide Dich gut. Wenn es, ehe ich nach Hause komme, an Geld fehlt, so schreibe es, wie gesagt. Da ich selbst jetzt in einem Alter bin, wo man nicht gern bloß Kartoffeln ißt, so möchte ich nicht gern, daß es alsdann heißen würde: seit meiner Rückkehr tue man auf einmal dick.

Keller an die Mutter, 24. 12. 1853

... das Leben der einfachen und unwissenden Frau ist ihm ein ebenso wichtiger Bestandteil seiner Welt wie jeder andere. Da er den Gedanken der Unsterblichkeit aufgegeben, fühlt er den Verlust um so tiefer und intensiver, sowie das ganze Verhältnis, das körperliche Band der Familie, die unmittelbare Quelle des Daseins.

Keller an Hettner, 5. Januar 1854

... wer die Mutter noch hat, darf wohl noch Bäume setzen; ...

Keller an Storm, 26. Februar 1879

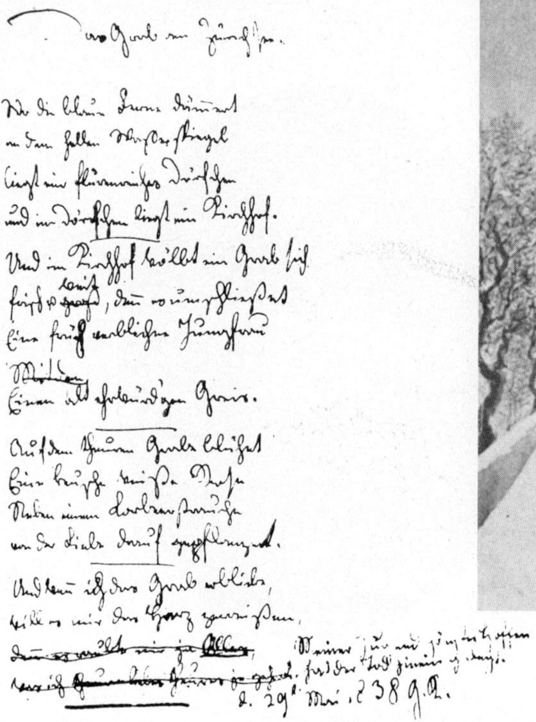
Das Grab am Zürichsee.

Wo die blaue Seene dämmert
An dem hellen Wasserspiegel
Liegt ein schimmerndes Dörfchen
Und im Dörfchen liegt ein Kirchhof.

Und im Kirchhof wölbt ein Grab sich
Frisch so weiß, das umschließet
Eine frisch erblichne Jungfrau
Einen alt ehrwürdgen Greis.

Auf dem grünen Grabe blühet
Eine junge weiße Rose
Neben einem Lorbeerstämmchen
An der Liebe drauf gepflanzet.

Und wenn ich das Grab erblicke,
Will es mir das Herz zerreißen,

d. 29t Mai 1838 G. K.

Henriette Keller, *1818–1838, wohnte mit ihrer Mutter und drei Geschwistern im mütterlichen Haus am Rindermarkt, die Familie wird von den Hausbesitzern als verwahrlost geschildert. Henriette, das Vorbild für »Anna« im »Grünen Heinrich«, starb 19jährig an der Schwindsucht und ist mit ihrem Großvater in Richterswil begraben.*

Das Mädchen aber blieb immer gleich, ruhig, bescheiden und fein, und band gelassen seinen breiten Strohhut um, auf welchem eine Rose lag: der Nachtkühle wegen brachte die Muhme einen prachtvollen weißen Staatsschal aus alter Zeit mit Astern und Rosen besäet, den man um ihr blaues, halb ländliches Kleid schlug, daß sie mit ihren Goldhaaren und dem feinen Gesichtchen aussah, wie eine junge Engländerin aus den neunziger Jahren. Aus dem »Grünen Heinrich«, II, 2

Der letzte Sonnenstrahl leuchtete nun durch die Glasscheibe in das bleiche Gesicht, das darunter lag; das Gefühl, das ich jetzt empfand, war so seltsam, daß ich es nicht anders, als mit dem fremden und kalten Worte »objektiv« benennen kann, welches die Gelehrsamkeit erfunden hat. Ich glaube, die Glasscheibe tat es mir an, daß ich das Gut, was sie verschloß, gleich einem hinter Glas und Rahmen gebrachten Teil meiner Erfahrung, meines Lebens, in gehobener und feierlicher Simmung, aber in vollkommener Ruhe begraben sah; noch heute weiß ich nicht, war es Stärke oder Schwäche, daß ich dies tragische und feierliche Ereignis viel eher genoß als erduldete, und mich beinahe des nun ernst werdenden Wechsel des Lebens freute.

Aus dem »Grünen Heinrich«, III, 7

Und wenn ich das Grab erblicke,
Will es mir das Herz zerreißen:
Meiner Jugend schönstes Hoffen
Hat der Tod hineingelegt.
Aus »Das Grab am Zürichsee«, 29. Mai 1838

Marie Melos, *1820–1888, Tochter eines weimarischen Professors, lebenslang unverehelicht und der Familie des Dichters Ferdinand Freiligrath verbunden, der ihre Schwester Ida geheiratet hatte. In den vierziger Jahren, während Freiligraths Schweizer Exil, Liebesbekanntschaft Kellers; die Korrespondenz beginnt erst 30 Jahre später.*

Zwar als ich sie machte (sc. »meine Liebeslieder«), glaubte ich selbst, sie wären so ziemlich erlebt; denn diese Jugendliebe oder erste Liebe etc. war allerdings vorhanden; es ist aber eine ferne, unbestimmte und verblaßte Geschichte, ein verblichenes Bild, dessen Farblosigkeit ich erst bemerkte, als ich mich, nicht lange nach Beendigung der Lieder, wirklich mit aller Macht verliebte und einsah, daß ich eine Menge Gefühle vorher nie gekannt habe. Das war nun freilich eine andere und hitzigere Affäre. Keller an Hegi, 10. Mai 1846

Ida bedauert es jetzt noch, daß der »Ka Ke Ki Ko Ku« nicht bei Percy (sc. Freiligraths Sohn) zu Gevatter gebeten wurde. Es wäre doch hübsch gewesen, wenn er mit der Ma Me Mi Mo Mu zusammengestanden hätte. Wir müßten eigentlich als Altersgenossen auch Gevattersleute sein . . . Marie Melos an Keller, 10. Februar 1877

Daß ich die Freude, ein so unerwartetes Lebenszeichen von Ihnen zu erhalten, nur den leidenden Augen der verehrten Frau Ida Freiligrath verdanke, reicht gerade hin, der Freude jene Heftigkeit zu nehmen, die allen Irdischen so schädlich ist.

Keller an Marie Melos, 3. März 1877

Letzten Sonntag mußte ich an ein Leichenbegängnis in Hottingen und kam auf dem Wege an dem Hause oder den Häusern vorüber, wo im Jahre 1846 Freiligraths und Wilhelm Schulz gewohnt haben, und eine gewisse Fräulein Marie Melos. Fast alles ist tot aus jener Zeit.

Keller an Marie Melos, 31. Januar 1878

Es geht uns allen mehr oder minder so, mein liebes Fräulein; erst wenn wir gegangen sind, läßt man uns gelten und bedauert uns.

Keller an Marie Melos, 17. Juli 1882

Verzeihen Sie diesen Tintenfleck, von dem ich nicht weiß, wo er plötzlich herkommt. Betrachten Sie ihn als eine unwillkürliche Illustration meines dunkeln unchristlichen Innern und bleiben Sie dennoch gut, ein wenig wenigstens, Ihrem alt ergebenen G. Keller

Keller an Marie Melos, Herbst 1882

Luise Rieter, *1828–1879, aus vornehmer Winterthurer Familie; Keller hatte sie 1847 im Hause Orelli-Breitinger an der Gemeindegasse Hottingen kennengelernt. Nach dem Tod ihres Vaters (1855) lebte sie unverheiratet als Erzieherin in Frankreich und England, später mit ihrer Mutter in Thurgau, zuletzt bei Verwandten in Danzig.*

Ich bin noch gar nichts und muß erst werden, was ich werden will, und bin dazu ein unansehnlicher armer Bursche, also habe ich keine Berechtigung, mein Herz einer so schönen und ausgezeichneten jungen Dame anzutragen, wie Sie sind, aber wenn ich einst denken müßte, daß Sie mir doch ernstlich gut gewesen wären und ich hätte nichts gesagt, so wäre das ein sehr großes Unglück für mich, und ich könnte es nicht wohl ertragen. Ich bin es also mir selbst schuldig, daß ich diesem Zustande ein Ende mache, denn denken Sie einmal, diese ganze Woche bin ich wegen Ihnen in den Wirtshäusern herumgestrichen, weil es mir angst und bang ist, wenn ich allein bin. Wollen Sie so gütig sein und mir mit zwei Worten sagen, ob Sie mir gut sind oder nicht? Nur damit ich etwas weiß; aber um Gotteswillen bedenken Sie sich nicht etwa, ob Sie es vielleicht werden könnten? Nein, wenn Sie mich nicht schon entschieden lieben, so sprechen Sie nur ein ganz fröhliches Nein aus und machen Sie sich herzlich lustig über mich; denn Ihnen nehme ich nichts übel, und es ist keine Schande für mich, daß ich Sie liebe, wie ich es tue. Keller an Luise Rieter, 16. Oktober 1847

Als ich sie im Garten und in Ihrer Wohnung im letzten Frühling sprechen und lachen hörte, ohne sie gesehen zu haben, fragte ich die Schulzische Magd augenblicklich, wer unten sei, und als ich sie nachher sah, es war eben Mai und das schönste Wetter, man erzählte mir viel von ihr, und nachher fand sich eben nichts vor, das mir die erwachende Neigung verleidet hätte. Deswegen aber war ich doch nicht blind, und als ich sie zum erstenmal in Ihrer verehrten Gesellschaft sah, bemerkte ich, als man vom Zeichnen sprach, einige kleine Fehler des Geschmacks an ihr, die ich alsobald die heftigste Begierde verspürte, ihr abzugewöhnen.

Keller an Barbara von Orelli-Breitinger, 21. Oktober 1847

Johanna Kapp, *1824–1883, Professorentochter in Heidelberg, Liaison mit Ludwig Feuerbach, Malerin, starb in geistiger Umnachtung.*

Erstarren Sie nicht ob den Untiefen, die das Leben hinter anscheinend glücklichen Verhältnissen birgt, verkennen Sie weder mich noch ihn! Wo Sie nicht alles begreifen, glauben Sie das Gute doch, und lassen Sie mich für immer glauben, daß Sie nicht irre an mir werden! Mein Herz ist unwandelbar; aber es ist nicht bloß dem Geliebten treu; es bewahrt auch seinen Freunden eine wahre Zuneigung mit Innigkeit. Ich werde Sie nie vergessen. Johanna Kapp an Keller, 7. November 1849

Ich ward so arm und doch so reich,
Zum stolzen Wissen mein Verlust!
Und in dem Elend lag zugleich
Der Balsam für die wunde Brust.

Und besser ging ich als ich kam
Von reinem Feuer neu getauft,
Und hätte meinen reichren Gram
Nicht um ein reiches Glück verkauft!

»Aus dem Leben« XVI

Johanna ist in Heidelberg und immer traurig, wie sie schreibt; ich kann ihr nicht helfen; ein jedes Jucken braucht seinen eigenen Kratzer.
Keller an Hettner, 21. Oktober 1854

Gewöhnlichen Koketten, wenn sie hübsch sind, kann man das zugut halten. Wenn aber eine ungewöhnlich sein und ein großes Schicksal haben will, wie die Johanna, so wird eine solche Praxis elend und verdient direkte Grobheiten, und die meinigen, die ich ihr gemacht, bereue ich jetzt erst nicht. Keller an Hettner, 18. Oktober 1856

Hier haust seit einigen Monaten der August Kapp aus Heidelberg mit seiner merkwürdigen Gemahlin. Es fehlt auch ihm nicht viel zu einem Sparren im Kopf, und beide schwatzen einen halb zu Tode. Dabei ärgern sie sich immer über die arme Johanna, die in Gottes Namen einmal toll ist und wahrscheinlich auch lieber glücklich und gesund wäre. Neulich zeigten sie mir einen Brief von ihr, der abwechselnd mit roter und schwarzer Tinte geschrieben ist, und schrieen fortwährend: Ist das nicht zum Tollwerden? Ja, es ist traurig, sagte ich.
Keller an Fries, 3. Februar 1878

Ludmilla Assing, *1821–1880, Tochter eines Hamburger Arztes und Literaten, Nichte Varnhagens von Ense, dessen Haushalt sie führte und dessen Nachlaß sie edierte, als Malerin tätig, engagiert für die italienische Befreiungsbewegung, vorübergehend exiliert, heiratete 1873 den Bersagliere-Offizier Grimani, starb in geistiger Umnachtung.*

So sind Sie halb bei mir, und ich habe Sie mit mir genommen, ohne daß Sie es wissen, und vielleicht sogar – ohne daß Sie es wollen! – Warum begreifen Sie es nicht, daß ich Sie gern mit mir hätte, daß ich alle die ergreifenden Eindrücke dieser einzigen Gebirgswelt mit Ihnen teilen möchte?

Ludmilla an Keller, 28. August 1860

Tragen Sie noch immer eine so schöne rote Feder am Hut, wie einst in Zürich? Haben Sie Ihr Amethystenhalsband noch? Wie stehen Sie zu Garibaldi und zum Papst?

Keller an Ludmilla, 24. Oktober 1872

Ich glaube, zuweilen läuft auch ein wenig Malice in Ihre große Güte gegen mich unter, aber es tut nichts. Zum Beispiel was die rote Feder betrifft, die, wie ich erst viel später erfuhr, Sie nie leiden konnten. Ich habe auch deshalb keine wieder getragen. Anstatt der roten Feder trage ich jetzt meine grauen Haare, die leider, wie ich fürchte, noch weniger Aussicht auf Ihren Beifall haben können.

Ludmilla an Keller, 31. Oktober 1872

Ich habe hier näher vernommen, wie es der Ludmilla Assing gegangen ist mit ihrem Heiraten. Der Offizier hat nämlich vorher einen Kontrakt mit ihr abgeschlossen, den die blinde Kuh unterschrieben hat, wonach sie sich verpflichtete, wenn sie jemals sich trennen sollten, ihm jährlich soundsoviel zu zahlen. Als die Hochzeit nun vorbei war, ging er natürlich sogleich fort, kam aber zu ihrem Entzücken nochmals wieder, um noch was zu erkapern, und ging dann ganz fort.

Keller an seine Schwester, 9. Juli 1874

Sie hat die Unsitte, mich jedesmal in den Gasthof zu zitieren, wenn sie hier ist, als ob es unschicklich wäre, unsereinen zu Hause aufzusuchen. Ich ging jedenfalls zum letztenmal hin, denn sie machte mir einen unerträglichen Eindruck. Sie hatte eine goldene Brille auf der Nase, renommierte, daß sie Latein treibe, warf die Gegenstände auf dem Tisch mit barschen Mannsbewegungen herum, heulte dazwischen, rückte mir auf den Leib, immer von sich sprechend etc.

An Marie Melos, 26. Dezember 1879

Betty Tendering, *1831–1902, Schwester der Verlegersgattin Lina Duncker, Rheinländerin, heiratete einen Brauereibesitzer in Wesel.*

Am frühen Morgen stürzte sich meine Kätherle ins »Schwert«, wo die »beifolgende junge Dame« in vornehmer adeliger und weiblicher Genossenschaft logierte. Sie war soeben zum Dampfschiff abgegangen. Die Meinige eilt nach, da reißt der Dampf die Deinige von dannen, und die Meinige hat nur noch das Nachsehen auf eine schlanke weibliche Gestalt im grauen Reisekleide. Schulz an Keller, 28. Juli 1855

Vergangenen Sommer wollte ein junges Frauenzimmer Dich aufsuchen, welche eine Schweizerreise machte, und ich gab ihr einen Brief an Schulzens mit, damit diese mit ihr herüberkämen, weil es ein vornehm aussehendes und hübsches Stück Weibsbild ist, welche die Leute verblüfft macht; ich weiß nicht, wie ich dazu kam, sie nicht direkt an Dich zu weisen; ich glaube, ich befürchtete, Du möchtest etwa sonderliche Gedanken fassen und nicht wissen, was Du zu der Person sagen solltest. Wie ich aber aus einem Schulzischen Briefe sah, hätten diese vielleicht noch größere Dummheiten gemacht, was mich geärgert hätte, und so ist es gut, daß sie gar niemand getroffen hat, denn sie hatte gar nichts bei Euch zu tun. Keller an die Mutter, 17. Oktober 1855

Ich sage Ihnen, das größte Übel und die wunderlichste Komposition, die einem Menschen passieren kann, ist, hochfahrend, bettelarm und verliebt zu gleicher Zeit zu sein, und zwar in eine elegante Personnage. Doch behalten Sie um Himmels willen diese Dinge für sich.

Keller an Hettner, 2. November 1855

Ich habe den Auftrag, Sie zu grüßen, obgleich Sie stets so unartig und mürrisch wie möglich gegen sie gewesen seien. Wir führen zuweilen, *Betty* und *ich,* eine kleine Szene auf, in der *ich* Keller spiele. Sie können denken, wie natürlich das ist. Es handelt sich um ein *Bijou,* das Sie *fallen* ließen. (...) Meine Schwester hebt es auf, – unerhört freundlich, huldvoll von einem schönen, großen, stolzen Mädchen. Sie präsentiert es Ihnen, und Sie kratzen es ihr ungestüm und barsch aus der Hand und legen es an Ort und Stelle, ohne Dank, ohne irgend ein schmeichelhaftes oder erstauntes Wort. – Betty steht erstarrt vor Ihnen.

Lina Duncker an Keller, 29. Februar 1856

Übrigens stand Ihre Fräulein Schwester nicht, sondern saß auf einem Stuhle, als ich jenen Knopf oder kleinen Kompaß suchte, und sie so huldvoll war, mir ihn zu geben, trotzte ich das Ding nicht ihr aus der Hand, sondern nahm es verblüfft und demütig in Empfang. Eine besondere Rede daran zu knüpfen, war ich freilich nicht behende genug. Keller an Lina Duncker, 6. März 1856

LINA DUNCKER-TENDERING, *1825–1885, Tochter eines rheinischen Gutsbesitzers, führte das phantastisch möblierte Haus ihres Mannes, des Verlegers Franz Duncker, an der Berliner Johannisstraße, als freigeistigen Salon.*

Ob Sie nun gern der Freund eines Taugenichtses wären, das weiß ich nicht, wahrhaftig, es hat nie den Anschein gehabt, aber heute binden Sie so liebenswürdig mit mir an, daß Sie mich nun auch so leicht nicht wieder loswerden. Ich will mich gegen den Titel, den *Sie* mir geben, nicht verantworten, ich verdiene ihn mehr, als Sie wissen, und als ich andern gegenüber zugeben darf; es erschreckt mich nur, daß man es mir also doch ansieht, daß es mir Menschen anmerken, denen ich grade nicht nahestehe und die nicht meine Vertrauten waren, – daß ich wirklich ein Taugenichts bin. Aber es tröstet mich, daß ich nicht ohne Kameradschaft bin, und es beglückt mich, daß man mich dennoch gern hat; ich mache aus meiner Natur und meinen Sünden nur ein Geheimnis, wenn ich muß, nicht aus Neigung, nicht als Falschheit, nicht um besser zu scheinen, als ich bin.

Lina Duncker an Keller, 17. November 1855

Und eigentlich sollte ich Ihnen recht gerührt und dankbar schreiben, da Sie mir zuletzt die liebenswürdige Offerte machten, mir Ihre Novellen zu dedizieren. Ich lasse mich nicht gern anführen und auslachen und sage Ihnen also, daß ich dem Frieden nicht traue, daß ich glaube, Sie wollen sehen, wie meine Eitelkeit bei einer solchen scherzhaften Anfrage ans Tageslicht kommt; ich will Ihnen aber gestehen, daß für eine Verlegersfrau dergleichen Gunstbezeugungen so sehr nach Unfreiwilligkeit aussehen, daß ich sie deshalb dankbar zurückweisen würde, wenn ich mir überhaupt aus den Meinungen der Leute etwas machte. Was *mich* betrifft, so wäre ein ernstlich gemeinter Vorschlag für eine Widmung der erste, der mir im Leben gemacht wird, und ich habe eine kindliche Freude darüber gehabt; das ist eventualiter die beste Antwort.

Lina Duncker an Keller, 2. September 1856

Daß Sie vergangenen Sommer in der Schweiz waren, hörte ich von Frau Duncker, welche durch Zürich passierte. Wenn Sie dieselbe sehen, so haben Sie die Güte, ihr meine Danksagung auszusprechen für die Urbanität, mit welcher sie sich verabschiedet habe! Ich hätte, sagen Sie ihr, drei Tage und vier Nächte vor Rührung darüber geweint, am fünften Tage aber mich aus meinen Tränen erhoben, triefend wie ein alter Nilgott.

Keller an Ludmilla Assing, 30. November 1859

Berlin den 2ten Sept. 1856

Lieber Herr Müller!

Mein Mann ist sehr stolz darauf Ihnen sagen zu können, daß er Ihnen noch nie einen Geschäftsbrief geschrieben hat, ob der Stolz begründet ist, scheint mir noch zweifelhaft, Herr Weigel schreibt Ihnen viele Geschäftsbriefe und Sie leisten ihm Buße und beweisen ihm Nachsicht und Freundlichkeit, sich beklagend daß man Sie dränge und belästige, Herr Duncker quält Sie nicht, bittet Sie nicht, schreibt Ihnen nicht, und Sie lassen ihn ebenfalls warten, muß zuletzt ungeduldig werden, wie soll man nun, wie soll man es mit Ihnen machen? Nachdem die

LUISE SCHEIDEGGER, *1843–1866, Tochter eines Arztes aus Langnau/ Bern, Waise, verlobt mit Keller im Frühjahr 1866, im Juli Freitod.*

Du solltest ruhen und ich störe dich,
Ich störe deine Ruhe, süße Tote,
Ich wecke dich im kühlen Morgenrote,
Und wecke dich, wenn Schlaf die Welt beschlich

Die in der Morgenfrüh' in leisen Schuhen
Die Ruh' gesucht und mir die Unruh' gab,
Nicht eine Feste ist dein zartes Grab,
Drin du geborgen kannst und sicher ruhen!

Entschwundnes Gut, o Herz voll seltner Güte,
Steh auf und schüttle nur dein nasses Haar!
Tu auf die lieben Äuglein treu und klar,
Gebrochen in des Lenzes reinster Blüte!

Du mußt mit meinem Grame schmerzlich kosen,
Solang er wach, das ist die meiste Zeit.
Erst wenn der Tod mir selber Ruh' verleiht,
Magst kehren du zu ruhn im Wesenlosen.

Gottfried Keller, »Aus dem Leben«, 1866

Marie von Frisch, geborene Exner *1844–1925, Schwester des mit Keller befreundeten österreichischen Juristen Adolf Exner, der bis 1872 in Zürich lehrte, Beginn der Bekanntschaft mit Keller im gleichen Jahr. Gemeinsamer Urlaub in Österreich 1873 und 74; 1874 Ehe Maries mit dem Chirurgen von Frisch. Für Marie hat der alternde Keller wieder zu malen begonnen.*

Ihre beinah geschenkte singende Flasche, Fräulien Marie, hat mich sehr gefreut. Das ist eine allerliebste Art zu schenken und unterhält die Freundschaft. Ich will's auch gleich erwidern, und ich schenk' Ihnen in gleicher Weise: a) Ein paar hundertjährige Ohrringe meiner Großmutter, die ich auf meinem Schreibtisch liegen habe und mit denen ich beim Novellenschreiben spiele, damit die Finger gelenk werden nach dem Aktenschreiben; sehr zierlich. b) Ein Quent von meiner zu erwartenden ewigen Seligkeit, das um so größer sein wird, je mehr Seelenmessen Sie für mich lesen lassen (. . .) d) Eine große Rembrandtsche Radierung, der Tod Marias, gilt auf Auktionen über 100 Gulden, habe vor 30 Jahren geschenkt bekommen. e) Ein Exemplar des Trauerspieles »Savonarola« von Gottfried Keller, auf Pergament gedruckt, aus seiner, des Verfassers, eigener Haut. Das können Sie natürlich erst nach meinem Tode bekommen. Keller an Adolf Exner, 31. Januar 1873

Durch Ihre eben anlangende Verlobungsproklamation werde ich an meine Briefschuld erinnert, die ich nun sofortigst abschaufeln will. Zuerst bringe ich nochmals meine ergebensten Glückwünsche dar und bin froh, daß Sie mir hiebei nicht wieder die Hand küssen können, da sie teils voll Tinte, teils klebrig von Trauben ist, die ich gegessen.

Keller an Marie Exner, 6. Oktober 1874

Auch für die geschmackvolle Idee, mir ein Tanagra-Wesen zu schenken, bin ich herzlich dankbar; wenn Sie's aber auch fertig bemalen sollten, so müssen Sie es doch nicht schicken, da dergleichen bei mir nicht fortkommt. Die »abstaubenden« Weibspersonen demolieren dergleichen unerbittlich und brechen alles, was vom Leibe absteht, so daß die armen feinen Ärmchen, Händchen und Füßchen überall in Schächtelchen und Schälchen herumliegen, weil sie mich wegzuwerfen dauern, während die verstümmelten Figuren sich nicht einmal mehr kratzen können, wenn sie's beißt.

Keller an Marie von Frisch, 15. Februar 1884

Kommen Sie doch endlich einmal wieder, ehe wir noch allesamt zu alt sind, um uns über irgend was zu freuen. Wenn Sie auch's Rheumatisl im Rücken haben und keine Zähne im Munde, wie Sie einmal geschrieben, das macht gar nichts. In meiner Pflege gedeihen die ältesten Herren prachtvoll. Marie von Frisch an Keller, 30. Dezember 1885

DIE SCHWESTER: REGULA KELLER, *1822–1888, Schneiderin, Schirmverkäuferin, ehelos; nach dem Tod der Mutter Haushälterin des Bruders im »Bürgli« und nach 1882 am Zeltweg in Zürich.*

Ich hätte Dir gern auch ein Scherflein beigelegt, zu Deinem Geld; allein ich fand es eben jetzt nicht ganz so für nötig. Wenn Du etwa später in Not gerätst, so kannst Du Dich ja melden, obschon meine Hülf niemals wichtig sein wird.

Die Schwester an den Bruder, 8. Januar 1841

Was die Reisepläne meiner Schwester betrifft, so rate ich als Bruder, ganz ordentlich zu Hause zu bleiben und sich gut aufzuführen, wenn sie nicht in ökonomisches und moralisches Elend geraten will; beim Manne ist es eine Notwendigkeit, daß er in die Fremde gehe und ins Leben hinauskomme, weil er ganz andere Erfahrungen braucht als die Weiber; aber aus Frauenzimmern, welche allein in der Fremde herumreisen, ist noch nie etwas anderes geworden, als *was ich nicht sagen mag!*

Keller an die Mutter, 23. April 1842

Mit meiner Schwester geht es körperlich besser, aber Geist und Gemüt scheinen von der Krankheit gelitten zu haben, sie ist verwirrt ohne Fieber. Dabei aber zeigt sie Witz, und die Tiefe eines zarten und liebebedürftigen Gemütes tritt zum erstenmal zutage. Die Mutter wacht nun ganz allein schon vierzehn Nächte bei ihr, ich kann nichts helfen, ich bin die unnütze Zierpflanze, die geruchlose Tulpe, welche alle Säfte dieses Häufleins edler Erde, das Leben von Mutter und Schwester aufsaugt.

Aus dem »Traumbuch«, 16. September 1847

Die letzten acht Tage konnte sie weder liegen noch sitzen, noch irgend anlehnen und fand keine Luft mehr. Ich mußte auch lange Nächte aufpassen und in der letzten die ganze Nacht mit der Wärterin dabeistehen und mit den Händen bereit sein, wenn sie in einer Art Verließ, das wir gebaut, mit dem Kopf nach vorn oder seitwärts fallen wollte. Das kam mir kurios vor. Und doch mußte ich später lachen, als sie zur Ruhe war und die Weiber erzählten, wie sie eines Nachts, als die Wärterin, die sie an einer langen Schnur am Beine zu ziehen pflegte, wenn sie etwas bedurfte, im Nebenzimmer eingeschlafen war, mit dem Stock in der Hand sich hinschleppte, sah, daß sie schlief, und das Licht ausblies, das sie natürlich bereithielt. Ein wahrer Holbein! Und sehr liebenswürdig! Ich habe über die Zeit immer mit Heulen zu kämpfen gehabt.

Keller an Marie von Frisch, 7. Juni 1889

Randzeichnungen
Gottfried Kellers

Ob ich wirklich zum Dichter geboren bin und dabei bleiben werde, ob ich wieder zur bildenden Kunst zurückkehren oder gar beides miteinander vereinigen werde, wird die nähere Zukunft lehren.

Wenn ich auch keine gelehrte Erziehung genossen habe, so versetzt mir die Schule eines bewegten Lebens dasjenige, was sich nicht nachholen läßt. Autobiographische Mitteilung, 22. März 1847

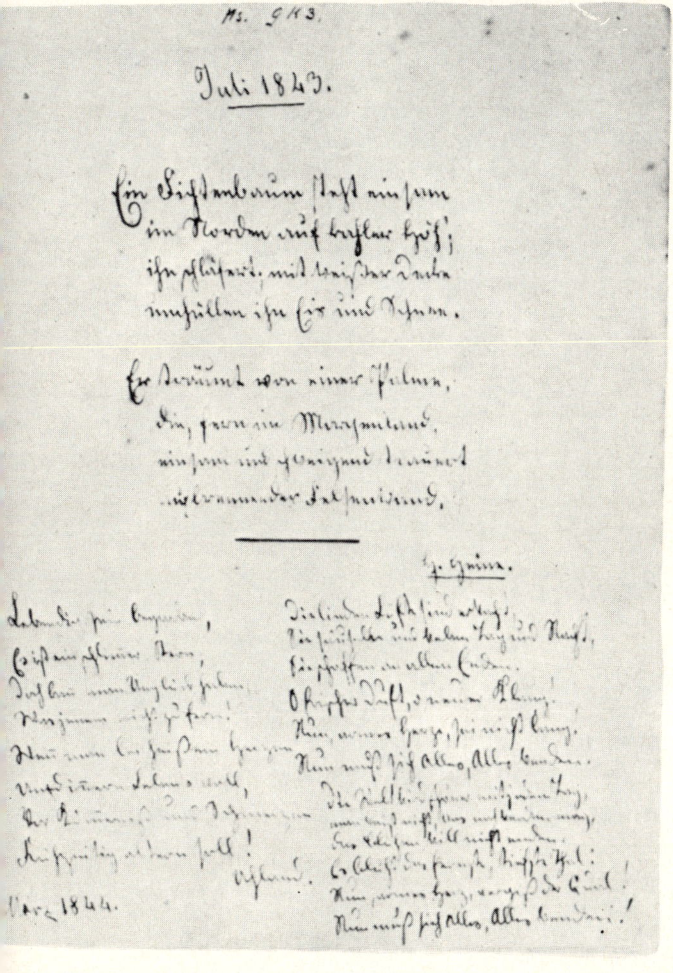
Ms. 9143

Juli 1843.

Ein Fichtenbaum steht einsam
im Norden auf kahler Höh';
ihn schläfert; mit weißer Decke
umhüllen ihn Eis und Schnee.

Er träumt von einer Palme,
die, fern im Morgenland,
einsam und schweigend trauert
auf brennender Felsenwand.

H. Heine.

Die linden Lüfte sind erwacht,
Sie säuseln und weben Tag und Nacht,
Sie schaffen an allen Enden.
O frischer Duft, o neuer Klang!
Nun, armes Herze, sei nicht bang!
Nun muß sich Alles, Alles wenden.
Die Welt wird schöner mit jedem Tag,
man weiß nicht, was noch werden mag,
Das Blühen will nicht enden.
Es blüht das fernste, tiefste Thal:
Nun, armes Herz, vergiß der Qual!
Nun muß sich Alles, Alles wenden!

Uhland.

März 1844.

Es wächst ein Baum am Meeresgrund
Tief und geheimnisvoll;
Die Welle tuts nicht kräuseln kund,
Die sich ihm öffnen soll!

(...)

Viel Nachtigallen, stumm und bang,
Erharren drin den Tag,
Wo frei und fröhlich ihr Gesang
Zum Himmel steigen mag.

Es hangen ehrne Glocken viel
Im grünen Ästhehain;
Was wird das für ein Glockenspiel
An jenem Morgen sein!

An jenem Morgen, wo entzückt
Das Wellendach zerspringt,
Den Baum der finstern Nacht entrückt,
Ans helle Taglicht bringt!

»Morgentraum«/»Erste Harfnerin«,
aus: »Zeitgedichte«, 1844

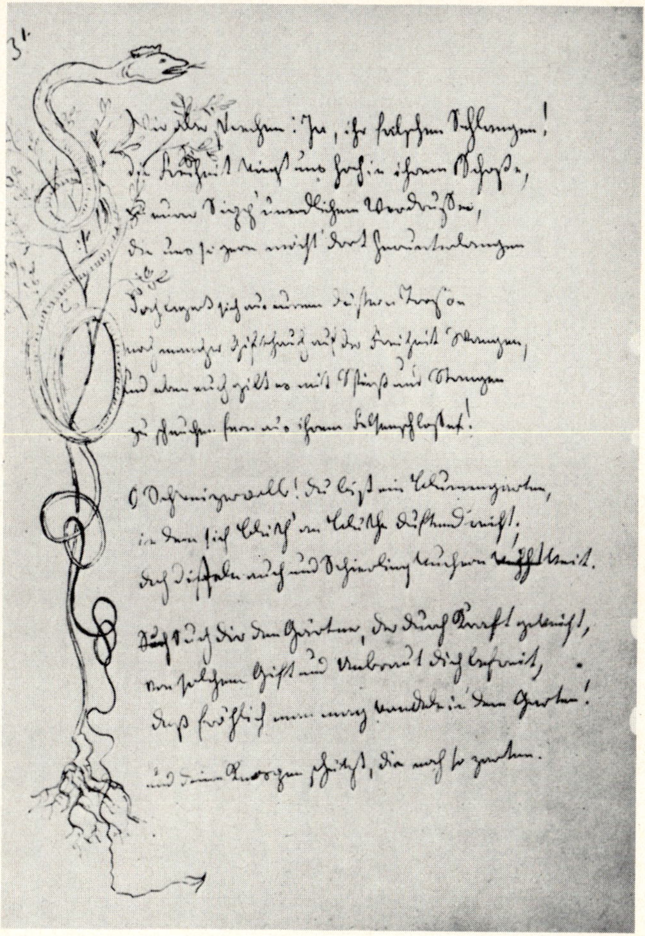

Nicht daß ich das Entsagen nicht begriffe
Mit seiner ganzen tiefen Herrlichkeit,
Mit all dem Drang, der nach dem Himmel schreit
Von manchem nassen kalten Felsenriffe!

Ich, der ich einsam mit dem Zweifel schiffe,
Ich brauche nicht den Moder dieser Zeit,
Ich habe längst mit Asche mich bestreut
Und hasse dieses Lebens feige Kniffe!

Nur duld ich nimmer, daß mir das Entsagen
Befohlen werde von der schlechten Seite,
Die selbst es flieht und niemals hat erkannt.

Und wenn es Einzelne im Herzen tragen,
So bleibe die Gesamtheit aus dem Streite:
Ihr sei das reiche Leben zugewandt!

Aus: »Schweizerische Sonette«, 1843

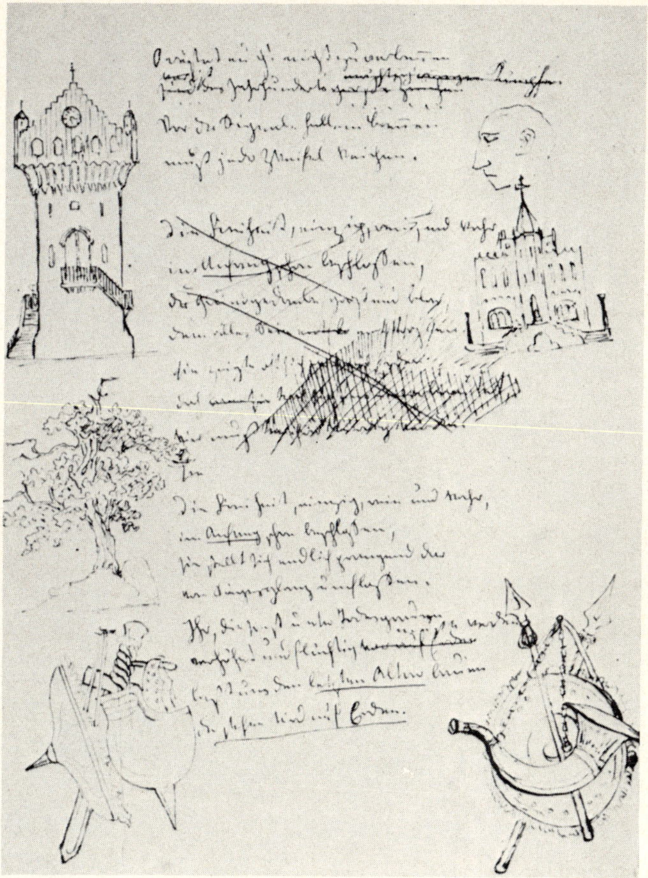

Fort mit den Vogelscheuchen,
Fort, wo sie gehn und stehn:
Das trächtige Vieh im Grünen
Könnt sich an ihnen versehn!

Aus: »Vaterländisches«,
geschrieben Januar 1845

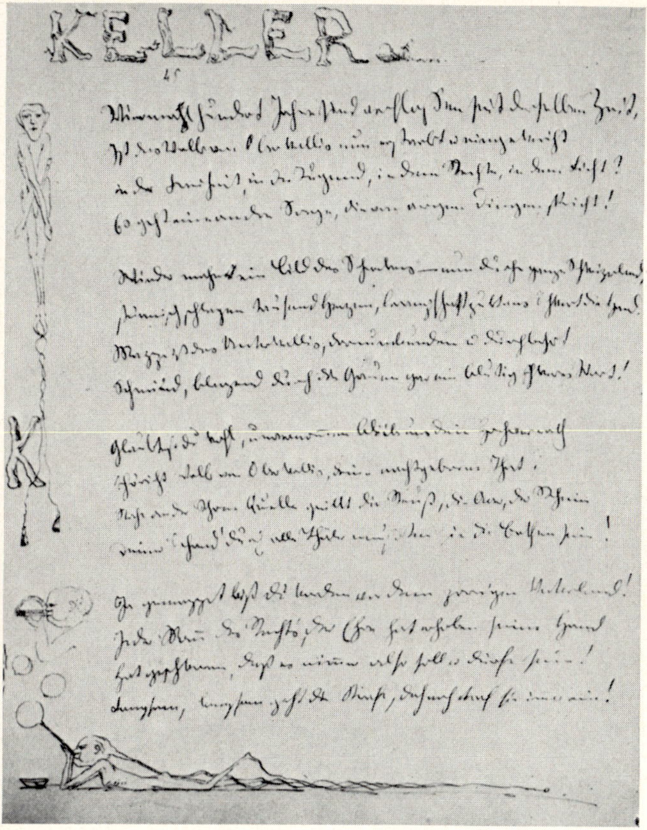
KELLER.

(...)

Ich habe meinen Leichnam
Genossen bis zum letzten Rest,
Nun bin ich für die Kanzel
Wohl hieb- und kugelfest!
Ho jaho juvallera
Wohl hieb- und kugelfest!

Heida! besoffner Küster,
Komm, binde mir den Kragen um!
In ein paar Jährlein sitz ich
Im Konsistorium!
Ho jaho juvallera
Im Konsistorium!

Aus: »Lied«, Endfassung des abgebildeten
Entwurfs, geschrieben August 1844

Seht da den Vogel mit gerupften Schwingen,
Halb flattert er, halb hüpft er hin zum Neste,
Sich einzubaun in eine Liebesfeste,
Wohin kein rauhes Lüftchen mehr soll dringen!

Doch war er groß und mochte Ruhm erringen,
Ihm grünt und blüht der Lorbeer auf das beste,
In seinen Schatten lud er stolz die Gäste
Und war so recht ein Thema zum Besingen.

Nur als den Zweig dem freien Feld er raubte,
Aus Luft und Sonne, drin er aufgeschossen,
Und sachte sich mit zu salvieren glaubte:

Da war der Traum bald wie ein Schaum zerflossen,
Das Reis stand ab, das schon so grün belaubte –
Da geht er heim nun schläfrig und verdrossen.

Aus: »Neuere Gedichte«. »Ein Wanderer« III, 1851

NOLI ME TANGERE

Ich will an deinem Wagen ziehn
Mit unverhehlten Flammen,
Doch spanne nicht mit Ratten mich
Und Hasen nicht zusammen.

Betty Tendering - bella trovata = Dortchen Schönfund

Mit Eseln und mit Affen nicht,
Mit Igeln nicht und Hunden,
Sonst wird mein allzu krankes Herz
Dir allzu früh gesunden!

Berliner Schreibunterlage

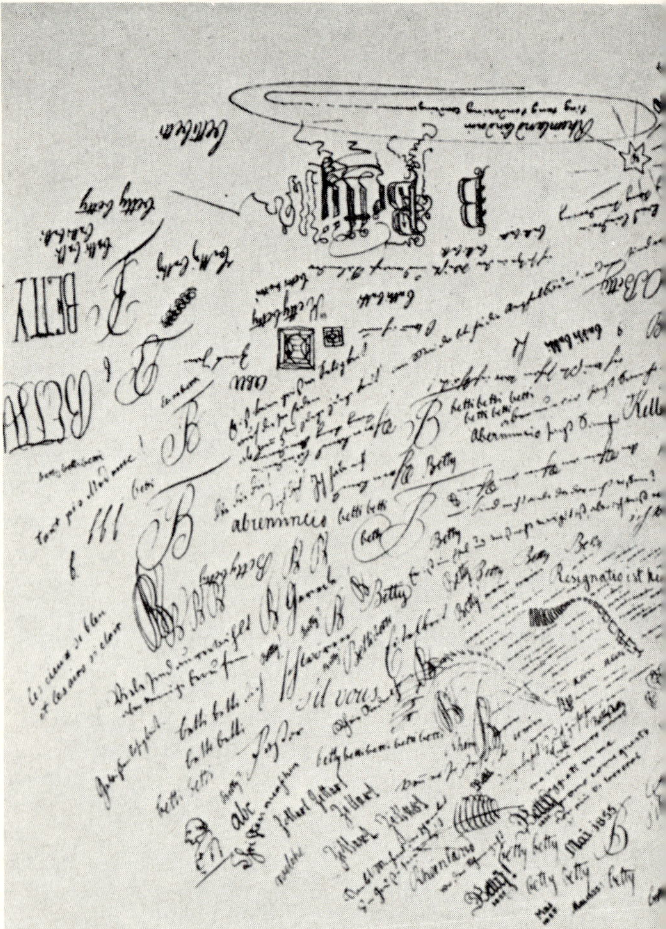

Betöre, Liebste, solche nur,
Die selber etwas gelten,
So wird dein Laster adelich,
Und niemand wird dich schelten.

Aus: »Aus dem Leben«, geschrieben 1855

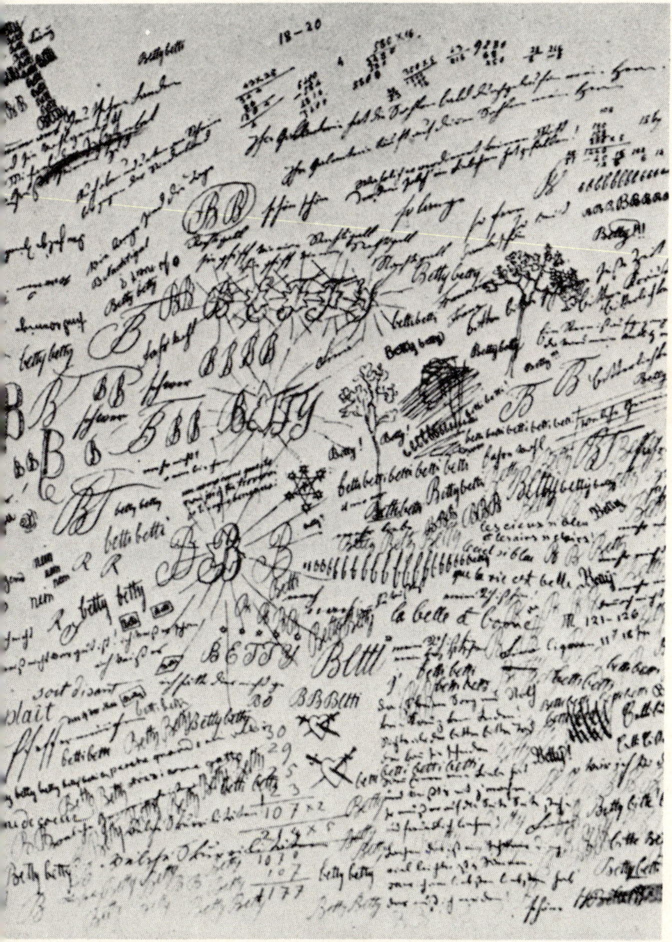

Diese und die nachfolgenden Seiten bieten Auszüge aus dem Protokollheft des Staatsschreibers Gottfried Keller aus der Zeit vom Juni bis November 1863.

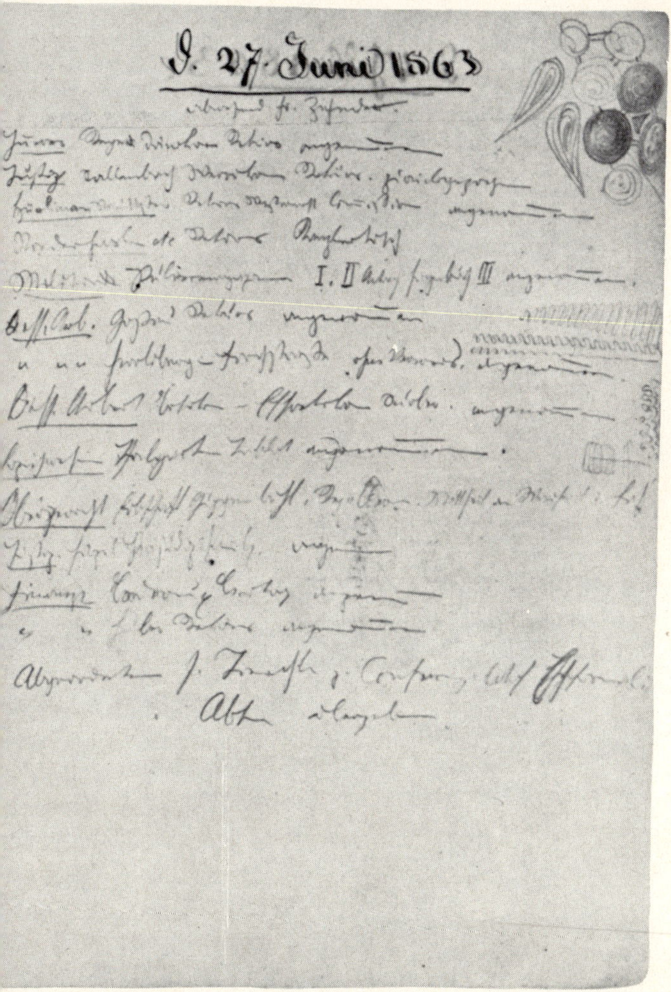
d. 27. Juni 1863

Die Zeit ist lange dahin, da der Schreiber, das Tintenfaß am Gürtel, bei schönem Wetter Hexen und Ketzer verbrannte, einen Ratsschmaus einrichtete, mit Herold und Trompeter durch die Stadt ritt, die Frühlingsmesse auszurufen, oder gar mit dem Banner ausrückte, um als Feldschreiber die glorreiche Züchtigung der Widersächer an den Rat zu berichten. Von alledem ist nicht mehr die Rede. Jahraus und -ein sitzt man am stillen Schreibtisch und kämmt zersauste Eisenbahnkonzessionen aus oder paragraphiert Gesetzesentwürfe, wie sie aus den Zusätzen und Abstimmungen von einem oder zwanzig Dutzenden turbulenter Köpfe hervorgegangen sind, vielleicht in einem kurzen Jahrzehend zum zweiten oder dritten Mal über denselben Gegenstand.

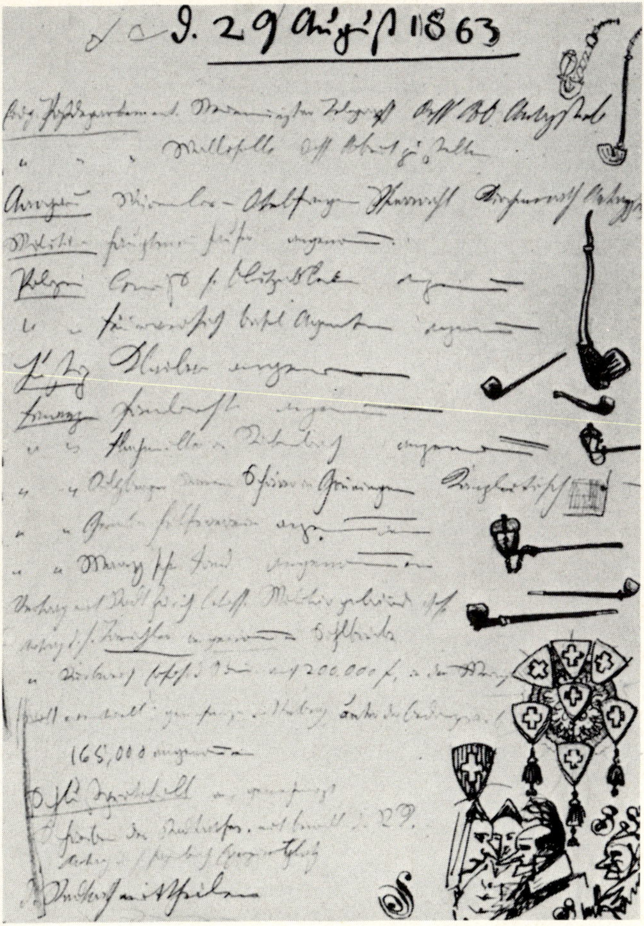

d. 29 August 1863

165,000

Indem man die Promulgation des Neuesten besorgt und in dem abgegriffenen Handexemplar der Gestzessammlung, das schon von den Randglossen entschlafener Vorgänger bedeckt ist, wieder Seite um Seite aufgehobener Bestimmungen durchstreicht, die man vor wenig Jahren vielleicht selbst in diesem papiernen Tempel aufgehangen hat, empfindet man nicht immer den rechten Respekt vor dem frischen Wehen des Lebens, dem stürmischen Vorschritt des Volkes, der solchen Wechsel bedingt. Der Schreiber fühlt sich nur als Danaide mit dem Wassersieb in der Hand, er sieht nur die Vergänglichkeit der Dinge, hört nur das Abschnarren eines Uhrwerkes, aus welchem die Hemmung weggenommen ist.

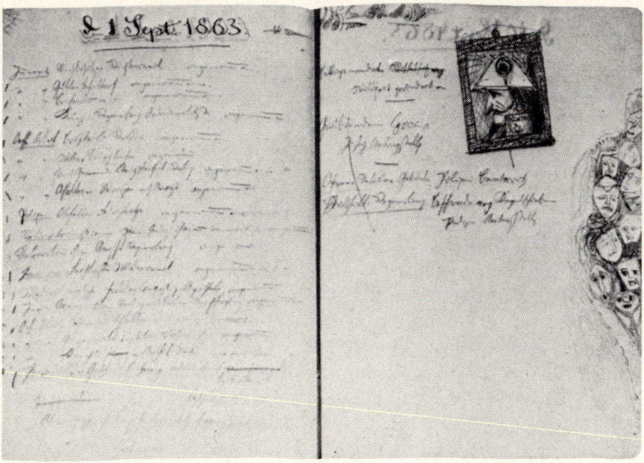
d. 1 Sept. 1863

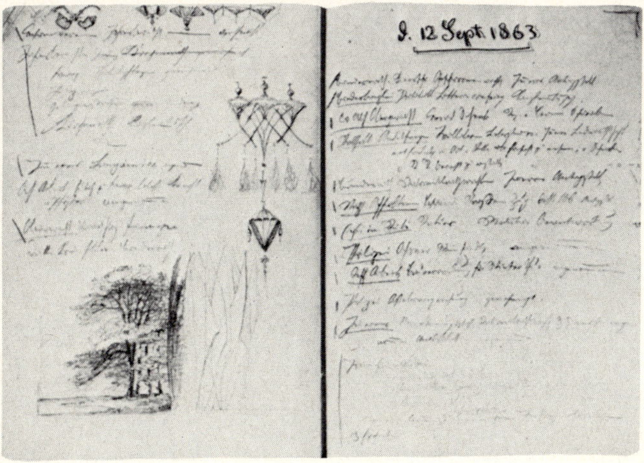
d. 12 Sept. 1863

Für seine Person wäre er friedlich und genügsam; er bedürfte nicht so vieler Änderungen, um mit seinen Nebenmenschen auszukommen, und so sehr er Freiheit und Recht liebt, so wenig liegt ihm an einem bißchen mehr oder weniger Detail, an der ewigen Topfguckerei.

(. . . .)

Indem ich während jener Zeit die Stelle eines Staatsschreibers des Kantons Zürich versah, befolgte ich den bekannten Rat, dem poetischen Dasein eine sogenannte bürgerlichsolide Beschäftigung unterzubreiten. Glücklicher Weise war es aber weder eine ganze noch eine halbe Sinekure, so daß keine von beiden Tätigkeiten nebensächlich betrieben werden konnte und das Experiment in Gestalt einer langen Pause vor sich gehen mußte, während welcher die eine Richtung fast ganz eingestellt wurde. Gewiß sind viele vortreffliche Einzelsachen und wirkliche Meisterwerke in den Mußestunden neben lebenslanger anderweitiger Berufserfüllung entstanden; es wird aber immer der Umfang oder die Natur solcher Werke die Mutterschaft bloßer Mußestunden von selbst dartun, und wer Volles und Schweres mußestündlich glaubt vollbringen zu können, wird, wenn er lange lebt und weise ist, seine Illusion selber noch zerrinnen sehen.

Aus: »Autobiographisches von G. K.«, Dezember 1876

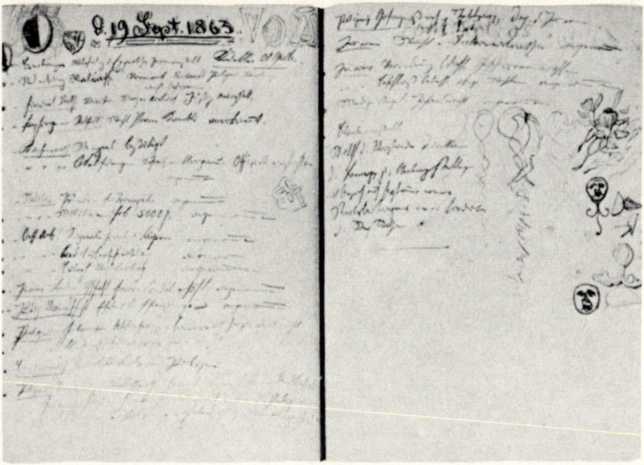

d. 19 Sept. 1863

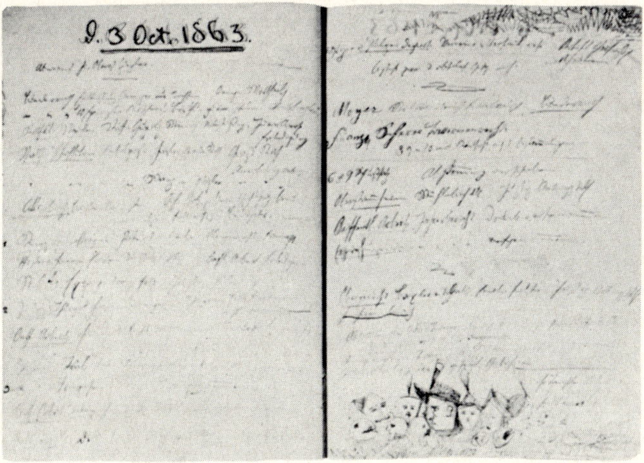

d. 3 Oct. 1863

Männer und Freunde

Der Vater Hans Rudolf Keller, *1791–1824, Drechslermeister, Wanderjahre während der deutschen Befreiungskriege 1812–1816, 1817 Trauung mit Elisabeth Scheuchzer in Glattfelden, dann kleiner Unternehmer in Zürich. Sechs Kinder, wovon nur zwei überleben. Gemeinnützige Tätigkeit, Obmann der Drechslerinnung. Früher Tod an Lungenschwindsucht.*

Es schmerzt manchen redlichen Schweizer, der unter all den zutag geförderten Ansichten für und wider so wenige sind, denen man es nicht ansähe, daß andere als rein eidgenössische Interessen ihre Federn leiteten. O des tiefgewurzelten Übels! Soll der Züricher ewig als Züricher und der Berner als Berner reden? Hat die Geschichte noch nicht genug gewarnt? Haben nicht schon Weise genug gerufen: seid eins, dann nur durch Einheit könnt Ihr bestehn! Mit dem Mund wird zwar diese heilige Wahrheit anerkannt, aber durch Handlungen widersprochen; dann bei allen großen und wichtigen Vaterlandes-Angelegenheiten kann man sich nicht fügen. Hier sieht einer seinen Kanton, dort einer seine Stadt, ein dritter seine Klasse, oder ein vierter sein Gewerbe durch dieses oder jenes benachteiligt. Wieder andere sind redlich genug, das allgemeine Wohl ins Auge zu fassen.

Entwurf eines Briefes an Zschokkes »Schweizerbooten« 1822

Der wahrhaft gebildete Mensch wird immer der sein, in welchem alle Anlagen und Fähigkeiten möglichst gleichmäßig geweckt und geleitet worden sind. Eine solche harmonische Ausbildung halte ich für die Aufgabe eines wahren Erziehers. Die höchste und schönste Anlage aber ist die sittlich-religiöse, welche denn auch am sorgfältigsten gepflegt und genährt sein will. Ich muß aufrichtig bedauern, daß gerade in dieser Schule das Religionsfach zu einer bloßen Gedächtniskrämerei, zu einem Lippenwerke herabgewürdigt wird, wobei Geist und Gemüt leer ausgehen.

Bericht über ein Votum Rudolf Kellers bei einer Visitation in der Armenschule zum »Brunnenturm«, Neue Zürcher Zeitung 23. 4. 1863

Mein Vater hatte bei seinen Lebzeiten für die Einrichtung und für die Ergebnisse dieser Anstalt (sc. der Armenschule) geschwärmt und oft den Entschluß ausgesprochen, meine ersten Schuljahre in derselben verfließen zu lassen, schon darin eine Erziehungsmaßregel suchend, daß ich mit den ärmsten Kindern der Stadt meine frühsten Jugendjahre zubrächte und aller Kastengeist und Hochmut so im Keime erstickt würden.

Aus dem »Grünen Heinrich«, I, 7.

Johann Heinrich Scheuchzer, *1786–1857, Oheim und Vormund Gottfried Kellers, Arzt in Glattfelden, der immer mehr seiner Neigung zu Landwirtschaft und Jagd nachgab.*

Auch ist es nicht meine Schuld, wenn Sie die nichtssagenden Worte mißverstanden, indem ich Herrn Spillmann weiter nichts damit sagen wollte, als daß Ihre Tochter affektiert und schnippisch und dadurch *beleidigend* wäre. Ich habe einmal das Unglück, daß bei mir alles impertinent grob herauskömmt. Es tat mir schon leid für diese Dummheit, ehe Ihr Brief kam, und bitte Sie, werter Oheim, herzlich um Verzeihung. Indessen dürfen Sie mich nicht für einen undankbaren, aufbegehrenden Jungen halten, denn Sie mögen mich nun hassen oder nicht, ich werde dennoch die Achtung und die Liebe für Sie haben, die dem Bruder meiner Mutter gebührt, und wahrscheinlich mehr, als Ihre Tochter für meine Mutter hat. Auf alte Schulden häufe ich nicht gern neue, also werden Sie auf jeden Fall bei so bewandten Sachen vor meinen Besuchen sicher sein. Keller an den Oheim, 3. Februar 1837

Er verwunderte sich, daß Du soviel Geld brauchst, und zweifelte halb an Deiner Krankheit! Vielleicht dachte er, seiest Du etwa in Schulden geraten und dafür eine Krankheit anzugeben! Weil Du bei Hause wenig Geld eigenhändig hattest, könntest Du nicht Herr und Meister darüber sein. Die Mutter an den Sohn, 12. September 1840

Daß der Herr Onkel es nun besorgt, macht mir keine gute Hoffnung, denn, wenn er auch seine Stimme dazu gibt, so ist es jetzt Jagdzeit, und er wird schwerlich sich sogleich Zeit dazu nehmen können.

Keller an die Mutter, 11. Oktober 1841

Hochgeehrter Herr! Es hat mir zu seiner Zeit große Freude gemacht, Ihre Nachhausekunft zu vernehmen, und zwar um so mehr, als sie mir in Aussicht stellten, mich in meinen öfter traurigen Umständen zu besuchen. Seit ich nicht mehr die Ehre habe, Ihre ökonomische Angelegenheiten zu besorgen, habe ich eigentlich nichts mehr von Ihnen persönlich erfahren. Die letzte Zuschrift ist eine Quittung von Ihnen, die Aushingabe Ihres Vermögens betreffend. Wenn ich daher bei meiner letzten Zuschrift an Sie, von Freude allzu stark ergriffen, gegen Sie zu familiär gewesen, so werden Sie mir gütigst verzeihen; ich glaubte in meiner ländlichen Einfalt mich noch so auszudrücken zu dürfen. Ich habe mich nun aber leider überzeugt, daß Sie für einen Besuch bei mir eine gewisse Idiosynkrasia besitzen, und Krankheiten dieser Art sind unheilbar. Um daher nicht überlästig zu sein, will ich auf einen Besuch von Ihnen verzichten und Sie der Unannehmlichkeit entheben, in unsere Niederungen herabzusteigen!

Der Oheim an Keller, 10. September 1856

RUDOLF MEYER, *1803–1857, Kunstmaler, Wanderschaft in Frankreich und Italien, wähnte sich als Napoleonide von Louis Philippe verfolgt, 1845 Hospitalisierung im Irrenhaus des alten Zürcher Spitals.*

In diesen Blättern war dann noch diese oder jene Lieblingsstelle, wo ich einen glücklichen Ton getroffen und der Natur einen guten Blick abgelauscht, ohne es zu wissen (. . .), womit Römer so zufrieden war, daß er es der Brauchbarkeit halber für sich kopierte. Er konnte dies unbeschadet seiner Strenge tun; denn ich durfte nur einen Blick auf seine eigenen Studien werfen, welche er in diesem Sommer machte, so verging mir alle Überhebung, und wenn ich noch so viel Freude an meinen Schülerwerken empfand, so war diese Freude noch viel größer und schöner, wenn ich Römers glänzende und meisterhafte Arbeiten sah. Aber düster und einsilbig legte er sie zu seinen übrigen Sachen, als ob er sagen wollte: was hilft das Zeug!

Aus dem »Grünen Heinrich«, III, 1

Denn Sie werden gestehen, daß mit sechzig Gulden die Zeit ziemlich teuer bezahlt ist, welche er bei Ihnen zugebracht hat, wenn man annimmt, daß er im ganzen kaum acht volle Wochen bei Ihnen gewesen ist (. . .) Sie haben sich also mehr den Umgang und die mündliche Unterhaltung überhaupt, als den eigentlichen Unterricht von ihm bezahlen lassen, und das ist denn keine großherzige Art, wie man einen unbemittelten jungen Menschen behandelt!

Die Mutter an Rudolf Meyer, 7. März 1838

Ich gedachte jene Summe zu meinem ersten Aufenthalt hier zu verwenden; da Sie aber selbige zurückverlangten, so blieb mir nach Abzug der Reisekosten noch 1 Franc übrig, mit welchem ich von der Post ging. Es regnete sehr stark und verwandte ich daher den besagten Franc dazu, nach dem Mont piété zu fahren und dort meinen Koffer zu versetzen. Bald darauf sah ich mich genötigt, meine Sammlungen einem Trödler für ein Trinkgeld zu verkaufen und erst jetzt, als ich endlich von aller angenommenen Künstlermaske und allem Kunstapparate glücklich befreit und hungernd in den Straßen herumlief, ohne Obdach, ohne Kleider, doch jubelnd über meine Freiheit, da fanden mich treue Diener meines erlauchten Hauses und führten mich im Triumph heim.

Römer an Heinrich im »Grünen Heinrich«, III, 2

In einem Spiegel von vier Zoll Höhe und zwei Breite gezeichnet, während ich mehrere Nächte ohne Schlaf bei großer Hitze (Juni 1845) zubrachte und zugleich einen bereits unertragbaren Schmerz im rechten Ohre zu erleiden hatte. Magerkeit überhaupt, daher ein etwas leidenvoller Ausdruck. R. Meyer.

Beschriftung eines Selbstporträts aus dem Irrenhaus, 1845

Johann Salomon Hegi, *1814-1896, Nachbarssohn, Akademieschüler in München 1837-1840, Gläubiger Kellers, Malerreisen an den Genfersee, Paris, Mexiko, später naturwissenschaftlicher Zeichner in Schaffhausen und Genf, verarmt gestorben.*

Meine Ansicht war sogleich die: Keller muß sich zuerst *genau* prüfen, ob ihm die Kunst von Herzen lieb ist, buchstäblich, wie sein eigenes Leben. Findet er nach genauer Prüfung, daß, wenn er harte Proben und zwar weit über den Anfang hinaus zu bestehen hat, er solche nicht ertragen möchte und ihm die Kunst ganz entleiden würde, so tut er viel besser, er führt sein Wort aus und zwar so schnell als möglich, indem er nach Haus geht und entweder ein Schwengel gibt oder sonst was, wozu ihn Neigung und Verhältnisse treiben, denn allenthalben und in allen Beschäftigungen wird man geehrt, wo man sich als Mann zeigt.
Hegi an Keller, 14. April 1841

Die Hauptsache aber ist die: Ich habe bisher freilich immer etwas gearbeitet, aber nicht anhaltend und nicht mit dem rechten Ernst; immer angefangen und nichts vollendet; kurz, ich habe wirklich das *Meinige* nicht genügend getan. Daher will ich die stärksten Ausdrücke meines letzten Briefes noch revozieren, bis dieses geschehen ist, und erst dann schimpfen, wenn ich *ohne Erfolg,* einige Monate lang fleißig gearbeitet habe.
Keller an Hegi, 23. April 1841

Leider sehe ich mich heute veranlaßt, die briefliche Erstarrung auf wenig fröhliche Umstände hin zu lösen. Ich höre von dritter Seite, daß es Dir schlecht geht und Du genötigt bist, einen Ausweg aus der Not zu suchen, durch Übersiedelung nach dem Osten, Ausstellung Deiner Arbeiten etc. Ich kann Absichten und Erfolg nicht beurteilen und will die weitere Entwicklung gern vernehmen.
Für jetzt drängt es mich nur, Dir mit der bescheidentlichen Einlage für die gröbste Tagesmisere, die ich aus alter eigener Erfahrung nur zu gut kenne, zu nahen, damit Du Dich nicht über Gebühr zu kasteien brauchst! Du hättest mir ja längst einen Wink mit dem Holzschlägel geben können, und ich hoffe nur, Du werdest nicht etwa Bedenklichkeiten aushecken!
Keller an Hegi, 24. August 1888

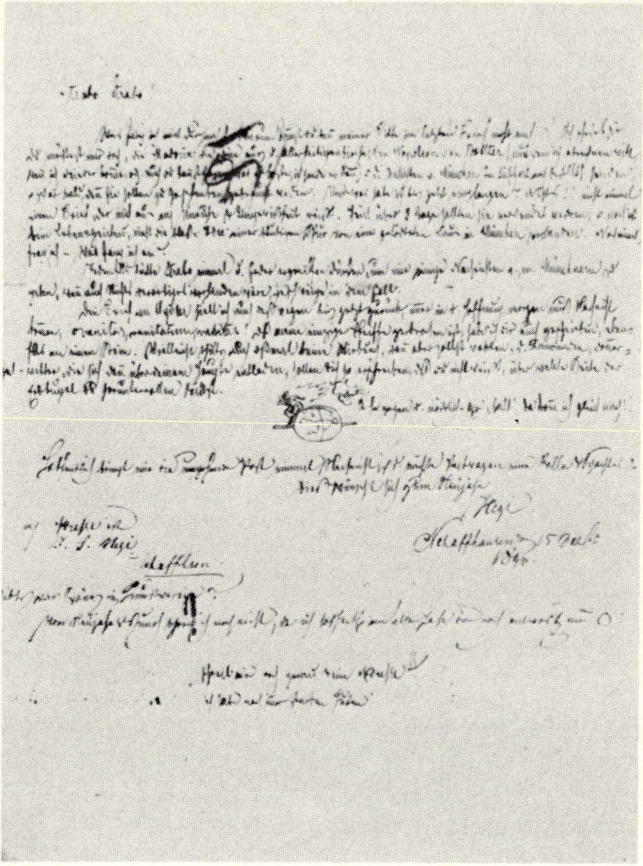

Georg Herwegh, *1817-1875, politischer Lyriker, geboren in Stuttgart, Tübinger Stift, entzog sich dem württembergischen Militärzwang durch Flucht in die Schweiz, Revolutionslieder »Gedichte eines Lebendigen« 1841, Paris, Beteiligung am badischen Aufstand 1849, Emigrant in Paris, Genf, Zürich, nach der Begnadigung 1866 bis zu seinem Tod in Baden-Baden.*

Nun laß dein Lieb kredenzen,
Herwegh, du junger Aar!
Dein Lied kann sich ergänzen
Vielleicht vor Tag und Jahr!
Doch wird dein Haar nicht grauen,
Ergrauen nicht im Turm,
Bevor dein Aug wird schauen
Den blütenschwangren Maiensturm!
Aus: »An Herwegh« (»Zeitgedichte«)

Eines Morgens, als ich im Bette lag, schlug ich den ersten Band der Gedichte Herweghs auf und las. Der neue Klang ergriff mich wie ein Trompetenstoß, der plötzlich ein weites Lager von Heervölkern aufweckt (...) und es kann leider nicht geleugnet werden, daß lediglich diese grobe Seite meiner Produktion mir schnell Freunde, Gönner und ein gewisses kleines Ansehen erwarb.

Dennoch beklage ich heute noch nicht, daß der Ruf der lebendigen Zeit es war, der mich weckte und meine Lebensrichtung entschied.

»Autobiographie« III, geschrieben 1876

Was Herwegh betrifft, so dürfte er am wenigsten imstande sein, wahre Leidenschaft zu bezeichnen, da er nie welche gefühlt hat.

Keller an Baumgartner, Juli 1852

Jetzt ist's mir zu dick, ihr Lumpenpack, ihr Gauner!

Intervention Kellers, als Lassalle sich anschickte, Herwegh zu hypnotisieren, am Vorabend des ersten Amtsmorgens als Staatsschreiber (23. September 1861)

Wenn Herwegh unter seinen neuen Gedichten nicht einen Stock rein poetischer Sachen hat, die um ihrer selbst willen da sind, so tut er allerdings besser, eine günstigere Zeit für seine politischen Sache abzuwarten.

Keller an Weibert, 13. Dezember 1872

Georg Herwegh.

FERDINAND FREILIGRATH, *1810-1876, politisch-demokratischer Lyriker, geboren in Detmold, Kaufmannslehre, nach dem demokratischen »Glaubensbekenntnis« Emigration nach Belgien, Schweiz (1845-46), England; Rückkehr nach Köln, 1848 Verhaftung, 1851-67 England, letzte Lebensjahre wieder in Deutschland.*

Nach Dir habe ich oft das Heimweh, . . .

Keller an Freiligrath, 5. Februar 1847

Nun adieu, lieber Gottfried von Glattfelden! Schreib mir bald das Nähere über Deine Abreise, und dann Hand in Hand und Aug' in Auge! Ich hoffe, wir sind uns ganz die Alten geblieben! Es ist einem während der letzten zwei Jahre so manches in Trümmer gegangen, daß man Gott danken muß, wenn man sich wieder einmal einen ordentlichen Kerl aus der großen Flut herausfischen kann.
A propos – wie stehst Du denn jetzt mit dem lieben Gott?

Freiligrath an Keller, 6. März 1850

Schreibe mir doch gelegentlich mal etwas und laß mich Euch empfohlen sein, denn kein Engel ist so rein

wie Euer getreuer Gotfridolin Keller
oder der Gang nach dem Eisenhammer
watschelnden Angedenkens

PS Ich habe wieder einmal in einem miserabel witzelnden Tone geschrieben, was ich bereits bereue. Allein warum flößest Du keine ernstere Stimmung, keine würdigere Haltung ein?

Keller an Freiligrath, 30. April 1857

Freiligrath gehört zu den wenigen, von welchen man nicht glauben mag, daß sie wirklich fort und verschwunden sind, bei deren Tod man sich ängstlich fragt, ob man sich nichts vorzuwerfen, sie nie beleidigt habe, aber sofort ruhig ist, weil sie einem nicht den geringsten Anlaß dazu hätten geben können vermöge ihres wohlbestellten Wesens.

Keller an Weibert, 11. Mai 1876

E. HADER
Phot. u Verl. v. Sophus Williams, Berlin W.

Julius Fröbel, *1805-1893, Vormärz-Emigrant aus Thüringen, Kellers Lehrer an der Industrieschule. 1840 Begründer des »Literarischen Comptoirs«, eines linksrepublikanischen Verlags in Zürich und Winterthur. 1848 Paulskirchen-Abgeordneter, verhaftet, 1849-57 in Amerika, später Redakteur in München, Konsul in Smyrna und Algier, letzte Jahre in Zürich.*

In dem Falle, daß Sie mir nichts Tröstliches darüber (sc. Kellers Lieder) sagen können, werden Sie es gewiß nicht übel nehmen, wenn ich Sie innigst ersuche, die Sache mit Stillschweigen zu übergehen?

Keller an Fröbel, 17. August 1843

Ich setze voraus – ob mit Recht, weiß ich freilich nicht – Sie sind noch jung und entwickeln sich überhaupt als ganzer Mensch noch weiter. – Ich setze ferner voraus, Sie sind ein Schweizer, und es würde mir leid tun, wenn ich mich darin irrte, weil ich nun schon eine Menge poetischer Versuche junger Schweizer in den Händen gehabt habe, die sämtlich weniger waren als Ihre Gedichte, und weil es für die ganze Weiterentwicklung der Schweiz von der höchsten Wichtigkeit ist, daß sie in der allgemeinen Bewegung der Zeit sich auch literarisch geltend macht, was bisher durchaus nicht geschehen ist. Die bedeutenderen Dichter und Belletristen der Schweiz, Fröhlich, Reithart, Bitzius gehören der Reaktion, der einfältigen christlich-germanischen Richtung an und sind unfähig, etwas Frisches zu produzieren. Möchte es Ihnen gelingen, sich auf einen Standpunkt heraufzuarbeiten, auf dem Sie sich können geltend machen und einen Einfluß auf den öffentlichen Geist der Schweiz ausüben.

Fröbel an Keller, 30. August 1843

Schertle
Julius Fröbel

August Adolf Ludwig Follen, *1794-1855, Hesse, Teilnehmer an Befreiungskriegen und Burschenschaftsbewegung, Haft in Berlin, 1821 Emigration in die Schweiz, Lehrer in Aarau, in Zürich Mitglied des Großen Rates. Buchhändler in Zürich, Schloßbesitzer im Thurgau, nach 1855 verarmt in Bern.*

Um diese Zeit lebte A. A. L. Follen in Hottingen, der vom Wartburgfeste her wegen seiner schönen Gestalt deutscher Kaiser genannt wurde, wie die Sage ging. Er war an der von Julius Fröbel gegründeten Verlagsbuchhandlung »Literarisches Comptoir in Zürich und Winterthur« beteiligt, welche später auch Arnold Ruge nach Zürich zog, als seinen Reformplänen dienend.

Follen, welchem Gottfried Keller nach Art junger Anfänger seinen Erstlingsvorrat vorgelegt, sichtete diese Papiere und veranlaßte die Aufnahme eines Teiles in das vom Literarischen Comptoir herausgegebene »Deutsche Taschenbuch auf das Jahr 1845«, das poetische Beiträge von Hoffmann von Fallersleben, Robert Prutz u. a. brachte. Der zweite und letzte Jahrgang 1846 enthielt einen weiteren Teil, und ein inzwischen entstandener Zyklus von Liedern erschien im Stuttgarter Morgenblatt. Aus diesen Bestandteilen redigierte Follen, der die Sache väterlich an Hand genommen und führte, den ersten Band von Gottfried Kellers Gedichten, der 1846 in Heidelberg erschien.

»Autobiographie« IV, Herbst 1888

Die Freunde aber wie Follen, Schulz, Eßlinger etc. waren doch eigentlich nicht *au fait* unserer jetzigen Bedürfnisse, wenigstens erinnere ich mich nicht *eines* eingreifenden und fruchtbaren literarischen Gespräches, das auf mich einen Eindruck gemacht hätte. Freilich absorbierte die verfluchte Kannegießerei dazumal alles.

Keller an Baumgartner, September 1851

doch wird dasselbe in Meiningen geschrieben, am Züricher Viehmarkt korrigirt, nächst der „elenden Herberge“ daselbst revidirt, auf dem Montbenon bei Lausanne mit Noten versehen, in Bern bei Stämpfli Nr 11. gedruckt, in Liestal bei Wilhelm Snell in Schweinsleder gebunden und hernach durch den Redakteur des Republikaners kolportirt werden.

Zur Beherzigung!

Seit jenem Zeitpunkt, wo die Wiederbesetzung der Stelle eines Domainen-Kassiers zum ersten Mal vor den Behörden als zu erledigendes Geschäft obschwebte (seitdem aber noch nicht erledigt worden ist), zirkuliren im Publikum eine solche Unzahl von Klatschereien, Erfindungen, Verdächtigungen, ja sogar arge Verläumdungen über den Mann, dessen Existenz durch jene Wahl in Frage gestellt wird, daß man versucht ist, anzunehmen, es habe sich eine Zahl Böswilliger das Wort gegeben, nicht nur dadurch auf den Entscheid der Wahl zu influenziren, sondern auch durch solche Neckereien den dermal noch im Amt stehenden Kassier zu seiner Geschäftsführung in einer Epoche, die zu den wichtigsten des Jahres gehört, untüchtig zu machen. — In wiefern der Kabale ihr Plan in ersterer Richtung gelingen werde, muß der Ausgang der Wahl entscheiden; daß aber der edle Versuch in zweiter Linie gänzlich mißlungen, davon mag folgende aktenmäßige Darstellung wohl das beste Zeugniß geben:

Geschäftsumfang vom 1. Jan. h. a. bis und mit 23. gl. M.:

a.	Einnahme an abgelösten Kapitalien	135	Posten,
„	„ Cap. Zehnten	65	„
„	„ „ Grundzinsen	201	„
„	„ „ separirter Fonds	5	„

in Summa 406 Posten im Betrag von zirka Fr. 200,000.

b. Ausgaben, in Summa über Fr. 80,000.

c. Rechtstrieb für 136 Posten.

Und dies Alles innert Monatsfrist. Zudem kommen eine bedeutende Zahl amtlicher Korrespondenzen, und endlich noch hat der hochlöbl. Finanzrath in jener denkwürdigen Sitzung, wo man sich über einen Vorschlag zur Wiederbesetzung besagter Stelle nicht vereinigen konnte, dem jetzigen Domainen-Kassier ein nicht unbedeutendes Liquidations-Geschäft übertragen, in Folge dessen derselbe an dem vermuthlichen Wahltage von Zürich abwesend sein wird; ein Beweis, daß wenn auch diese Wahl ungünstig für den Betreffenden ausfallen sollte, ein solches Resultat wenigstens nicht irgend welchem Mißtrauen in seine Geschäftskenntniß, noch in dessen getreue Beflissenheit aller seiner Obliegenheiten Genüge zu leisten, zugeschrieben werden dürfte!

Zürich, den 25. Januar 1846.

Für getreuen Auszug und als Inseratsteller zeichnet: der abtretende Domainenaktuar Tobler.

Wir haben schon wiederholt erfahren, daß die radikalen Blätter ihre vorzügliche Freude am Abdrucke von politischen Zirkularschreiben, Handbillets u. dgl. haben; wir können wohl daher dem Landboten kein größeres Vergnügen erweisen, als wenn wir den neuesten Aufruf der Winterthurer Huggenberger-Pestalozzistiftung illustriren und demselben auch unsererseits eine Verbreitung geben, wo er ohne unsere Vermittelung nicht hingekommen wäre.

ochgeehrter Herr!

Wir erlauben uns hiemit, Ihnen einige Exemplare der letzten Nummer des Landboten zu übermachen, mit der Bitte, dieselben an Ihre bekannten Gemeindsabgeordneten zu vertheilen und sie einzuladen, für möglichste Verbreitung des Blattes besorgt zu sein, indem sie die Leute zum Abonniren aufmuntern und denselben dabei behülflich sind. Wir setzen nämlich voraus, Sie seien mit der bisherigen Tendenz und Haltung des Landboten einverstanden, Sie seien überzeugt, daß das Blatt politisch schon viel Vortheilhaftes gewirkt habe, und daß es fernerhin, namentlich auf die bevorstehende Totalerneuerung des Großen Rathes, unerläßlich sei, in demselben Sinn und Geiste fortzuwirken.

Wollen Sie Dieses gefälligst nebst dem beiliegenden Blatte den benannten Gemeindsabgeordneten zugehen lassen, die hiemit ebenfalls ersucht werden, sich der weitern Verbreitung des Landboten anzunehmen.

Mit Achtung ergeben

Winterthur, den 23. Dezember 1845.

Die Vorsteherschaft der Landbotengesellschaft.

(Zu untenstehendem Bilde.)

Die Redaktion der Wochenzeitung befand sich, nachdem aus der jungdeutschen Katterpialz die Mahnung an sie ergangen war, auch einen Spieß in den Krieg zu tragen, der seit einiger Zeit — politisch und prosaisch — zwischen den bei uns waltenden Mächten der germanischen Zukunft wüthet, in nicht geringer Verlegenheit. Sie fühlte allerdings ihre Pflicht, der kaiserlichen Aufforderung ein Genüge zu leisten, verzweifelte aber an der Möglichkeit, geharnischte Verse hervorzubringen nach den bewunderungswürdigen Mustern, welche beidseitige Kämpfer auf die Beine gestellt haben. Wir möchten diese Epigramme und Sonette „Barrikadenreime“ nennen, an deren Knorren und Ecken der anstürmende Feind Arm' und Beine bricht und gewiß auch den Hals, wenn er die Hoffnung nicht früh genug aufgiebt, sie zu bewältigen und die gesunde Vernunft hinter ihnen zu suchen. Zum Glück gewahrte ein schon längere Zeit in der Schweiz wohnender, uns befreundeter Germane die trostlose Lage der Wochenzeitung und erbot sich großmüthig, ihr aus der Klemme zu helfen: „Er habe“ — meldete er uns — „die neudeutsche Poesie der Michel und „Ichel gründlich studirt. Auch seien ihm durch die Muse „der Banianen-, Hegel- und Flegelpoesie eine Menge gewalt„thätiger Reime eingegeben worden, mit denen er schon ein „Stücker sechs Barrikaden-Klinggedichte zusammen zu stoppeln „hoffe.“ Es versteht sich von selbst, daß wir die Offerte unsers deutschen Freundes nicht ablehnend beantworteten, und bald liefen uns 6 Sonette ein, die wir unsern geneigten und ungeneigten Lesern mittheilen. Es ist in der That eine kühne Dichtung voll seltener und seltsamer Reime und Wendungen. Dessenungeachtet scheint unser Einsender, trotz der sehr gelungenen Schürbaumform, noch nicht ganz in die Tiefe der jungdeutschen Poesie eingedrungen zu sein; denn für's Erste ist es bei einigermaßen ernstlichem Bemühen nicht schwer, einen klaren und zusammenhängenden Sinn aus diesen sechs Sonetten heraus zu lesen — ein Fehler, an welchem die neudeutsche Poesie, die durchaus unverständlich ist, nicht leidet; — für's Zweite enthält unser Dichter sich alles Schimpfens — wiederum ein Mangel, den kein unpartheiischer Beschauer des eckelhaften Kothes, womit unsere deutschen Kulturhelden sich zur Abwechslung gegenseitig beschmieren, diesen zum Vorwurfe machen wird. Wir möchten zwar, aus Gründen, die wir nicht anzuführen brauchen, unsern Einsender eben nicht ermuntern, jenen beiden Gebrechen seines neudeutschen Pegasus abzuhelfen; allein wir konnten nicht umhin, derselben zu unserer eigenen Satisfaktion zu gedenken. — Was den Streit selbst betrifft, in welchem so viel gereimtes und ungereimtes Pulver verschossen wird: so leistet derselbe den frischen und unumstößlichen Beweis, daß die radikale Schweiz einem sehr „vernünftigen“ Instinkt gefolgt ist, als sie den fremden Freiheitsaposteln ihre Thüren und Herzen und Vielen sogar den Staatsbeutel öffnete; ferner: daß das tausendjährige Reich, welches diese Herren predigen, jedenfalls ein Reich des Friedens und der ächten Bildung sein wird, da seine Begründer sich im Voraus gegenseitig die größten Artigkeiten sagen, als z. B. „Gottloser, Wüthrich, Ichel, Fresser, Schweinemäster (und zwar durch Vorwerfen lebendiger Kinder); wärest du leiblich todt! Du mit der Höll' im Busen! Klotz, Null, Tropf, Pfaff im Bauern-

Ruge   Follen   Heinzen   v. Schulz

WILHELM SCHULZ, *1797-1860, geboren in Darmstadt, Hauptmann in den Befreiungskriegen, vor Kriegsgericht wegen Pressevergehen, Flucht nach Straßburg und Zürich (1836), Pflege des todkranken Georg Büchner, politischer und Militär-Schriftsteller, Dienst in der Schweizer Armee und Mitglied des Frankfurter Parlaments, Gründer einer Mädchenschule.*

Auch dem Schulz werde ich beim Frühstück keine Träume mehr erzählen, weil er den Verdacht aussprach, daß ich dieselben vorweg ersinne und erfinde. Er kennt nur die einfachsten Träume, als: heut träumte ich von einem Sarg, oder von Rauten, oder: ich fing Fische, oder: ich sah einen Nägel abschneiden usf. Weil er keine Phantasie hat, welche auch im Schlafe schafft und wirtschaftet, so hält er einen wohl organisierten Traum, der einen ordentlichen Verlauf und schöne künstlerische Anschauungen hat, für unmöglich. So geht es! Der gute Schulz kann mit mir darüber zanken, daß ich in religiösen Dingen noch weniger Glauben haben will als er, er kann sich sogar im Eifer in dogmatische Redensarten verirren: aber das Nächste und Einfachste, an einen schönen Traum glaubt er nicht, weil er ihm anspruchslos beim Frühstück erzählt wird und nur drei Schritte von ihm geträumt worden sein soll . . . Aus dem »Traumbuch«, 15. September 1847

Schulz war immer der gleiche und von unverlierbarer Freundlichkeit. Vor einigen Jahren, als er eine Streitschrift gegen Vogt in Sachen des Materialismus geschrieben, die mir nicht gefiel, führte ich mich in seinem Hause schlecht auf mit Schimpfen und Tadeln und wurde so saugrob, daß die Frau Schulz sogar einige Tränchen vergoß vor Zorn. Nun gab es einige Wochen des Schmollens; allein wer zuerst wieder zu mir kam, war der gute alte Schulz, so daß die feurigen Kohlen mir fast ein Loch durch den Schädel brannten. Ich nahm sie aber herunter, und da sie einmal da waren, so streute ich einige Wachholderbeeren darauf und räucherte meine Stube. (. . .) Schulz' einziger Fehler war seine Sucht, immer etwas machinieren und intrigieren zu wollen, und er hatte immer tausend kleine Aufträge und Anliegen in Sachen der Politik, besonders der Militärpolitik. Natürlich gehört diese Beharrlichkeit zu einem tugendhaften Streben; nur muß man nicht soviel vom persönlichen und unmittelbaren Eingreifen und Einwirken auf andere hoffen. (. . .) Er war überhaupt in Personalsachen etwas tappisch und taktlos und manchmal indiskret. Er war fortwährend fleißig und unermüdlich, in der letzten Zeit aber reichten die natürlichen Gaben wohl nicht mehr ganz aus für das erweiterte Feld; wie er sich denn mit Unrecht für einen geriebenen Taktiker hielt und sich selbst zum spezifischen Militärschriftsteller kreiert hatte.

Keller an Freiligrath, April 1860

WILHELM BAUMGARTNER, *1820-1867, Wirtssohn aus Rorschach, Studium der Musik an der Universität Zürich, Lehrjahre in St. Gallen und Berlin, nach 1845 wieder Zürich: Leiter des Stadtsängervereins, Musikdirektor der Universität, befreundet mit Wagner.*

Der Mann wurde, ich weiß nicht aus welchem Grunde, nicht narkotisiert, so daß er dem ganzen Schmerze ausgesetzt war. (. . .) Allein als die Messer beiseitegelegt und die Säge ergriffen wurde und der Schmerz immer höher stieg bis ins anscheinend Unaushaltbare, da wurde der Mann freilich immer lauter, aber er wandte sich an seinen Gott und gab seine Pein in wohlausgesprochenen Worten und Anrufungen kund, welche immer schöner, ausgeprägter und ergreifender wurden, je tiefer die Säge drang, er wurde zuletzt eigentlich beredt und erging sich in den auffallendsten Äußerungen, welche, so wie der Schmerz abnahm, in wehmütige Betrachtungen übergingen, bis zuletzt alles verbunden war und er wieder still wurde.

Keller an Baumgartner, 28. Januar 1849

Aber ehe ich einen größeren Brief abgehen lasse, wünschte ich zu wissen, ob auch Du noch der Alte für mich bist, oder wie es überhaupt mit Dir steht. Bitte Dich daher, mir recht bald zu schreiben, wenn Du Lust dazu fühlst, und werde Dir dann einen ausführlichen Bericht über mich selbst abstatten. Erhalte ich *keine* Nachricht von Dir, so werde ich es doch für eine Nachricht ansehen und einstweilen zu den übrigen Bitterkeiten legen, die ich in meinem Leben schon gesammelt habe.

Keller an Baumgartner, 16. Februar 1851

Deine Freunde hier nehmen an Dir immer herzlichen Anteil, wenn ich Dir auch nicht verhehlen kann, daß der gänzliche Mangel an Nachrichten von Dir und Dein literarisches Stillschweigen vielen etwas auffiel. Hoffentlich wird sich jetzt alles besser gestalten; dafür bürgt mir das sichere Selbstbewußtsein, das sich mir aus Deinem letzten Schreiben auszusprechen scheint. Du sprichst von bittern Erfahrungen? Welcher ordentliche Kerl macht diese nicht beinahe täglich in der armen geist- und gemütlosen Umgebung?! Deshalb stimme ich Dir vollkommen bei, daß diejenigen, die sich einmal fanden und erkannten, einander anschließen und in gegenseitiger Verbindung bleiben sollten, wozu ich Dich mit diesen Zeilen herzlich auffordere.

Baumgartner an Keller, 22. März 1851

LUDWIG FEUERBACH, *1804-1872, geboren in Landshut, Theologe, dann Studium bei Hegel in Berlin, 1830 Erscheinen der anonymen »Gedanken über Tod und Unsterblichkeit«, Konfiskation, »innere Emigration« in die freie Schriftstellerei, Religionsphilosophie, 1848/9 Vorlesungen in Heidelberg auf Einladung der Studenten.*

Er ist von hiesigen Studenten und Demokraten angegangen worden, diesen Winter hier zu lesen; er kam und hat etwa 100 eingeschriebene Zuhörer. Obgleich er eigentlich nicht zum Dozenten geschaffen ist und einen mühseligen schlechten Vortrag hat, so ist es doch höchst interessant, diese gegenwärtig weitaus wichtigste historische Person in der Philosophie selbst seine Religionsphilosophie vortragen zu hören. (. . .) Wie es mir bei letzterem gehen wird, wage ich noch nicht bestimmt auszusprechen oder zu vermuten. Nur so viel steht fest: Ich werde *tabula rasa* machen, bis ich auf dem Feuerbachischen Niveau bin.

(. . .) Für mich ist die Hauptfrage die: Wird die Welt, wird das Leben prosaischer und gemeiner nach Feuerbach? Bis jetzt muß ich des bestimmtesten antworten: Nein! im Gegenteil, es wird alles klarer, strenger, aber auch glühender und sinnlicher.

Keller an Baumgartner, 28. Januar 1849

Die Welt ist mir unendlich schöner und tiefer geworden, das Leben ist wertvoller und intensiver, der Tod ernster, bedenklicher und fordert mich nun erst mit aller Macht auf, meine Aufgabe zu erfüllen und mein Bewußtsein zu reinigen und zu befriedigen, da ich keine Aussicht habe, das Versäumte in irgend einem Winkel der Welt nachzuholen.

Keller an Baumgartner, 27. März 1851

Sie las mir einen rührenden und interessanten Brief von Ludwig Feuerbach vor, der ganz arm geworden ist und seine langjährige Wohnung, Schloß Bruckberg, das Erbe seiner Frau, verlassen mußte, ohne recht zu wissen wohin. Trotz der unverkennbaren Klage ist der Stil des himmelstürmenden Philosophen dennoch würdig und trotzig.

Keller an Ludmilla Assing, 9. November 1860

Hermann Hettner, *1821-1882, in Schlesien geboren, 1847 Privatdozent für Ästhetik, Literatur- und Kunstgeschichte in Heidelberg, später Jena, 1855 als Direktor der könglichen Antikensammlung in Dresden.*

Ich brauche nicht hinzuzufügen, daß ich hier im voraus von Ihrer rücksichtslosesten Wahrheitsliebe überzeugt bin. Wollten Sie Mängel verhehlen oder beschönigen – es wäre mir ein schlechter Gefallen; ich hätte dann in der Öffentlichkeit von Ihrer falschen Höflichkeit den Schaden. Vor einiger Zeit ging ich mit einem Freunde in einen Kleiderladen, auf daß er mir sein Urteil sage, ob ein Rock, den ich eben kaufen wollte, passend sei oder nicht. Jener Freund meinte, er sitze vortrefflich, und ich kaufte den Rock *bona fide*. Nun hat sich aber herausgestellt, daß dieser Rock ein wahres Scheusal ist, das trotz aller späteren Reformversuche schlechterdings nicht zu *façon* und *raison* gebracht werden kann. Der Erfolg jener freundschaftlichen Unaufrichtigkeit ist nun, daß ich für ein Jahr der Menschheit zum Skandal herumlaufe und einen fortwährenden Ingrimm darüber in meinem Herzen habe.

Hettner an Keller, 25. Februar 1851

Ich habe vor 1½ Jahren eine Summe von Ihnen geliehen, und diese unglückliche Tat droht unser Verhältnis gänzlich zugrunde zu richten. Ihren letzten Brief, worin Sie mir mitteilten, daß Sie das Geld brauchten, habe ich ein Jahr lang unbeantwortet gelassen, weil ich mich schämte, einen leeren Brief zu schicken, und lieber alles darauf ankommen ließ, bis ich imstande wäre, mich durch die Tat zu rechtfertigen.

Keller an Hettner, 16. Juli 1853

Ich habe hundertmal jenen unseligen Brief verwünscht, da ich mir beikommen ließ, Sie um Rücksendung der bewußten Summe zu bitten. Ich war aber damals in großer Verlegenheit. Jetzt ist diese Verlegenheit längst vorüber, und mir war aus derselben keine andere Spur zurückgeblieben als das drückende Bewußtsein, mir durch dieselbe leichtfertig einen wahren und wackeren Freund verscherzt zu haben.

Hettner an Keller, 18. Juli 1853

KARL AUGUST VARNHAGEN VON ENSE, *1785-1858, im Rheinland geboren, Schriftsteller, Offizier, dann im preußischen diplomatischen Dienst, durch seine »Denkwürdigkeiten« und den Salon seiner Frau Rahel Mittelpunkt des literarischen Lebens in Berlin, »Statthalter Goethes auf Erden«.*

Sie erlauben meinem warmen Anteil gewiß das offene Bekenntnis, daß ich die Lieder des Lebendig-Begrabenen für einen Mißgriff im Stoff halte, der schauderhafte Gegenstand kann die Poesie kaum einen Augenblick anziehen, aber nicht festhalten, indem er sie selber mitbegräbt; dabei verkenne ich nicht, daß Sie die einzig erträgliche Seite der Vorstellung, die sittlich-religiöse Kraft einer auch in diesem Unglück überlegenen Seele, weislich hervorgehoben haben; (. . .)

Varnhagen an Keller, 19. August 1846

Ich habe auch schon stark in den »Denkwürdigkeiten« genascht und mich aufs neue an der unfehlbaren und reinen Sprache des toten Meisters gestärkt und erfreut. In dieser Sprache gewinnt alles die Gestalt, die ihm zukommt, und sie ist eine Art liebevoller Vorsehung, welche nichts übersieht und den kleinsten Gegenstand in das erwärmende Licht der Sonne zu setzen versteht, ebenso mit Gerechtigkeit aller Lücken und Poren der Dinge durchdringt. Die unwissenden, oft sehr angesehenen Schmierpeter dieser Zeit werden hoffentlich erst noch zu fühlen bekommen, welch ein Muster sie unbefolgt vor sich hatten.

Keller an Ludmilla Assing, 28. April 1858

Humboldts und Varnhagens Briefe sind sehr zweckdienlich. *Sub rosa* gestehe ich jedoch, daß ich einen Teil der Entrüstung und Freiheitsliebe für die bekannte Medisance geistreicher Greise halte.

Keller an Freiligrath, 22. April 1860

EDUARD VIEWEG, *1796-1869, Verleger in Braunschweig, wissenschaftliche, später auch belletristische Literatur.*

Sie müssen mich in meiner gerechten Verstimmung entschuldigen; ich bin einer Behandlung, wie sie mir von Ihnen zuteil wird, nicht gewohnt und gestehe Ihnen auch offen, daß ich sie mir nicht gefallen lasse. Ihr Brief, der meine Klage mit geradezu nichtssagenden Phrasen abspeiset, ist jedenfalls eine auffallende Erscheinung.

Vieweg an Keller, 26. 4. 1851

... denn ich erachte es für einen Gewinn, wenn poetische Autoren, anstatt in ihrem dreißigsten Jahre schon eine Bibliothek von 20 Bänden aufgestellt zu haben, wieder einmal vorher etwas erleben und selbst bewegt werden, ehe sie eine anhaltende Schriftstellerei beginnen.

Keller an Vieweg, 15. Juli 1851

Sie scheinen meine Geduld bis zum äußersten erschöpfen zu wollen; doch möchte ich Sie bitte, eines alten Sprüchwortes eingedenk zu sein: der Krug etc. Daß Sie auf einen Brief vom 22. Juni abermals nicht geantwortet haben, ist eine der vielen Rücksichtslosigkeiten, an die ich bei Ihnen schon gewohnt bin. Wenn Sie vorschußweise Geld von mir erbaten, blieben Ihre Briefe *nicht* aus.

Vieweg an Keller, 12. September 1853

Sie scheinen es einmal darauf abgesehen zu haben, nach dem Schein zu urteilen und mir eher alle möglichen schlimmen Eigenschaften beizulegen als zu denken, ich befinde mich selbst am allerunglücklichsten bei dem unseligen Gang unserer Sache.

Keller an Vieweg, 13. September 1853

Im Buchhandel ist noch keine Spur von unsern beiden Sachen. Doch mag sich der Herr Vieweg nur vorsehen; wenn er es zu arg macht, so soll ihm in mir ein so stachliges und verhängnisvolles Unkraut erwachsen, wie es seit langem nicht geschehen, und ich will seiner Firma einen feurigen Strohwisch an den Schwanz hängen, der weithin leuchtet.

Keller an Hettner, 6. Februar 1856

Wyss

ALFRED ESCHER, *1819-1882, Großindustrieller und Haupt der Züricher Liberalen, Präsident der Stadt Zürich, der kantonalen Regierung, des Nationalrates; Direktionspräsident der Nordostbahn und Verwaltungspräsident der Kreditanstalt, Animator der Gotthardbahn etc.*

Es kommt hauptsächlich darauf an, ob die *Messieurs* überhaupt eine Stelle für Literatur- und Kunstgeschichte haben wollen oder dieselbe nur für mich kreieren wollten, um mich ein- für allemal vom Halse zu haben; denn daß sie sich kein Gewissen daraus machen, das Öffentliche zu dergleichen Auskünften zu benutzen, dafür habe ich einen neuen Beweis, indem das zu erwartende Geld erst recht nicht aus ihrer Tasche kommt, sondern ein Vorschuß der Staatskasse ist, wofür sechs Mann sich verbürgen und ich zum voraus eine Quittung einsenden mußte. Nach außen hin sieht alles dies ganz anständig aus und gereicht eine solche Poetenunterstützung der Republik von zweihundertfünfzigtausend Einwohnern zu aller Ehre. Genau besehen aber kommt es nur darauf an, daß diese reichen jungen Staatsmänner, die zum Teil Duzbrüder von mir sind, nicht in die eigene Tasche greifen wollen. Ein Grund, und ein schlauer, ist allerdings auch, dadurch eine Gewalt über mich zu behalten, (. . .). Keller an Hettner, 31. März 1854

Wenn ich mich nicht seither dankend ans Sie wandte und auch sonst längere Zeit nichts von mir hören ließ, so geschah dies nur im festen Vertrauen, statt mit Worten mit Taten, d. h. mit einem leidlich gut erreichten Zwecke und mit einem guten Ende dieses langen Intermezzos antworten zu können. Ich fühle sehr wohl, wie gewagt mein ganzes Benehmen ist, aber ebensosehr vertraue ich Ihrem großen Sinne und daß sich eine eingetretene Ungeduld durch eine günstige Wendung meiner Sache beschwichtigen werde. Keller an Escher, 4. Nov. 1854

Allein die Baumwolle »niggelet« stetsfort mit dem Kopfe, den Kurszettel der Gegenwart in der Hand, indem sie sich auf die »persönliche Freiheit« beruft, während sie wohl weiß, daß der Staat in kirchlichen, polizeilichen, sanitarischen Einrichtungen oft genug diese unbedingte persönliche Freiheit einzuschränken die Macht hat, und daß die Quelle, aus der diese Macht fließt, nicht versiegen kann. Sie wird niggelen mit dem Kopfe, bis der Staat einst sein Recht zusammenrafft und vielleicht nicht nur eine Stunde, sondern alle dreizehn Stunden für die Kinder wegstreicht. Aus: »Randglossen«, IV, 1861

Bedürfte der Stein einer weiteren Inschrift als derjenigen seines Namens, so ließe sich eingraben: »Dem Manne, der mit Geistestreue und eigenster Arbeit sich selbst Pflichten auf Pflichten schuf und, sie erfüllend, wirkend und führend seine Tage verbrachte, die Nächte opferte und das Augenlicht!« Zu Alfred Eschers Denkmalweihe. 1889

J. GANZ
ZÜRICH

FRIEDRICH THEODOR VISCHER, *1807-1887, Tübinger Stift, Professor für Ästhetik in Tübingen, suspendiert, 1848 Frankfurter Parlament, 1855 Professor am Polytechnikum Zürich, nach 1866 wieder Tübingen und Stuttgart.*

Vischer ist jetzt ganz von seiner Frau getrennt und hat seinen Sohn oder zwei zu sich genommen. Es war eine Schönheit aus den untern Ständen, die er scheint's nicht zu bilden und zu traktieren wußte; denn sie »gab sich mit den ordinären Studenten ab«, so daß also Vischer das Opfer ist. Er scheint auch sehr gekränkt und verbittert zu sein, und man darf ihn durchaus nicht zu jenen ästhetischen Sündern zählen, die aus eigener Haltlosigkeit und Gehaltlosigkeit unglückliche Ehen produzieren und dabei munter und guter Dinge sind.

Keller an Hettner, 18. Oktober 1856

Das Buch (sc. die »Kritischen Gänge« V.s) was mein Begleiter auf einem Ausflug, den ich nach dem Salzkammergut machte. Ich bin für alles dankbar, was darin steht, und gehe mit dem Gedanken um, ob sich nicht mit Bezug auf den ästhetischen Feldzug eine Art Zuzug mit einem bescheidenen Fähnlein bewerkstelligen ließe, nämlich durch eine Verlautbarung eines sich gewissermaßen als Objekt fühlenden und zu diesem Ende vorausgesetzten Künstlerleins oder dgl., der sich darüber ausspräche, wie ihm dabei zumut ist.

Keller an Vischer, 26. Dezember 1873

Ich habe in Wien noch einen Teil der Arbeit des Herren Professor Vischer gelesen, welche er in der »Augsburger Allgemeinen Zeitung« über meine Unwürdigkeit veröffentlicht und dieselbe zugleich beehrt und beschämt. Ein so ausführliches Eingehen ist mir noch nie widerfahren oder richtiger gesagt begegnet, und es freut mich sowohl die Kritik wie das Lob, beides gleich; auch kann ich sagen, daß ich zum erstenmal das hervorheben und zitieren höre, was man in der Stille, wie das so zu geschehen pflegt, hervorgehoben zu sehen wünscht.

Keller an Weibert, 30. Juli 1874

GOTTFRIED SEMPER, *1803-1879, geboren in Hamburg, Studium der Architektur, 1834 Direktor der Bauschule in Dresden, 1849 Flucht nach England, 1855 am Polytechnikum in Zürich, seit 1871 in Wien, gestorben in Rom.*

Auch Semper sehe ich, dieser ist ein ebenso gelehrter und theoretisch gebildeter Mann, als er genialer Künstler ist, und persönlich ein wahrer Typus der einfachen und gediegenen Künstlernatur. Er sagte, er habe den letzten Strich am Dresdner Museum noch fertig gemacht, als eben der Generalmarsch geschlagen wurde, und ist nun bekümmert, daß die kleine achteckige Kuppel oben dennoch nicht nach seiner Angabe fertig gemacht wurde. Keller an Hettner, 21. Februar 1856

Semper ist mit seinem Lehramt auch unzufrieden; was ich wohl begreife, da er ganz junge Bürschchen zu Schülern hat, für die jeder gewöhnliche Einpauker gut genug wäre; auch hat er eine sehr tief- und breitgehende Lehrweise, welche die Burschen nicht verstehen und ihm viel Mühe kostet. Er sagte mir, er habe fast Lust, die Stelle aufzugeben und für sich zu leben, teilweise als Schriftsteller.

Keller an Hettner, 18. Oktober 1856

Indessen spielt das Fräulein, wie ich höre, in der deutschen Gesellschaft eine imposante Rolle und wird besonders vom alten Sempergottfried angebetet, so daß sie für den Kellergottfried übermäßig entschädigt ist. Keller an Freiligrath, 22. April 1860

Wenn Sie etwa Herrn Semper sehen, so bitte ich ihn zu grüßen. Das gute arme Mädchen Lina in der »Bollerei« schreibe ihm eine Schachtel mit Handschuhen zu, die sie anonym durch die Post erhalten habe, und möchte ihm gern dafür danken. Es sei immer noch ein braves, liebenswürdiges Kind, das des Nachts wegen des wiedergekehrten Hustens nicht schlafen könne und sich doch den ganzen Tag durch plage und dabei blaß und mager geworden sei. Ich schenke ihr zuweilen auch was, da sie keine Eltern mehr hat, allein in der Fremde sein muß und kaum alt wird. Neulich kaufte ich ihr ein Ringlein, das sie mit einem von Semper geschenkten am kleinen Finger trägt, so daß sie beide Narren schön vereinigt mit sich führt. Sagen Sie das aber Semper nur, wenn er guter Laune ist, sonst wird er wütend.

Keller an Marie Exner, 16. Dezember 1872

RICHARD WAGNER, *1813-1883, Komponist und Dichter, geboren in Leipzig, Musikstudium daselbst, Theaterkapellmeister, 1833-39, 1839 bis 42 in Paris, bis 1849 Hofkapellmeister in Dresden, 1849-1858 im Zürcher Exil, 1859-46 in Venedig, Luzern, Paris, Wien, 1864-65 auf den Ruf Ludwigs II. in München, 1866-72 Triebschen, 1872-83 Bayreuth, gestorben in Venedig.*

Ich gehe viel mit Richard Wagner um, welches ein genialer und auch guter Mensch ist. Wenn Sie Gelegenheit finden, seine Nibelungentrilogie zu lesen, welche er für Freunde hat drucken lassen, so tun Sie es doch. Sie werden finden, daß eine gewaltige Poesie urdeutsch, aber von antik-tragischem Geiste geläutert, darin weht. Auf mich hat es wenigstens diesen Eindruck gemacht. Keller an Hettner, 16. April 1856

Richard Wagner ist durch die Anwesenheit Liszts, der seinetwegen kam, wieder sehr rappelköpfisch und eigensüchtig geworden, denn jener bestätigt ihn in allen Torheiten.

Keller an Lina Duncker, 8. März 1857

Dann ist auch Richard Wagner ein sehr begabter Mensch, aber auch etwas Friseur und *Charlatan*. Er unterhält einen Nipptisch, worauf eine silberne Haarbürste in kristallener Schale zu sehen ist etc. etc.

Keller an Freiligrath, 30. April 1857

Das Bülowsche Ehepärchen wird bei Richard Wagner schon lang erwartet. Wenn ich etwa gnädigst zugezogen werde zu diesen Episödchen des Zukunftskultus, so werde ich ehrlich Ihr Lob der Cosima zu bestätigen trachten. Keller an Ludmilla Assing, 26. August 1857

ALBERT Phot
MÜNCHEN

Berthold Auerbach, *1812-1882, Schöpfer der populären »Dorfgeschichte«, in Nordstetten geboren, als Liberaler 1836 auf dem Hohenasperg gefangen, Vorkämpfer für die Emanzipation des Judentums.*

Auerbach lebt schlimm mit seiner zweiten Frau, die hübsch aber keine Hausfrau ist, sondern eine Salondame. Nun spielt er sein eigenes Lorle aus der »Professorin«, aber sehr wehrhaft, denn er haut seine Frau nicht schüchtern; nichtsdestominder bringt sie ihm alljährlich ein Kindlein. (Doch unter uns.) Wenn ich dächte, daß solches Ehegeschick den kleinen dicken Schriftstellern beschieden sei, so würde ich jedenfalls nicht mehr heiraten, denn ich werde schändlich dick, und als ich in Dresden war, jubelte Auerbach, nun sei noch ein kleinerer da als er, was aber gelogen war! Denn er ist nicht größer als ich.

Keller an Freiligrath, 30. April 1857

Gibt Ihre Erzählung etwas mehr als zwei Bogen, so hat das nichts auf sich, nur bitte ich Sie wiederholt, mir Ende Mai das Manuskript zu schicken und mir zu sagen, ob Sie Korrektur haben wollen oder ob ich sie machen darf. Ich bin darin sorgfältig. Ich habe eine besondere Lust daran, und es ist mir auch oft für andere geglückt, Büchertitel zu machen. Ich habe für Ihre Erzählung einen *in petto*, werde Ihnen aber solchen erst nach der Lektüre unmaßgeblicher Weise vorschlagen.

Auerbach an Keller, 17. März 1860

Ich muß Sie nun doch rüffeln wegen einer kleinen Streichung, nämlich wo Karl das Mädchen aus dem Schiffe zu sich herüberzieht und küßt. Sie hätten die Stelle ganz streichen oder das Küßchen (in Ehren) stehen lassen sollen, da der Zorn des Mädchens, das sich wegen der gefährlichen Situation *nicht* losreißen kann, gerade vom Geküßtwerden herrührt. Auch sieht es jetzt fast bedenklicher aus, da man ja dem Burschen noch Schlimmeres zumuten kann. Durch das offene Wort Küssen wird dem schlauen *Annähern und Überlisten* eben der lüsterne und verdächtige Charakter genommen.

Keller an Auerbach, 15. September 1860

Eine Gesamtcharakteristik Auerbachs ist, abgesehen von der öfteren Wiederholung dieses Themas, eine heikle Sache für mich wegen der Ähnlichkeit der Produktion, besonders da ich mit nächstem Herbst sehr wahrscheinlich doch endlich mit ein paar Bänden fertig werde. Zudem kann ich sein nutzbringendes und wirtschaftliches Lehr- und Predigtwesen und das in hundert kleine Portiönchen abgeteilte Betrachten nicht billigen, möchte das ihm aber nicht vorrücken, da er auf der Welt ja nichts hat als seine diesfällige Tätigkeit.

Keller an Hettner, 29. Juli 1862

Berthold Auerbach

PAUL HEYSE, *1830-1914, Dichter, geboren in Berlin, nach 1854 in München, 1910 Nobelpreis für Literatur.*

Unter den vom König von Bavarien angestellten Poeten ist Paul Heyse ein wirkliches und schönes Talent, welches aber noch gar keinen rechten Animus hat, da er unter lauter Eseln aufgewachsen ist und noch mit ihnen graset. Keller an Freiligrath, Ende 1854

Dein Brief, lieber Freund, ist mir mit dem angebotenen Du ein rechtes Maiengeschenk gewesen. Du wirst gedacht haben: »Ich habe schon so viel für ihn getan, daß mir zu tun fast nichts mehr übrig bleibt«, usw. Nun, unsereins nimmt und frißt alles dankbarlich, was er bekommt, wie ein schmunzelndes Bettelweib. Deine leidenden Zustände will ich weder betrösten noch anzweifeln; wenn es Dir vergnüglich zu Mut wäre, würdest Du nicht klagen, und jeder hat die Seite, wo ihn das Unheil packen kann. Ich kann mir auch denken, daß das Zuzweitsein von Mann und Frau gewisse Leidenskategorien verdoppelt, wenigstens erscheinen diese dadurch nach außen hin feierlicher und tiefer oder mit einer Art von Erhöhung usf. Gewiß ist nur, daß ich herzlich teilnehme und Besserung wünsche.
Indessen nimmt mich wunder, was Du schaffen willst, wenn Dir wieder wohl sein wird, da Du so schon fleißiger oder produktiver bist als mancher gesunder Kaffer. Übrigens, was mich betrifft, bist Du ein bißchen ein Schmeichelkater mit nicht undeutlichen Krallen. Wenn ich alles habe, was Dir fehlt, so braucht Dir nur nichts zu fehlen, und ich habe säuberlich gar nichts. Solche Vexierbuketts kann jeder dem andern unter der Nase wegziehen. Keller an Heyse, 9. Juni 1878

Wie Du aber die Freundschaft zwischen jungen Leutchen zweierlei Geschlechts prägnant schilderst, ohne sie auf niedergekämpfte Geschlechtsliebe folgen zu lassen oder auf ein bloßes großes Anstands- und Pflichtgefühl aufzubauen, darauf bin ich sehr gespannt. Ganz rein scheint mir das Problem nur in dem Fall zu sein, wo zwei vollkommen freie, nur von sich abhängige Wesen liebefrei verkehren und Freundschaft halten. Da wird dann allerdings allerhand Schicksaliges und sonst lebhaft Bewegtes einzutreten haben, wenn es nicht ein klein wenig langweilig werden soll. Die geringste Wärme aber, mit welcher der Autor etwa das Frauenzimmer beschreibt oder ein und andere Situation, wird sofort ein aphrodisisches Element einführen, welches den Text verdirbt. Weil Du aber natürlich schon eine Teufelei ausgeheckt hast, ein solches Pärchen über das Eis zu führen, ohne daß sie zu tanzen anfangen oder an die Füße frieren, so ist meine Neugierde darauf begreiflich. Keller an Heyse, 12. Juni 1883

FERDINAND WEIBERT, *1841-1926, Inhaber der Verlangsanstalt G. J. Göschen in Stuttgart, 1889 Auswanderung nach Brasilien.*

Der Anlaß, der mich treibt, die Zahl der Sie stets heimsuchenden literarischen Plagegeister zu vermehren, ist folgender: Herr Ferd. Weibert, Inhaber der Goeschenschen Verlagshandlung in Stuttgart, hat mich auf außerordentlich freundliche und schmeichelhafte Weise aufgefordert, ihm etwas in den Verlag zu geben. (...) Nun ist es aber nicht selten, daß solche freundliche und aggressive Verleger gerade hinsichtlich der Temporalia nicht die zuverläßigsten und loyalsten sind. (...) Ich erlaube mir deshalb, eine kleine vertrauliche Information bei Ihnen anzustellen. Ich möchte beileibe nicht Ihnen zumuten, Nachfrage zu halten, und wünschte dies nicht einmal; nur wenn etwas Ungünstiges, Anmahnendes bereits verlautbar sein sollte (ist das nicht schön gesagt?), so würde ich Sie um geheime Kundgebung in zwei Worten bitten. Wenn man so wenig zu drucken hat, so mag man es eben nicht noch mit Verdruß und Schaden tun.

Keller an Vischer, 1. Oktober 1871

Da ich am Schreiben bin, so möchte ich, was ich schon mehrmals tun wollte, Sie bitten, auf meiner Adresse das pompöse »Hochwohlgeboren« weglassen zu wollen oder die diesfällige Anweisung zu geben, indem diese hierzulande nicht übliche Höflichkeitsformel unter dem Personal, durch dessen Hände die Briefe gehen, bis sie an mich gelangen, einfältige und schiefe Bemerkungen veranlaßt.

Keller an Weibert, 28. August 1873

In den letzten drei Jahren mußte Weibert von allen meinen Sachen neue Auflagen machen. Plötzlich, ohne mir vorher ein Wort zu sagen, bot er das Verlagsrecht mit allen Vorräten dem Berliner an, der schloß sofort das Geschäft ab, ohne daß ich ein Wort dazu zu sagen hatte – und nun hat der Herr, der gegen mich vollkommen den Stockfisch machte, ein Herz auszuschütten!

Keller an Ida Freiligrath, 9. August 1885

ADOLF EXNER, *1841-1894, in Prag geboren, Jura, Universität Wien, 68-72 in Zürich, dann nach Wien zurückberufen, Bruder Marie Exners.*

Sie haben uns einen rechten Jux gemacht mit Ihrem Gratulationspoem, über dessen poetischen Wert die Zukunft richten wird, dessen Effekt in der Gegenwart aber der war, daß wir einige Gläser von jenen Schnäpsen, deren »Tragweite« Sie anno damals auf dem »Rinderknecht« tief empfanden, auf Ihr Wohl ausgetrunken haben. Möge dieses *geistige* Band zwischen uns nie ausrauchen! Und mögen Sie dermaßen zur Kugel gedeihen, unter Diltheys kluger Führung, daß Sie im Rollen notwendig auf die Füße kommen, auch wenn Sie auf den Bauch fallen, beim Heimgehen. Exner an Keller, 12. Februar 1873

Ferner schicke ich Ihnen die Abbildung eines schönen Sessels, in welchem Sie zuweilen Kuchen fressen sollen, den ich als Umschlag eines Buches erhalten. Keller an Exner, 22. Mai 1873

Das Fassel rollt heran.

Telegramm an Exner, Sommer 1874

Herrn Adolphus werde ich bald einmal schreiben; inzwischen danke ich ihm für den Brief aus Gödöllö und namentlich für die Photographie der schönen Dame. Für die wiederholten Geschenke dieser Art (er schickt mir nämlich immer Photographien von Schönheiten, die er kennen und lieben gelernt hat) werde ich ihm die Stöpsel der Champagnerflaschen sammeln und schicken, die ich habe trinken helfen, um nur einigermaßen das Gegengewicht zu halten.

Befolgen Sie meinen Rat mit den Lutschbeuteln, damit keine Zeit verlorengeht und, bis Sie ein zierliches Matrönlein mit weißen Haaren sind, der Sohn ein tapferer ältlicher Weinzapf mit purpurner Nase geworden sein wird, der das Mütterchen ehrt und schätzt und immer noch eines trinkt, wenn er sie nur ansieht!

Keller an Marie Frisch-Exner, 20. Dezember 1875

Maxelus Morizelo suo
Salutem!
R. D. F. F

CONRAD FERDINAND MEYER, *1825-1898, Zürcher Dichter.*

Auch ich wüßte, die *Art* des Eindrucks auf den Leser und die Mischung nicht nur des Tragischen und Komischen, sondern überhaupt Ihrer poetischen Kräfte erwägend, keinen sich ungesuchter bietenden Vergleichspunkt als den Humor und die Tragik des großen Briten. Das ist viel gesagt, aber es ist nicht anders.

Meyer an Keller, 12. Februar 1877

Obiger C. Ferdinand Meyer, welcher eine Art pedantischer Kauz ist bei aller Begabung, schrieb mir, in der Befürchtung, daß ich die Charge mit dem Shakespeare der Novelle als bare Münze aufnehmen und so das Wohl meiner Seele und der Kanton Zürich Schaden leiden könnte, augenblicklich einen allerliebsten feierlichen Brief, in welchem er mir die Tragweite und insoferne Anwendbarkeit des Tropus auseinandersetzte und zwischen den Zeilen Grenzen und nötigen Vorbehalt diplomatisch säuberlich punktierte, ein wahres Meisterwerklein allseitiger Beruhigung. Keller an Heyse, 1. März 1877

Es ist ewig schade, daß er mir für den persönlichen Umgang wegen allerhand kleiner Illoyalitäten und Aufgeblasenheiten verloren ist. Allein ich bin in diesem Punkte starr und inträtabel. Sobald ich am Menschen dieses unnötige Wesen und Mausigmachen bemerke, so lasse ich ihn laufen. Das psychologische Geheimnis ist indessen nicht sehr tief, nur hilft es nichts, dasselbe zu erörtern, und der Mann ist mir auch für eine solche Sektion denn doch zu gut.

Keller an Storm, 5. Juni 1882

Charakteristisch ist das manirierte erste Gedicht der Sammlung, wo der alternde Herr gewissermaßen mit unendlicher Fülle bramarbasiert, während das mäßige Büchlein die sorgsam zusammengefeilte Frucht eines ganzen Lebens ist.

Keller an Heyse, 25. Dezember 1882

Daß Ihnen ein »Jenatsch« Eindruck gemacht, ist sehr in der Ordnung, es ist aber auch ein außerordentlich famoses Subjekt. Der Beilschlag der Dame am Schluße ist mir auch widerwärtig; er beruht auch nur auf einer unwahren Volkstradition, die zudem kein Wort von einer Liebesgeschichte sagt und außerdem ein halb rohes naturwüchsiges Gebirgsweib voraussetzt, wie die Sage sie auch im Krieg mit sich raufen läßt. Allein Meyer hat eine Schwäche für solche einzelne Brutalitäten und Totschläge. Wenn er so was hört oder liest, so sagt er: vortrefflich! So hat jeder seinen Zopf! Keller an Storm, 9. Juni 1884

Heinrich Leuthold, *1827-1879, in Wetzikon/Zürich geboren, juristische und literarische Studien, Bohemien in Italien, Redakteur in München, Frankfurt, Stuttgart, nach 1877 in der Zürcher Irrenanstalt.*

Er muß seine Unarten jetzt schwer büßen und ist in einem Zustande des halben Bewußtseins wie ein Schatten der Unterwelt. Er hebt Zigarrenstummel auf, die man wegwirft, wenn man mit ihm im Parke der Irrenanstalt geht, und steckt sie sogleich in den Mund, obgleich man ihm zukommen läßt, soviel er rauchen darf. Schickt man ihm einige Flaschen Wein, so sauft er sie schnell und behauptet nachher, die Ärzte hätten sie ihm gestohlen! Mich wünschte er immer zu sehen; sobald ich aber das erstemal kam, fing er trotz aller Gedächtnisschwäche und Verwirrung sofort von dem »Orden« (!) an, wie es sich damit verhalte usf. Er meinte Deinen Maximiliansorden und hatte natürlich eine maliziöse Meinung. Ich halte aber dafür, daß das Elend mehr vom Mangel einer grundlegenden Erziehung herrührt, und wäre es nur diejenige eines stillen armen Bürgerhauses gewesen.

Keller an Heyse, 13. Dezember 1878

Leutholden werde ich bald einmal besuchen und ihm von Dir sagen; der arme Kerl träumt jetzt, er könne nicht mehr ausgehen, weil die allgemeine Verehrung, die ihm auf allen Straßen mit Kniefällen und Hauptentblößungen entgegenkäme, beschwerlich würde.

Keller an Heyse, 25. Januar 1879

Leuthold sah in seinem Sarge ruhig und kolossal aus wie ein gefallener Häuptling; ein paar Tage vorher hatte mich Baechtold noch mit Wein hingeschleppt; da war er ganz elend und sprach nicht mehr, hielt aber das Glas fortwährend mit beiden Händen und ließ nicht nach, bis er es geleert, obschon man es ihm wegziehen wollte. Es war freilich nichts mehr zu verderben. Eine Zigarre steckte er noch in Brand, legte sie aber kopfschüttelnd weg, nicht ohne Bedauern. Seinen Ruhm, soweit er von Unberufenen ausging, hätte er in gesunden Tagen nicht verdaut und wahrscheinlich auch in Jahresfrist überlebt; denn er hatte doch zu wenig Eigenes in sich.

Keller an Heyse, 9. November 1879

JULIUS RODENBERG, *1831-1914, in Rodenberg/Hessen geboren, Journalist in Paris, London, Italien, nach 1863 in Berlin. Gründer der »Deutschen Rundschau«, 1874 ff.*

Wenn auch nur mit wenigen Worten, muß ich Ihnen doch gleich meinen vollen Herzensdank aussprechen für die mir heut früh gewordene liebe Sendung! Seit ich das Manuskript habe, bin ich wie vernarrt, kann mich nicht davon trennen, lese und lese und habe meine stille Freude daran, indem ich manchmal dazwischen aufspringe, mir die Hände vor Vergnügen reibe und im Zimmer auf- und ablaufe.

Rodenberg an Keller, 23. August 1876

Mein verehrtester Herr, unschätzbarster Mitarbeiter und wertester Gönner!

Ich muß wohl solche Titulaturen ersinnen, um Sie zu beruhigen. Was? Ihre Novellen könnten uns zuviel werden – uns, die wir seit Jahren nach Novellen von Ihnen hungern und dürsten?

Rodenberg an Keller, 17. Oktober 1876

Die letzte Felonie in meiner manuskriptlichen Lehnspflicht kann ich in keiner Weise entschuldigen, da sie durchaus schuldhafter Natur ist. Ich glaubte am 28. März ein zürcherisches jährliches Bürgerfest mit einem mittäglichen Zunftessen mitmachen zu können resp. absolvieren zu können, blieb aber dann, da ich ein paar Gäste eingeführt hatte, um diese nicht sich selbst zu überlassen, bei dem Rummel bis gegen den andern Morgen. Hiervon Arbeitsunfähigkeit für die kritischen Tage!

Keller an Rodenberg, 8. April 1881

Sie sind ein vollkommener Gentleman! Obschon Sie nachgerade über meine scheinbar fast böswillige Saumseligkeit innerlich aufgebracht sein müssen, kleiden Sie Ihre geduldige Anfrage in die Form eines freundschaftlichen Berichts von Erlebtem, wie ein zerknirschter Sünder es sich nur wünschen kann.

Keller an Rodenberg, 5. August 1885

HANNS HANFSTAENGL
BERLIN.

WILHELM HERTZ, *1822-1901, Verleger in Berlin, übernahm das literarische Programm Dunckers, veranstaltete 1889 die erste Ausgabe von Kellers »Gesammelten Werken«.*

Ich bin nämlich jetzt bald 62 Jahre alt und kann daher nicht mehr mit Dezennien um mich werfen, indem ich ebensowohl in wenigen Jahren und vorher als erst nach 10 Jahren und später sterben kann. Dazu bin ich ein alter Junggeselle, der keine Leibeserben hinterläßt. Wenn es also dazu kommt, daß ich fragliche Gesamtausgabe wirklich unternehmen kann, so ist es für mich zu wünschen, daß sie nicht durch ausschließende Bedingungen erschwert werde.

Keller an Hertz, 6. April 1881

Den Erfolg, welchen »Das Sinngedicht« unter Ihrer geschäftlichen Führung gebracht hat, läßt mich natürlich keinen Augenblick zögern, Ihr freundliches Anerbieten anzunehmen, da ich nach allen Seiten hin freie Hand und noch keine Anfrage irgendwohin gerichtet habe.

Keller an Hertz, 19. August 1882

Beim Einpacken bin ich rücklings von meiner Büchertreppe oder Leiter hinunter gepurzelt und habe mir den Kopf derart zerschlagen, daß ich in meinen Angelegenheiten um ein paar Wochen zurück kam. Doch hätte es für den alten Kerl viel schlimmer ablaufen können und habe ich noch von Glück zu sagen.

Keller an Hertz, 10. Oktober 1882

Bei diesem Anlasse möchte ich auch erwähnen, daß die Buchhandlung Fr. Geißler (Trachbrodt) in Leipzig um die Bewilligung anfrägt zur Ausgabe einer der Seldwyler Erzählungen in *stenographischer Schrift*. (...) Es läßt sich ja denken, daß vor Ablauf von 30-40 Jahren die stenographische Literatur so allgemein wird, daß sie derjenigen der alten Schrift wirklich Eintrag tut und zu einer gefährlichen Nebenwucherung werden kann, wenn nicht genaue Vorsicht waltet.

Keller an Hertz, 12. März 1887

WILHELM PETERSEN, *1835-1900, Regierungsrat in Schleswig, Freund Storms und Heyses.*

Ich bin nicht Schriftsteller, wenngleich ich gelegentlich wohl auch in Poesie etwas gesündigt habe; fehlte mir nicht Phantasie – d. h. gestaltende – so würde ich mit Leidenschaft schön zu erzählen mich bemühen. Dagegen gebrauche ich, wenn losgelassen, ziemlich viel Papier zur Vergeudung von Wasserfarben. (...) Da mich besonders der Mensch interessiert, so verfiel ich in späteren Jahren auch noch auf den Ton und erlaube mir zur Illustration eine alte Photographie von zwei Fischerköpfen und einem wunderlichen Alten, der sich unnötigerweise einem starken Winde aussetzt, beizufügen. Ich habe oft genug diese Passion – eigentlich mehr Manie – verwünscht, aber wenn das in Folge der staatlichen Umwälzung und der fruchtbaren Gesetzgebung die Beamten sehr stark in Anspruch nehmende Regierungsgeschäft einmal einen freien Tag gestattet – was allerdings nur in Zwischenräumen von Monaten vorkommt – so müssen Ton oder Farben daran glauben.

Petersen an Keller, 27. Juni 1876

Etwas störender war mir in seinem letzten Briefe das Lob der Resignation des Grünen Heinrich und der Judith am Schlusse meines Vierspänners, indem er mit elegischer Klage grundsätzlich das pathologische Konkretum als das allgemein Richtige und Bessere anpries und den unschönen Gemeinplatz des »entzweigerissenen Wahns« auftischte. Es paßt das nicht recht zu dem Vergnügen, das er sich immer mit seinen Kindern macht und besingt, wie billig.

Keller über Petersen an Heyse, 8. April 1881

Ihre Äußerungen wegen des pathologischen Zuges, der Ihnen eigen sei, berühren schmerzlich, weil Sie einen Zug, den viele unbewußt haben, mehr fühlen als die andern. Mehr oder weniger traurig sind am Ende alle, die über die Brotfrage hinaus noch etwas kennen und sind; aber wer wollte am Ende ohne diese stille Grundtrauer leben, ohne die es keine echte Freude gibt? Selbst wenn sie der Reflex eines körperlichen Leidens ist, kann sie eher vielleicht eine Wohltat als ein Übel sein, eine Schutzwehr gegen triviale Ruchlosigkeit.

Keller an Petersen, 21. April 1881

THEODOR STORM, *1817-1888, Schriftsteller, geboren in Husum, Studium der Rechte, 1853 von den Dänen des Amts enthoben, Potsdam, Heiligenstadt, 1864 Landvogt in Husum, dann Amtsrichter.*

Es ist mir übrigens, wenn ich von dergleichen an Sie schreibe, nicht zu Mute, als ob ich von literarischen Dingen spräche, sondern eher wie einem ältlichen Klosterherren, der einem Freunde in einer andern Abtei von den gesprenkelten Nelkenstöcken schreibt, die sie jeder an seinem Orte züchten. Keller an Storm, 31. Dezember 1877

Im vorletzten Briefe machen Sie die Andeutung, daß meine Schnurren mit der Tendenz, einzelne Liebespaare resignieren zu lassen, zusammenhängen möchten. Hier ist die Antwort. An manchen stillen Sommertagen nachmittags, wo ich mich ganz nur dem Genusse eines sentimental feierlichen Müßiggangs hingeben mag, nehme ich die Bände eines gewissen Theodor Storm, Meisters der sieben freien Künste zur Hand und vertiefe mich darin unter dem offenen Fenster. Nichts Beschaulicheres dann als so eine sonnig traurige Geschichte, wie »Im Sonnenschein«. »Eine Halligfahrt«; . . .

Keller an Storm, 16. August 1881

Ich glaube, ich habe ihn etwas verschnupft, denn ich hielt ihm wegen ein paar Monita, die er mir wegen Nichtverheiratung einiger Novellenfiguren machte, den Spiegel eigener Sünden dieser Art vor, die zu den Juwelen unter seinen Sachen gehören. (. . .) Er ist glaub' ich so fromm und naiv, daß er vielleicht meinen Spaß für ernst nahm und nun knurrt. Keller an Heyse, 19. November 1881

Frau E. Vogelsang
FIRMA (GESCHW. PAULY)
BERLIN,
LEIPZIGER-STR. 114.
vis-à-vis der Reichspost

Arnold Böcklin, *1827-1901, Kunstmaler, geboren in Basel. Lehrzeit in Düsseldorf, Aufenthalte in Rom, Weimar, wieder Rom, Basel, München, Florenz, 1885-1892 in Zürich, schließlich in Fiesole.*

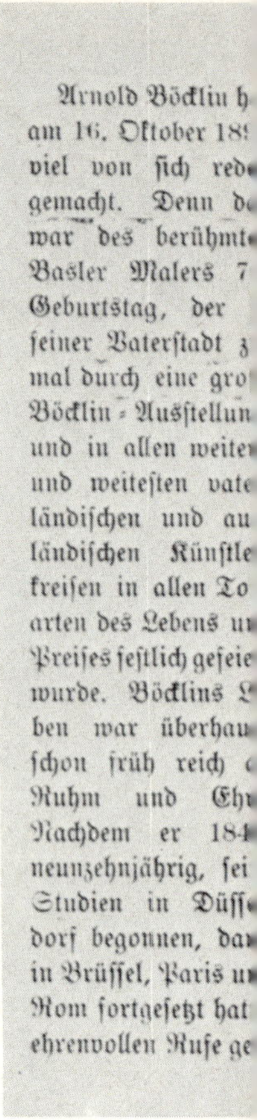
Arnold Böcklin h
am 16. Oktober 18
viel von sich red
gemacht. Denn d
war des berühmt
Basler Malers 7
Geburtstag, der
seiner Vaterstadt z
mal durch eine gro
Böcklin-Ausstellun
und in allen weite
und weitesten vate
ländischen und au
ländischen Künstle
kreisen in allen To
arten des Lebens u
Preises festlich gefeie
wurde. Böcklins L
ben war überhau
schon früh reich
Ruhm und Ehr
Nachdem er 184
neunzehnjährig, sei
Studien in Düss
dorf begonnen, da
in Brüssel, Paris u
Rom fortgesetzt hat
ehrenvollen Rufe ge

Hier ist seit einigen Wochen Böcklin eingezogen samt seinem Schwiegersohn Bruckmann, nachdem sein Atelier fertig gebaut war. Möchte er lange in der Laune bleiben, denn es ist ein sehr netter Mann.

Keller an Heyse, 19. Mai 1885

Übriens ist es mit meinem Einsiedlerleben nicht weit her. Daß man mit 66 Jahren nicht gern mehr häufig auf den Eisenbahnen rutscht, wirst Du vielleicht in 11 Jahren auch einsehen lernen. Sonst aber bin ich jede Woche 2 bis 3 Mal in lange dauernder Gesellschaft mit dem herrlichen Böcklin und 4-5 andern. Das Chiantisaufen, welches Floerke mit Gewalt fortsetzen wollte, obgleich es für die, welche am Tage zu tun haben, nicht angeht, habe ich abgeschafft, und nun ist es prächtig zu sehen, wie dem braven gewaltigen Böcklin, wenn wir um 10½ Uhr nach unserm Schöppchen Landwein in die Bierhalle gehen, seine vier Glas schäumenden Augustinerbräus aus München vom Faß weg schmecken, gebracht von einer urlangen Münchner Zenzi, knochig, die aussieht wie die aus dem Tartarus erstandende Medea.

Keller an Heyse, 5. Januar 1886

Und erst spät mag es geschehen.
Daß es fern herüber hallt:
»Seht, auf jenen grünen Höhen
Hat der Meister einst gemalt!

Starken Herzens, stillen Blickes
Teilt' er Licht und Schatten aus,
Meister jeglichen Geschickes
Schloß gelassen er das Haus!«

Zu Böcklins 60. Geburtstag 1887

Arnold Böcklin.

) München einem
urde er Professor

der Landschaftsmalerei in Weimar. Dann arbeitete er wieder eine Zeit lang in Rom und nahm hierauf seinen Aufenthalt abwechselnd in seiner Vaterstadt, München und Florenz.

Außerordentlicher Farbenreichtum, großartige Phantasie, eigenartige Stoffe zeichnen seine Schöpfungen aus, die nicht immer für jedermann verständlich und genießbar sind, besonders da sie häufig auf griechisch-mythologischen Vorstellungen beruhen; aber manche, wie z. B. die im Jahr 1883 gemalte „Toteninsel" wirken doch auch ergreifend auf jeden Beschauer ohne Unterschied und lassen ihn die Größe dieses Künstlergenies ahnen.

FRIEDRICH NIETZSCHE, *1844-1900, Philosoph, Pastorensohn aus Röcken in Sachsen, 1869 Professor der klass. Philologie in Basel, 1879 pensioniert, 1889 geisteskrank.*

Das knäbische Pamphlet des Herrn Nietzsche gegen Strauß habe ich auch zu lesen begonnen, bringe es aber kaum zu Ende wegen des gar zu monotonen Schimpfstiles ohne alle positiven Leistungen oder Oasen. (. . .) Mit der Straußbroschüre will er ohne Zweifel sich mit einem Coup ins allgemeine Gerede bringen, da ihm der stille Schulmeisterberuf zu langweilig und langsam ist. Es dürfte also zu erwägen sein, ob man einem Spekulierburschen dieser Art nicht noch einen Dienst leistet, wenn man sich stark mit ihm beschäftigt. Ich halte den Mann für einen Erz- und Kardinalphilister; denn nur solche pflegen in der Jugend so mit den Hufen auszuschlagen und sich für etwas anderes als für Philister zu halten, gerade weil dieses Wähnen etwas so *Gewöhnliches* ist.

Keller an Kuh, 18. November 1873

Wenn man von Goethes Schriften absieht und namentlich von Goethes Unterhaltungen mit Eckermann, dem besten deutschen Buche, das es gibt: was bleibt eigentlich von der deutschen Prosaliteratur übrig, das es verdiente, wieder und wieder gelesen zu werden? Lichtenbergs Aphorismen, das erste Buch von Jung-Stillings Lebensgeschichte, Adalbert Stifters Nachsommer und Gottfried Kellers Leute von Seldwyla – und damit wird es einstweilen am Ende sein.

Nietzsche, 109. Aphorismus in
»Der Wanderer und sein Schatten«, 1879

Für Ihren »Zarathustra« danke ich herzlich bei diesem ersten Anlasse; denn bei dieser wie einer früheren gütigen Zusendung war mir nicht klar ersichtlich, wohin ich einen Dankbrief hätte adressieren können.

Keller an Nietzsche, 28. September 1884

F. W. Nietzsche
1864.

Carl Spitteler *(Pseud. Felix Tandem), 1845-1924, Schriftsteller, geboren in Liestal, Studium der Rechte und der Theologie, Hauslehrer in Rußland, Lehrer in Bern und La Neuveville, Redakteur an der Neuen Zürcher Zeitung, nach 1892 freier Schriftsteller in Luzern, Nobelpreis 1919.*

Das reiche Gewand lebendiger Bewegung an aller Kreatur, dessen Schilderung Ihnen in so hohem Maße zu Gebote steht, zerfällt mir wie morscher Zunder in den Händen, sobald ich die mechanischen Puppen Ihrer mythologischen Willkür damit bekleidet, dieselben zwischen dem Inhalt der Nürnberger Spielzeugschachtel, die Sie Kosmos nennen, herum wanken sehe. Ich darf Ihnen wohl gestehen, da ich einmal so weit bin, daß einem bei der Lektüre nicht selten das Blut siedet vor Ärger über die sündliche oder kindliche Vergeudung von Kraft an eine Marotte. Von dem tieferen Übelstande, daß die Regierung des Lebens die Poesie aufhebt und ein Fakirtum ist, wie jedes andere, will ich schweigen. Keller an Spitteler, 7. Januar 1883

»Wenn ich denn meine Bücher schließlich nur für mich schreiben soll, so will ich sie wenigstens so schreiben, wie sie meinem Herzen am angenehmsten sind, ohne jede Rücksicht auf Leser, die doch nicht lesen, und Kritiker, die doch nichts kritisieren.« Das war wohl der instinktive Gedanke, der die Produktion der »Extramundana« begleitete. Spitteler an Keller, 1883

Kaum sind achtzig Jahre vorbei, seit wir in »Hermann und Dorothea« eine kristallklare und kristallfertige epische Sprache erhalten haben, die sich auf unbestreitbarer Höhe bewegt, so treibt der Teufel wieder Leute, sich in das barockste willkürlichste Wortgemenge zurück zu stürzen, wo die verzopften Genetivformen dem gebildeten Geschmacke von allen Seiten Ohrfeigen geben und ebenso unorganische als unnötige Wortbildungen sich vordrängen. (Neue Worte müssen den Dichtern wie von selbst, fast unbemerkt wie Früchte vom Baume fallen und nicht in einem Kesseltreiben zusammengejagt werden.) Keller an Widmann, 22. März 1885

Jakob Baechthold, *1848-1897, Germanist, Gymnasial- und Hochschullehrer in Zürich, erster Biograph Kellers.*

Wenn ich spüre, daß es abwärts gehen will und ich an mein Testament denken muß, so werde ich Sie zu meinem Nachlaßherausgeber ernennen, da Sie so herausgabelustig sind. Dann können Sie nach Herzenslust in einem paar tausend Briefen und Papierfetzen herumwühlen. Das kommt mir jetzt wirklich ganz à propos in den Sinn!

Keller an Baechthold, 28. Januar 1877

Dr. Baechthold hat mir eine Postkarte von Dir gezeigt, wonach er Dir eine Besprechung des obigen Buches zugestellt hat, was er auch anderwärts wiederholt hat. Du mußt diese Betriebsamkeit, die ich nicht liebe, mir nicht anschreiben. Du kennst ja die Art solcher trefflichen Freunde, die einen zuletzt als Objekt und Eigentum ihrer Tätigkeit betrachten und früher oder später den Versuch machen, es uns fühlen zu lassen.

Keller an Heyse, 30. Dezember 1880

Ich sagte Baechthold geradezu, ich möchte nach meinem Tode jedenfalls nicht in seine Hände fallen. Doch dies alles unter uns!

Keller an Heyse, 12. Dezember 1884

Bis dahin sage ich Ihnen zum voraus, daß ich schon vorher gewillt war, die Samstagabende nach und nach aufzugeben, weil sie meinem Alter nicht mehr bekommen, und nun definitiv zu Hause bleiben oder sonst wo, wie an andern Tagen, ein Glas Bier aufsuchen werde. Mögen Sie daher meinetwegen ruhig die Gesellschaft besuchen, als ob nichts geschehen wäre. Ich würde das Opfer um so weniger annehmen, als ich keines bringe, sondern meiner Gesundheit diene.

Keller an Baechthold, 21. Januar 1885

Den Brief von 1877 hatte ich noch wohl in der Erinnerung. In den 8 Jahren sind mir die Testamentseitelkeiten *puncto* Nachlaß eben gründlich vergangen, und ich habe mittelst Ofen und Papierkorb die Bereinigung selbst begonnen.

Keller an Baechthold, 2. Februar 1885

R Ganz
ZURICH

Keller-Portraits

Trübes Wetter

Es ist ein stiller Regentag,
So weich, so ernst und doch so klar,
Wo durch den Dämmer brechen mag
Die Sonne weiß und sonderbar.

Ein wunderliches Zwielicht spielt
Beschaulich über Berg und Tal;
Natur, halb warm und halb verkühlt,
Sie lächelt noch und weint zumal.

Die Hoffnung, das Verlorensein
Sind gleicher Stärke in mir wach;
Die Lebenslust, die Todespein,
Sie ziehn auf meinem Herzen Schach.

Ich aber, mein bewußtes Ich,
Beschau' das Spiel in stiller Ruh',
Und meine Seele rüstet sich
Zum Kampfe mit dem Schicksal zu.

Aus: »Buch der Natur«, »Ges. Gedichte« 1883

Jetzt klingt es wie bittrer Hohn,
Ich sei jung an Jahren:
Da so lang die Liebste schon
himmelhin gefahren!

Wohl ergeh' es, Engel, Dir!
Werde licht und lichter!
Ach! dein Knabe wurde hier
Unterdessen ein Dichter —

Muß nun reimen früh und spat
Um sein täglich Leben! —
Wollst du einen guten Rath
Dann und wann ihm geben?

Ich habe einen halben Gulden, ein ungeheures Ereignis! Was fang' ich damit an? Heute wird Goethes »Faust« gegeben, und doch hätt' ich längst gern den Wasserfall bei Erlibach gesehen! Die Wahl ist schmerzlich. Ein Meisterstück des menschlichen Geistes und eine erhabene Naturszene! Das erste kann ich ohne Geld nicht sehen, das zweite liegt so weit entfernt, daß ich notwendig einkehren muß. Doch es sei! Ich will den »Faust« sehen, der Wasserfall entläuft mir nicht.

Aus: Tagebuch, Juli 1838

Da stand ich auf und erklärte, das gehöre gar nicht in unser Wochenblatt. Die Handlung, die den Zürchern zur Last gelegt werde, sei so niederträchtig, daß sie vorher als wahr begründet sein müsse, ehe er sie, nur etwa einem elenden Gerüchte zufolge, publizieren dürfe, besonders in einer Gesellschaft, welche mehrere Zürcher enthält. Zudem wies ich seine Nebenbemerkungen mit Verachtung zurück. Da fuhr mir Curti und Konsorten übers Maul: Es sei eine Privatnachricht, welche man mitteilen *müsse*, dafür sei das Wochenblatt da usf. und ich solle schweigen. Ich erwiderte, daß ich weggehen würde, wenn Sidler

nicht revoziere. Curti darauf: »Das sei Wurst!« Hierauf stand Bendel (. . .) auf, sagte, wenn man honorige Mitglieder *so* behandle, so hätte er *genug Schweizergesellschaft* gehabt, nahm den Hut und ging. Darauf ging ich und nach mir Leemann. Das frappierte die Herren ein wenig, denn sie haben eben keinen Überfluß an alten Häusern und sonst fidelen Leuten. Brüller und Säufer sind zwar alle, aber sonst zu nichts tauglich. So stehen gegenwärtig die Aktien.

Keller an Hegi, 25. Januar 1841

Das einzige, was mir Angst macht, ist die Furcht, ein gemeines, untätiges und verdorbenes Subjekt zu werden, und ich muß mich ungeheuer anstrengen, bei dem immerwährenden Peche dies zu verhüten; und nur durch gute Lektüre habe ich mich bisher noch solid erhalten.

Keller an Hegi, 10. April 1841

O lieber Gott im Himmel!
Du weißt, wie sehr es schmerzet,
Wenn man just möchte weinen
Und dazu essen soll!

Man schämt sich, es zu zeigen,
Und kann es doch nicht lassen,
Es ist ein Zucken, Würgen
Im Herzen jammervoll!

Aus: »Klage der Magd«,
»Neuere Gedichte«, 1851

Eine Ros' im Wetterscheine
Sah ich blühen brennend rot;
Einen Becher sah ich glühen,
Der noch tiefere Röte bot!

Aber rief etwa die Knospe
Vorher, daß sie rot wollt' sein?
Schrie der junge grüne Weinstock:
Ich will geben roten Wein?

Nein, der ewig goldengrüne
Baum des Lebens tut das nie,
Das tut nur die ewig graue,
Graue Eselstheorie!

Manches Brünnlein mag noch springen
In das Gras mit rotem Schein;
Doch der Freiheit echter, rechter,
Letzter Sieg wird trocken sein.

»Rot« aus: »Neuere Gedichte«,
2. Auflage, 1854

Wie eine wohlorganisirte Freischaar ausziehen that.

Die Aufgeregten

Welch bewegte Lebensläufchen,
Welche Leidenschaft, welch wilder Schmerz!
Eine Bachwelle und ein Sandhäufchen
Brachen aneinander sich das Herz!

Eine Biene summte hohl und stieß
Ihren Stachel in ein Rosendüftchen,
Und ein holder Schmetterling zerriß
Den azurnen Frack im Sturm der Mailüftchen!

In ein Tröpflein Tau am Butterblümchen
Stürzt' sich eine zarte Käferfrau,
Und die Blume schloß ihr Heiligtümchen
Sterbend über dem verspritzten Tau!

Aus: »Neuere Gedichte«, 2. Auflage, 1854

Ich war erstaunt, in Keller einen auffallend unbehülflichen und spröd erscheinenden Menschen kennen zu lernen, dessen erste Bekanntschaft jedem sofort das Gefühl der Angst um sein Fortkommen erweckte. Auch war diese Sorge der schwierige Punkt bei ihm; alle seine Arbeiten, welche wirklich von sehr originellen Anlagen zeugten, gaben sich sogleich aber auch als Ansätze zu einer künstlerischen Entwicklung zu erkennen, und man frug sich nun unerläßlich nach dem Werke, welches jetzt folgen und seinen Beruf erst wahrhaft bezeugen sollte. So kam es demnach, daß mein Umgang mit ihm nur ein fortgesetztes Fragen nach ihm war, was er jetzt nun vorhabe. Er meldete mir in diesem Betreff auch allerhand gänzlich reife Pläne, von denen aber, bei näherem Hinsehen, nichts von einiger Konstanz zu gewahren war. Glücklicherweise wußte man ihn, wie es scheint schon aus partriotischen Rücksichten, mit der Zeit endlich im Staatsdienste unterzubringen, wo er als redlicher Mensch und tüchtiger Kopf jedenfalls gute Dienste leistete, wenn auch seine schriftstellerische Arbeit von jetzt an, nach jenen ersten Ansätzen, fast immer zu ruhen schien.

Richard Wagner über G. K. aus »Mein Leben«, geschrieben ca. 1867

Vom spröden Eidechslein

*Es war ein grünes Eidexlein,
Das saß auf einem weißen Stein,
Ja weißen Stein,
Und trank sein Schöppchen Sonnenschein.*

*Ich wollt' es greifen nimmer blöd,
Da macht' es seinen Zipfel spröd,
Wie Glas so spröd,
Er blieb mir in den Händen.*

*Ich rief verwundert: Das ist was!
Ach wär'n die Hundeschwänz von Glas,
He, Schwänz von Glas!
Das gäb mir einen Heidenspaß!*

*Wenn's dann zu sehr ans Wedeln ging,
So nähmen wir ein Haselding,
Ja Haselding,
Und schlügen wacker drauf kling kling!*

*Ihr Hunde, schämt euch vor dem Wicht!
Dies edle Tierlein wedelt nicht,
Nein, wedelt nicht,
Und ob ihm auch der Schwanz abbricht!*

Aus: »Vermischte Gedichte«,
geschrieben November 1860

Martin Salander war nie ein Liebhaber seines Gesichtes gewesen und bewunderte es im Spiegel so wenig als in den Bildern, welche die Sitte der Zeit ihm abrang. Er ging nun im fünfundfünfzigsten Lebensjahre; zwar nicht älter erscheinend als die meisten seiner Altersgenossen, die sich leidlich erhalten, sah er doch keineswegs so jung aus wie einer jener Glücklichen, die immer Zweiundvierziger bleiben. (. . .) Die gei-

stige Jugend und gemütliche Rüstigkeit, die trotzdem dasselbe Gesicht und dessen Augen belebten, konnte er selber nicht verstehen und anrechnen, und so fand er sich von dem nächtlichen Spiegelbild weder erbaut noch aufgemuntert.

Aus: »Martin Salander«, XV. Kapitel

Alltägliche Nibelungen

Jedes Menschenkind hat tief im Herzen
Einen kleinen Sonnen-Siegfried.
\- - -
Was das Liebste, Beste dir ist,
Lieb und Leben raubt er dir,
Tückisch - - -

- - - -

Laß ihn stoßen, denn die Seele
Trifft dir nicht sein Speer, der stumpfe,
Sei getrost, die große Kriemhild
Schlägt dem Hund das Haupt vom Rumpfe.

Fragment, nach 1875

Hätt ich nun ein Kind, ein kleines,
In väterlichen Ehren.
Recht ein liebliches und feines,
Würd ich's mutig lehren,

»Friede der Kreatur«, aus: »Vermischte Gedichte«,

Spinnen mit dem Händchen fassen
Und sie freundlich zu entlassen;
Früher lernt' es Friede halten,
Als es mir gelang, dem Alten!

geschrieben September 1878

Er schüttete die Weidtasche auf den Tisch aus, und über dreißig arme Vögel mit verdrehten Hälschen und erloschenen Guckaugen, Drosseln, Buchfinken, Lerchen, Krammetsvögel und wie alle hießen, lagen als stille Leute da und streckten die starren Beine und gekrümmten Krällchen von sich.

Aus: »Martin Salander«, Kapitel XIII

Nun legst du, alte wettermüde Föhre,
Den allerletzten Jahresring dir an,
Da ich im Walde schon rumoren höre
Mit seiner Axt den grauen Zimmermann.
Er wird so wenig deinen Kopf begnaden
Als jemand über mein Verschwinden klagt;
Dem armen Schelm und einem alten Schaden
Nur wird des Alters Ehrenzoll versagt!

Aus: »Der alte Bettler«,
»Vermischte Gedichte«, 2. Fassung, 1883

GOTTFRIED KELLER
1889

Ein Jahr nach Sempers Tod, im Mai 1880, erzählte Gottfried Keller folgenden Traum. Mit Staub bedeckt und unordentlich gekleidet, kommt der verstorbene Freund ins Zimmer hereingeschlüpft; ihm nach die Schatten vieler Züricher Weiber und Männer vom Rindermarkte weg, die Keller in seiner Jugend alle gekannt, jedoch längst vergessen hatte. Auf die Frage, ob er denn nicht gestorben sei, antwortete Semper: Wohl! aber er habe Urlaub genommen; denn dort, wo er sich seitdem befunden, sei's nicht zum Aushalten. Darauf habe er still das Zimmer wieder verlassen, von dem ihm nachhuschenden Gesindel begleitet, und unter der Tür noch einmal gerufen: »Gehen Sie nicht dorthin, Herr Keller! Schlechte Wirtschaft dort!«

Nach Baechthold/Ermatinger, 8. Auflage, S. 337

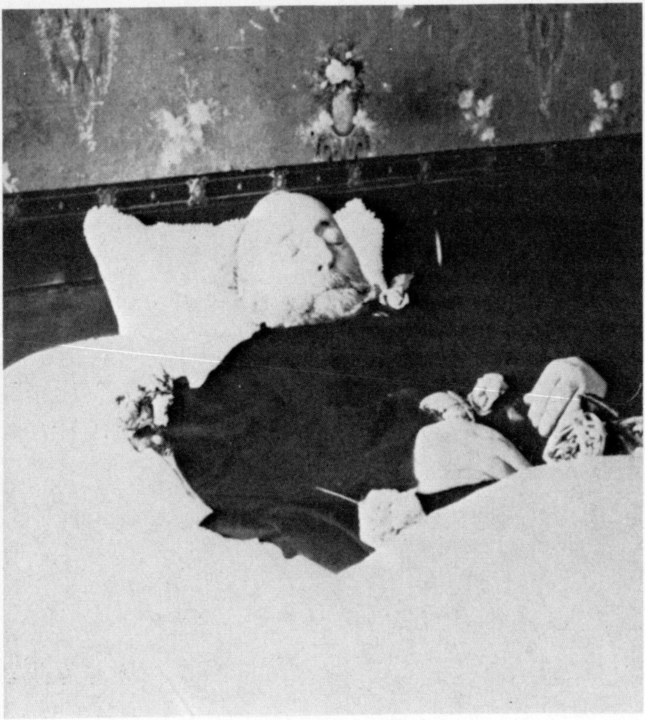

Ob bitter uns der Tod, ob süß,
Glaubt jeder noch im Fernen,
So viel ist sicher, diese Kunst
Ist unser letztes Lernen.

Fragment, Ende der siebziger Jahre

Und was den Herd bescheidnen Schmuckes kränzte,
Was sich an alter Weisheit um ihn fand,
In Weihgefässen auf Gesimsen glänzte,
Streut in den Wind, gebt in der Juden Hand:

Daß meines Sinnes unbekannter Erbe
Mit find'ger Hand, vielleicht im Schülerkleid,
Auf offnem Markte ahnungsvoll erwerbe,
Die Heilkraft wider der Vernachtung Leid.

»Poetentod«, »Vermischte Gedichte«, 2. Fassung, 1883

Anhang

Bildnachweise

In Kursiv gesetzte Hinweise: Signaturen der Zentralbibliothek Zürich

Frauenbilder

Die Mutter: Elisabeth Keller geb. Scheuchzer (1787-1864). Anonymes Gemälde auf Holz, Oval im Rahmen 343:283 mm. Um 1816. Zentralbibliothek Zürich (Gottfried Keller Nachlaß). *GKN 461 (Inv. 157)*
Seite 221

Eintrag im Ersten Skizzenbuch zum Tod von Henriette Keller (1818-1838): Gedicht »Das Grab am Zürichsee«, 29. Mai 1838. Zentralbibliothek Zürich (Gottfried Keller Nachlaß). *Ms GK 1, S. 98* Seite 222

Der verschneite Kirchhof von Richterswil am Zürichsee, mit der 1905 abgebrochenen spätgotischen Pfarrkirche, Aquarell 164:245 mm von Gottfried Keller zum Tod von Henriette Keller (1818-1838), entstanden im Mai 1838. Zentralbibliothek Zürich (Gottfried Keller Nachlaß). *GKN 32* Seite 223

Eintrag im Ersten Skizzenbuch zum Tod von Henriette Keller (1818-1838): »Den 14t. Mai 1838. Heute starb sie!« Zentralbibliothek Zürich (Gottfried Keller Nachlaß). *Ms GK 1, S. 97* Seite 223

Marie Melos (1820-1888). Photographie 144:100 mm von Maler Buchner, Stuttgart, um 1877. Zentralbibliothek Zürich (Gottfried Keller Nachlaß). *GKN 440/48* Seite 225

Luise Rieter (1828-1879). Aquarell 322:241 mm von Clementine Stockar-Escher (1816-1886), um 1848/50. Zentralbibliothek Zürich. *GKN 431 e* Seite 227

Johanna Kapp (1824-1883). Photographie 157-119 mm von G. Pauli & Co., Heidelberg, um 1844. Zentralbibliothek Zürich. *GKN 435 b*
Seite 229

Ludmilla Assing (1821-1880). Photographie 83:51 mm von Flli Alinari, Florenz, Herbst 1866. Zentralbibliothek Zürich (Gottfried Keller Nachlaß). *GKN 440/45* Seite 231

Betty Tendering (1831-1902). Kreidezeichnung von Ludwig Pietsch

Randzeichnungen Gottfried Kellers

Tagebuch, Juli 1843 - Oktober 1844: Randzeichnungen zum zweiten Teil des Gedichts »Die Mazze«, August 1844. Zentralbibliothek Zürich (Gottfried Keller Nachlaß). *Ms GK 4, S. 125* Seite 251

Tagebuch, Juli 1843 - Oktober 1844: Randzeichnung zum Entwurf des Gedichts »Ein junger Theologe«, August 1844. Zentralbibliothek Zürich (Gottfried Keller Nachlaß). *Ms GK 4, S. 177* Seite 253

Innendeckel der Schreibmappe aus der Heidelberger Zeit, Herbst 1849. Federzeichnungen auf blaugrauer Pappe, 328:205 mm. Zentralbibliothek Zürich (Gottfried Keller Nachlaß). *Ms GK 1 c* Seite 255

Schreibunterlage aus der Berliner Zeit, Frühjahr 1855. Federzeichnungen auf dunkelblauem Papier, 550:665 mm (Reproduktion ohne den Papierton). Zentralbibliothek Zürich (Gottfried Keller Nachlaß). *Ms GK 8 b* Seite 256/257

Rückseite der Schreibunterlage Seite 258/259

Protokollheft des Staatsschreibers Gottfried Keller von den Sitzungen des Regierungsrats des Kantons Zürich, mit Bleistiftkritzeleien zum 25./27. Juni – 20./29. August – 1. September – 10./12. September – 19. September – 3. Oktober 1863. Zentralbibliothek Zürich (Gottfried Keller Nachlaß). *Ms GK 53 sechs Manuskriptdoppelseiten; im Original nicht unmittelbar aufeinanderfolgend, das Heft endet mit 12. Nov. 63* Seite 260–267

Männer und Freunde

Der Vater: Hans Rudolf Keller (1791-1824). Anonymes Gemälde auf Leinwand, Oval im Rahmen 343:285 mm. Um 1817. Zentralbibliothek Zürich (Gottfried Keller Nachlaß). *GKN 460 (Inv. 156)* Seite 271

Der Oheim und Vormund: Johann Heinrich Scheuchzer (1786-1857), Arzt in Glattfelden. Photographie 77:56 mm von Georg Grimminger (1802-1877), Zürich, um 1856. Zentralbibliothek Zürich (Gottfried Keller Nachlaß). *GKN 440/5* Seite 273

Rudolf Meyer (1803-1857), der »Römer«: Selbstporträt, aquarellierte Bleistiftzeichnung 237:202 mm. Unten bezeichnet: »dessine par Moimeme le 17 Juny 1845, a la Prison de L hopital – (en Suisse) a Zürich –«. Ebenso auf der Rückseite: »Gezeichnet während ich mehrere Nächte ohne Schlaf bey großer Hitze zubrachte, und zugleich einen, bereits unertragbaren Schmerz im rechten Ohre zuerleiden hatte – Magerkeit überhaupt – daher ein etwas leidenvoller Ausdruck – in einem Spiegel von 4 Zoll Höhe und 2 Breite gezeichnet – R Meyer«. Zentralbibliothek Zürich. *GKN 754* Seite 275

Johann Salomon Hegi (1814-1896) an Gottfried Keller »Strabo« in München, 15. Dezember 1840. Zentralbibliothek Zürich (Gottfried Keller Nachlaß). *Ms GK 79c* Seite 277

Georg Herwegh (1817-1875). Kreidelithographie von A. Arnold nach einer im November 1842 entstandenen Zeichnung von Emma Herwegh geb. Siegmund (1817-1904). Zentralbibliothek Zürich. *Herwegh I, 2* Seite 279

Ferdinand Freiligrath (1810-1876). Photographie 88:60 mm von Sophus Williams, Berlin, nach dem Gemälde von Ernst Hader, 1882. Zentralbibliothek Zürich. *Freiligrath Fot 1.1* Seite 281

Julius Fröbel (1805-1893). Kreidelithographie von Valentin Schertle (1809-1885). 1848. Zentralbibliothek Zürich. *Fröbel, I, 1* Seite 283

Lithographische Karikatur auf die literarische Fehde des Romantikers August Adolf Ludwig Follen (1794-1855) gegen die revolutionären Neuhegelianer Arnold Ruge (1813-1880) und Karl Heinzen (1809-1880) in der Neuen Zürcher Zeitung; rechts Follens Sekundant, Wilhelm Schulz (1797-1860). Erschienen in: Wochen-Zeitung, Zürich, Nr. 4, 27. Januar 1846, S. 15. Zentralbibliothek Zürich. *Follen I, 1* Seite 285

Wilhelm Schulz (1797-1860), Sekundant August Adolf Ludwig Follens, Ausschnitt aus der Karikatur aus der Wochen-Zeitung, Zürich, Nr. 4, 27. Januar 1846, S. 15 (siehe S. 285). *Schulz, W.* Seite 287

Wilhelm Baumgartner (1820-1867). Anonyme Photographie, im Ovalrahmen 195:162 mm. Auf der Rückseite datiert 19. VII. 69. Zentralbibliothek Zürich (Gottfried Keller Nachlaß). *GKN 430* Seite 289

Ludwig Feuerbach (1804-1872). Kreidelithographie 220:176 mm von Valentin Schertle (1809-1885) nach dem Gemälde von Bernhard Fries (1820-1879). Zentralbibliothek Zürich. *Feuerbach Ia, 1* Seite 291

Hermann Hettner (1821-1882). Photographie 91:57 mm von Teich-Hanfstaengl, Dresden, um 1870. Zentralbibliothek Zürich (Gottfried Keller Nachlaß). *GKN 441/5* Seite 293

standen um 1860. Privatbesitz. (Reproduktion nach einer Photographie in der Zentralbibliothek Zürich). – *(Slg. Staub)* Seite 315

Heinrich Leuthold (1827-1879). Photographie 90:54 mm von Franz Neumayer, München, um 1860. Schweizerische Schillerstiftung, Nachlaß Heinrich Leuthold (Depositum in der Zentralbibliothek Zürich). *Schillerstift. Nachl. Leuthold Album IX/4 (Ganzfigur)* Seite 317

Julius Rodenberg (1831-1914). Photographie 92:57 mm von Hanns Hanfstaengl, Berlin, um 1875. Zentralbibl. Zürich (Gottfried Keller Nachlaß). *GKN 400 v* Seite 319

Wilhelm Hertz (1822-1901). Keystone Hamburg Seite 321

Wilhelm Petersen (1835-1900). Photographie 90:55 mm von Hof-Photograph G. F. Koch, Schleswig, nach 1882. (Landesgeschichtliche Sammlung der Schleswig-Holsteinischen Landesbibliothek Kiel). *Petersen, W.* Seite 323

Theodor Storm (1817-1888). Photographie 142:98 mm von E. Vogelsang, Berlin. Auf der Rückseite von Keller 1884 datiert. Zentralbibliothek Zürich (Gottfried Keller Nachlaß). *GKN 400 t* Seite 325

Arnold Böcklin (1827-1901). Holzstich 79:108 mm von Arnold Stephani (1848-nach 1932) aus unbekannter Zeitschrift (1898). Zentralbibliothek Zürich. I, 4 Seite 327

Friedrich Nietzsche (1844-1900). Bildarchiv Preußischer Kulturbesitz Berlin. Seite 329

Carl Spitteler (1845-1924). Photopress Zürich. Seite 331

Jakob Baechtold (1848-1897). Photographie 95:57 mm von Rudolf Ganz (1848-1928), Zürich, um 1895. Zentralbibliothek Zürich. *J. Bächtold Fot I, 1* Seite 333

Keller-Portraits

Gedicht, den Liebesliedern einzureihen, mit eigenhändiger Zeichnung von Gottfried Keller. Aus: Gottfried Kellers Frühlyrik, Leipzig 1901 (Bildarchiv Preußischer Kulturbesitz, Berlin). Seite 337

Gottfried Keller im Alter von 17 Jahren beim Landschaftszeichnen. Bleistiftzeichnung 202:170 mm von Johann Müller (1819-1888) in

Kellers Erstem Skizzenbuch, entstanden im Sommer 1836. Zentralbibliothek Zürich (Gottfried Keller Nachlaß). *Ms GK 1, S. 180* Seite 339

Gottfried Keller im Alter von 21 Jahren. Bleistiftzeichnung 107:130 mm von Johann Salomon Hegi (1814-1896), bezeichnet: »Gottfd. Keller cog: Strabo 7.8.40 München.« Zentralbibliothek Zürich (Gottfried Keller Nachlaß). *GKN 303* Seite 340

Gottfried Keller im Alter von 22 Jahren. Bleistiftzeichnung 157:135 mm von Johann Salomon Hegi (1814-1896), signiert und bezeichnet: »J.S. Hegi fec. Gottfried Keller. München. 24.VIII.41.« Zentralbibliothek Zürich (Gottfried Keller Nachlaß). *GKN 304* Seite 341

Gottfried Keller im Alter von 21 Jahren. Bleistiftzeichnung 143:132 mm von Eduard Süffert (1818-1874), entstanden in München 1840/41. Zentralbibliothek Zürich (Gottfried Keller Nachlaß). *GKN 301* Seite 342

Gottfried Keller im Alter von 23 Jahren. Bleistiftzeichnung 146:106 mm von Rudolf Leemann (1812-1865), signiert und von Keller bezeichnet: »R. Leemann gez. July 42. Gottfried Keller München 1842.« Zentralbibliothek Zürich (Gottfried Keller Nachlaß). *GKN 305* Seite 343

Gottfried Keller im Alter von 22 Jahren. Radierung 41:34 mm von Johann Conrad Werdmüller (1819-1892), Karikatur aus der Münchner Zeit 1841, bezeichnet: »Hier steth Herr Gottfrid Keller.« Zentralbibliothek Zürich. *GK I, 6* Seite 345

Gottfried Keller als Fahnenstangenmaler in München, Oktober 1842. Illustration 159:139 mm von Burkhard Mangold (1873-1950), in: Schweizer eigener Kraft. Nationale Charakterbilder, Neuenburg 1906, nach S. 562. Zentralbibliothek Zürich. *GK I, 3* Seite 345

»Wie eine wohlorganisirte Freischaar ausziehen thät«: Zug der Freischärler am 31. März 1845, Gottfried Keller führt als Trommler die Künstler an, v.l.n.r. Georg Adolf Grimminger (1802-1877), Karl Friedrich Irminger (1813-1863), Johannes Ruff (1813-1886), Johannes Thomann (1806-um 1870). Aquarellierte Bleistiftzeichnung 168:154 mm von Johannes Ruff, 1845. Zentralbibliothek Zürich. *GKN 306 a* Seite 347

Künstler-Szene vor dem Café Frieden an der Limmat, Zürich 1846:

Gottfried Keller liegt am Boden, von der geballten Faust des Kupferstechers Lukas Weber (1811-um 1860) gefällt (»du Hagel bruchst mir nüd de wolfeil Wii vorzha will du gute vergebe z'suffe überchunst«). Rechts Johannes Ruff (1813-1886) und Johannes Thomann (1806-um 1870); vom Hintergrund links eilen Polizisten herbei. Unter dem Bild Kellers drohende Worte: »Wenn me nu na Schwerter träge thät i wett is denn scho zeige ihr Herrgottsdunner!« Aquarellierte Bleistiftzeichnung 140:174 mm von Johannes Ruff, 1846. Zentralbibliothek Zürich. *GKN 306 b* Seite 348

Gottfried Keller im Alter von 35 Jahren. Pastellzeichnung 290:235 mm von Ludmilla Assing (1821-1880), entstanden im April 1854. Von Keller bezeichnet: »Zeit bringt Rosen Gottfr. Keller den 2t. Mai 1854.« Staatsbibliothek Preußischer Kulturbesitz Berlin (Reproduktion nach einer Photographie in der Zentralbibliothek Zürich). *GK I, 8 b* Seite 349

Gottfried Keller im Alter von ungefähr 40 Jahren. Photographie 78:55 mm von Georg Adolf Grimminger (1802-1877), Zürich, um 1860. Zentralbibliothek Zürich (Gottfried Keller Nachlaß). *GKN 309* Seite 350

Gottfried Keller im Alter von ungefähr 40 Jahren. Photographie 79:50 mm von Georg Adolf Grimminger (1802-1877), Zürich, um 1860. Zentralbibliothek Zürich (Gottfried Keller Nachlaß). *GKN 310* Seite 350

Gottfried Keller im Alter von ungefähr 45 Jahren. Photographie 91:54 mm von Johannes Ganz (1821-1886), Zürich, um 1865. Zentralbibliothek Zürich (Gottfried Keller Nachlaß). *GKN 313* Seite 351

Gottfried Keller im Alter von ungefähr 48 Jahren. Photographie 90:55 mm von Johannes Ganz (1821-1886), Zürich, um 1867. Zentralbibliothek Zürich (Gottfried Keller Nachlaß). *GKN 314* Seite 351

Gottfried Keller im Alter von ungefähr 50 Jahren. Anonyme Photographie, im Oval 130:97 mm. Um 1870. Zentralbibliothek Zürich (Gottfried Keller Nachlaß). *GKN 311* Seite 353

Gottfried Keller im Alter von ungefähr 50 Jahren. Photographie 94:55 mm von Johannes Ganz (1821-1886), Zürich, um 1870. Zentralbibliothek Zürich (Gottfried Keller Nachlaß). *GKN 357* Seite 353

Gottfried Keller im Alter von ungefähr 53 Jahren. Photographie, Oval

108:76 mm, von Johannes Ganz (1821-1886), Zürich, um 1872. Zentralbibliothek Zürich (Gottfried Keller Nachlaß). *GKN 366* Seite 353

Gottfried Keller im Alter von 54 Jahren. Photographie 170:124 mm von Jean Gut, Zürich, 1873. Zentralbibliothek Zürich (Gottfried Keller Nachlaß). *GKN 316* Seite 353

Gottfried Keller im Alter von 44 Jahren. Gemälde auf Leinwand 645:525 mm von Conrad Hitz (1798-1866). Auf der Rückseite signiert: »C. Hitz. pinxit 1863.« Zentralbibliothek Zürich (Gottfried Keller Nachlaß). *GKN 308 (Inv. 154)* Seite 354

Gottfried Keller im Alter von 53 Jahren. Gemälde auf Leinwand 317:258 mm von Frank Buchser (1828-1890), signiert links »Frank Buchser 1872«; auf der Rückseite bezeichnet: »Gottfried Keller Staatsschreiber zu Zürich«. Entstanden im Januar 1872. Zentralbibliothek Zürich (Gottfried Keller Nachlaß). *GKN 315 (Inv. 155)* Seite 355

Gottfried Keller im Alter von 58 Jahren. Aquarellierte Bleistiftzeichnung 222:159 mm von Wilhelm Petersen (1835-1900), entstanden im Mai 1877. Zentralbibliothek Zürich. *Ms GK 95.3* Seite 356

Gottfried Keller im Alter von 67 Jahren. Öl auf Leinwand 700:585 mm von Karl Stauffer-Bern (1857-1891), links signiert: »Stauffer-Bern Aug 86«. Leihgabe der Gottfried Keller Stiftung Bern im Kunsthaus Zürich. *(Inv. 1285)* Seite 357

Die großen Schweiger: Arnold Böcklin und Gottfried Keller beim Schoppen Wein. Gemälde auf Leinwand von Ernst Würtenberger (1868-1934), nach Photographien um 1905. Zunft Hottingen Zürich (Reproduktion nach einer Photographie in der Zentralbibliothek Zürich). *GK I, 29 a* Seite 358/359

Gottfried Keller im Alter von 68 Jahren. Bleistiftzeichnung von Dr. Jakob Horlacher, Bezirksarzt in Brugg. Oben bezeichnet: »gez. im Weisshaar den 29. November 1887 Nachts 11 30.« Privatbesitz (Reproduktion nach einer Photographie in der Zentralbibliothek Zürich). *GK I, 27* Seite 360

Gottfried Keller im Alter von 68 Jahren. Radierung 391:297 mm von Karl Stauffer-Bern (1857-1891), 2. Zustand. Entstanden im Januar 1887. Graphische Sammlung der ETH Zürich (Reproduktion nach einer Photographie in der Zentralbibliothek Zürich). *GK I, 26 c* Seite 361

Gottfried Keller im Alter von 67 Jahren. Photographie 170:117 mm von Karl Stauffer-Bern (1857-1891), entstanden 1886. Zentralbibliothek Zürich. *GKN 318 e* Seite 362

Gottfried Keller im Alter von 70 Jahren. Photogravüre 128:82 mm nach einer Zeichnung von Arnold Böcklin (1827-1901) für das Frontispiz in der ersten Ausgabe der Gesammelten Werke, Bd. 9 (Gesammelte Gedichte, Bd. 1), Berlin 1889. Zentralbibl. Zürich. *GK I, 21* Seite 363

Gottfried Keller auf dem Totenbett, 16. Juli 1890. Photographie 98:156 mm von Gebr. Zimmermann, Zürich. Zentralbibliothek Zürich. *GKN 335 m* Seite 365

Gottfried Kellers Totenmaske, am 15./16. Juli 1890 abgenommen von Bildhauer Richard Kissling (1848-1919). Zentralbibliothek Zürich (Gottfried Keller Nachlaß). *GKN 335 c* Seite 367

Zitatnachweise

Zitiert wird nach folgenden Quellen, wobei die erste Ziffer jeweils den Band, die zweite die Seitenzahl angibt:

W Gottfried Keller: *Sämtliche Werke*; 22 Bde. 1926-1949; hrsg. von Jonas Fränkel (Bde. 1, 2/1, 2/2, 3-8, 11, 13, 14, 15/1, 16-19), Erlenbach und München; die übrigen Bände 1942-1948 hrsg. von Carl Helbling, seit 1931 Bern und Leipzig.

Br. Gottfried Keller: *Gesammelte Briefe*; hrsg. von Carl Helbling, Bd. 1-4 (in 5), Bern 1950-1954.

E/B Emil Ermatinger: *Gottfried Kellers Leben. Mit Benutzung von Jakob Baechtolds Biographie dargestellt von E. E.* 8. Auflage, Zürich 1950.

13 »Aber was ist denn«, E/B, S. 86
13 »Ich bitte dich also«, an J. Müller, 29. 6. 1837, Br. 1, 155
16 »Nun erinnerte ich mich«, zit. nach E/B, S. 18 f.
17 »Die Schönheit und der Glanz«, W 16, 213
19 »Schwerer Irrtum«, E/B, S. 20
20 »Für erwachsene junge Leute«, W 11, 235
21 »Ein Vater, den man wie ich«, an K. Barlach 10. 2. 1918, zit. nach E. B., Briefe I, hrsg. v. F. Droß, München 1968, S. 526
21 »Je dunkler die Ahnung«, W 3, 23
22 »Ich bin jetzt 33«, an die Mutter 16. 2. 1853, Br. 1, 116
22 »Einer unserer geistreichen Dilettanten«, W 9, 157
23 »Nein, zu leben«, W. Shakespeare, Hamlet III, 4
23 »und wann wir zwischen den Lehrstunden«, W 21, 57
24 »So war Albertus Zwiehan«, W 5, 135
26 »Es war eine stechende Maienlust«, W 15/1, 171
26 »Somit entschliefen wir«, W 3, 129
27 »fand mich halb bewußtlos«, W 3, 113
29 »Das Männchen nun im Zorn«, zit. nach E/B, S. 30f.
29 »eine auf langen, mit Pumphosen bekleideten Beinen«, E/B, S. 30
29 »Was schimmert dort«, zit. nach E/B, S. 31
29 »Ein Meister bin ich worden«, W 2/1, 154
30 »Beruhige dich ein wenig«, zit. nach E/B, S. 33

30 »Drollige Züge«, E/B, S. 33

30 »Urbino, der Sohn des Grafen«, E/B, S. 31

31 »Schließlich kehrt Fridolins verschollener Vater«, E/B, S. 33

32 »als charakteristischen Beitrag«, E/B, S.30

33 »Schon der Anfang, der Titel«, zit. nach E/B, S. 44

39 »Am nächsten Morgen schien Fritzchen«, W 7, 201

40 »selber vor die Haustür zu treten«, W 10, 5

40 »Diese Kommunisten«, W 21, 47

41 »Es wird und kann«, W 21, 48

41 »Damit nun aber nicht«, an W. Petersen 21. 4. 1881, Br. 3/1, 380

42 »die sentimentale Seite«, an E. Vieweg 3. 5. 1850, Br. 3/2, 17

43 »Ich wünschte ihr noch«, und folgende Traumerzählungen: W 21, 64-68

49 »Weißt du wohl, Heinrich«, W 5, 66

50 Zu Kellers Interpunktionsgewohnheiten, vgl. Briefwechsel mit B. Auerbach im September 1860, Br. 3/2, 199 ff.

54 »Es schwammen ihre Glieder«, W 15/1, 27

54 »Sie verfiel immer mehr«, W 8, 393 f.

55 »daß sie ihre Hände zu beiden Seiten«, W 11, 95

55 »In der Tat hat die Wut«, W 11, 96

55 »und ein stattliches Masculinum«, W 11, 103

55 »ich dachte mir alle Mädchen«, W 17, 169

56 »Man muß am Ende die Weiber«, W 8, 107

56 »nur die von Luftdämonen beseelten Weiberhülsen«, W 5, 116

56 »zu schön, und, da sie sonst nicht viel tauge«, W 8, 187

56 »ein keckes Einzelstück«, W 11, 277

57 »doch fange ich an zu merken«, W 11, 58 f.

57 »Wolle er sie aber bei sich behalten«, W 11, 287

58 »Da wurde soeben aus dem Portale«, W 11, 127

59 »Der Wahlherr hat diesmal«, W 11, 139

59 »In Regine hoffte er ein Bild«, W 11, 88

59 »Ich danke Ihnen auch schönstens«, an Marie Frisch 21. 11. 1880, Br. 2, 273

61 »süße Frauenbilder«, W 2/1, 141

61 »Ich nahm ein dünnes langes Eisen«, W 3, 108

61 »schönen kurzen Spieß«, W 8, 243

61 »ich (. . .) quälte mich«, W 6, 117

62 »wie froh bin ich«, W 11, 374

63 »Klagt mich nicht an«, W 2/1, 153

64 »Träumerei! Was sollten«, W 1, 84
65 »Ach, was man nicht kennt«, W 1, 84
66 »Der dunkelgrüne Samt«, W 8, 52
66 »Das ist zuweilen wie ein Schnitt«, Barlach im Gespräch, hrsg. v. F. Schult, Leipzig 1948, S. 18
67 »Wachsfräulein«, zit. nach K. Guggenheim, »Das Ende von Seldwyla«, Zürich 1965, S. 174
69 »daß derjenige, dem es nicht gelingt«, an E. Vieweg 3. 5. 1850, Br. 3/2, 15
70 »indem er sein ganzes Leben und sein Schicksal«, W 19, 181
70 »erfahrene Tote«, W 6, 104
71 »Das Geläute schwieg« und ff: W 4, S. 95
71 »Es klang mir, wie«, W 6, 269 f.
72 »Die Geistertöne drangen schon«, W 11, 190
72 »Was ist der Mensch«, W 11, 156
72 »Mein Sohn, mein Sohn«, W 6, 122
72 »kleine Herde großer Silberfasanen«, W 19, 159 f.
75 »daß ihm irgendjemand aus freien Stücken«, W 10, 276
75 »wenn er inwendig damit im reinen war«, W 10, 222
76 »einem armen Meister zu Gefallen«, W 10, 215
76 »daß es erzitterte«, W 10, 254
76 »indessen verlangte sie nichts Besseres«, W 10, 239
76 »die schlechteste Wahl traf«, W 10, 223
77 »so ruhte denn Beatrix mit ihm«, W 10, 239
77 »Wie kann sie alles seyn?«, W 10, 221
79 »weil große schöne Menschenbilder«, W 10, 251
80 »und siehe da, mein Vitalis«, W 10, 272
80 »Jole mischte dem stillen Vitalis«, W 10, 272
80 »sie hielt sich aufrecht«, W 10, 238
80 »Jedermann staunte über den herrlichen Anblick«, W 10, 245
81 »Allein der Böse änderte seine Kampfweise«, W 10, 218
82 »Das verdächtige Schwanzende«, W 10, 228
83 »Dem unveränderlichen Lebenszuschauer«, W 5, 97
87 »drangen mir seltenerweise Tränen«, W 16, 214
87 »für ihn nur Wert (...), wenn«, W 16, 80
88 »Mit tödlicher Ruhe«, W 16, 240
88 »Sie hatte keine Freude beim Anblick«, W 16, 230
90 »Geschlechtsteil des Geldes«, R. M. Rilke, »Zehnte Duineser Elegie«

90 »schwarzer Suppe«, W 6, 25

91 »über meinen Stand erhoben«, W 6, 300

91 »nichts vergeuden als das wenige«, W 16, 28

95 »Wallfahrt nach dem Adelsdiplom«, Novalis, »Fragmente« II, hrsg. v. E. Wasmuth, Heidelberg 1957, S. 182

97 »ich meine, die Tendenz muß«, F. Engels an Minna Kautsky, 26. 11. 1885

97 »Je mehr die Ansichten eines Autors«, F. Engels an Margaret Harkness, April 1888

98 »persönliche Schätze«: Kellers Gestalten neigen dazu, sich in skurrilen Besitztümern zu »verdinglichen«, die Talisman- und Fetischcharakter annehmen und den Selbstverlust, vor dem sie schützen sollen, erst recht dokumentieren. So sind es im Grunde Todessymbole, auch wenn der erzählerische Diminutiv ihre Harmlosigkeit herausstreicht. Beispiele: die Collagen des »Distelfink« im »Landvogt von Greifensee«, die Schätze der Züs Bünzlin in den »Drei gerechten Kammachern«; die Spiellandschaft, die der Stadthexenmeister seinem Todeskandidaten zurechtmacht (»Spiegel das Kätzchen«); der Mageninhalt des toten Krammetsvogels (ebenda); das kunstgewerbliche Tempel-Inventar des liberalen Pfarrers im »Verlorenen Lachen«; die Trophäensammlung der »Berlocken« im »Sinngedicht«; die Wunschliste des gefangenen Isidor Weidelich an seine Angehörigen im »Martin Salander« u. a.

98 »einundfunfzig«, W 16, 147

99 »Sie wollte gern weinen und konnte nicht«, vgl. Ackerknecht, S. 63

100 »Enthauptung«, W 16, 265 f. – Hier wird die Schul*pflicht* eindeutig beim Staat gesehen; was der heutige Sprachgebrauch darunter versteht, verdient nach Kellers Überzeugung den Namen Schul*recht;* es ist ein grundrechtlicher Anspruch der Person

109 »Du hast, grüner Heinrich«, W 19, 17 f. – Vgl. die Analogie zum »krankhaften Abszeß Welt« bei Büchner: »Das Nichts hat sich ermordet, die Schöpfung ist seine Wunde, wir sind seine Blutstropfen, die Welt ist das Grab, worin es fault.« (»Dantons Tod« II, 5)

111 »daß seine geliebte und begeisterte Wahl«, W 19, 25 f.

111 »Was ist das, was in uns«, G. Büchner an die Braut 10. 3. 1834, fast wörtlich wieder in »Dantons Tod« II, 5

112 »Was ist nun zu tun«, W 6, 42
112 »Wer essen will«, W 17, 269 f.
113 »Der Schleier fällt«, W 19, 106
114 »nicht mehr Kunstmaler«, an die Mutter 14. 7. 1840, Br. 1, 27
114 »denn nur der Gewinn aus Arbeit«, W 6, 79
118 »wohl fühlend, daß eher ein Berg«, W 19, 138
127 »Sein ganzes Wesen wurde«, W 19, 149
128 »das edle Wild der Mehrheit«, W 6, 285
129 »zypressendunkler Schluß«, W 21, 18
129 »Haben wohl, dachte er«, W 16, 37
130 »Das Problem alles dieses Mißlingens«, an Th. Storm 25. 6. 1878, Br. 3/1, 421
130 »Nein, es darf keine Privatleute mehr geben«, W 21, 98
133 »Das Göttliche ist erwacht«, W 21, 96
133 »Den politischen Teil Deines letzten Briefes«, Br. 1, 207 f.
134 »Wehe einem jeden«, W 21, 98
135 »Die Selbstregierung eines Volkes«, an W. Baumgartner 7. 5. 1852, Br. 1, 301
135 »Ich werde fast mit jedem Tag«, an W. Baumgartner 21. 2. 1849, Br. 1, 278
137 »da dies aber am bequemsten«, W 19, 171
137 »wie man schwangeren Frauen«, an B. Auerbach 25. 6. 1860, Br. 3/2, 195
138 »unterzieht sich den strengsten Arbeiten«, W 21, 83
138 »Übrigens wird die Revolution«, W 21, 81
138 »das Heil schöner und marmorfester Form«, W 21, 81
140 »Anzahl bisher stiller und unbefangener Männer«, W 21, 117 f.
141 »Ich ziehe es nun vor«, an Dubs, März 1854, Br. 4, 46
141 »da der Professor und der fixe Gehalt ihr sehr in die Nase stechen«, an H. Hettner, Januar 1855, Br. 1, 407
142 »Nur daß er dienen durfte«, Hugo v. Hofmannsthal, »Der Jüngling in der Landschaft«
143 »Jetzt ist's mir zu dick«, zit. nach E/B, S. 357
144 »In jedem Bevollmächtigten und Repräsentanten«, Br. 1, 301
145 »Rettet mich / Und rettet euer Bild in meiner Seele«, J. W. Goethe, »Iphigenie auf Tauris« IV, 5
148 »Weiber, vordringlich«, W 12, 452
150 »Was ewig gleich bleiben muß«, an H. Hettner 4. 3. 1851, Br. 1, 354

150 »Da ging es ihm durchs Herz«, W 8, 341
152 »Das ist sehr schön, o Gott!«, W 16, 11
156 »Sodann merkt Euch für Eure künftigen Tage«, W 17, 264
156 »Der Statthalter eifert nur darum«, W 17, 266
157 »Schon mehr als ein Mal«, W 17, 267
158 »dem jungen Fant«, an Th. Storm 25. 6. 1878, Br. 3/1, 420
167 »Es ist nicht schön«, zit. nach Ackerknecht, S. 361
167 »es ereignet sich nichts mehr«, W 8, 4
169 »Aber wenn auch«, W 21, 229
169 »Wie es dem Manne geziemt«, W 10, 24 f.
171 »Haben sie nun genug gegessen« und Fortsetzung, W 12, 38 f.
176 »ein weltlicher Geist«, W 4, 146
178 »Sie sehe nicht ein«, W 6, 205
182 »Nun haben wir das Blatt gewendet«, W 3/1, 144
182 »auf daß der Mensch lerne«, zit. nach Eckhart, hrsg. v. F. Heer, Frankfurt/M. 1956, S. 77
187 »Resignatio ist keine schöne Gegend«, Berliner Schreibunterlage, abgeb. W 22
187 »Trugbild der Unsterblichkeit«, W 1, 213
188 »Die Unsterblichkeit geht in den Kauf«, an W. Baumgartner 28. 1. 1849, Br. 1, 274
188 »Froh bin ich«, W 1, 215
188 »Nur noch ein Mal«, W 1, 84
190 »Der Mann, der Ihrem Kopfe ward«, Johanna Kapp an Keller 7. 11. 1849, Br. 2, 24
193 »Am letzten Morgen nahm er«, W 12, 373
194 »Viele versuchten umsonst«, Hölderlin, Große Stuttgarter Ausgabe Bd. 1, 305
194 »O Frau! Was machst du, armes Kind?«, W 12, 373
194 »Der arme Kerl hat übrigens«, an P. Heyse 9. 11. 1879, Br. 3/1, 38 f.
195 »Schauet hinan«, B. Brecht, zit. nach »Gedichte« I, Frankfurt/M. 1960, S. 75
195 »Lieben Sie die Toten«, W 6, 156
195 »der durchaus in der Kirche oder auf dem Kirchhof«, W 19, 205
196 »Dame, s'il vous plaist«, W 6, 265
196 »Denn dieselben scheinen«, W 11, 199
196 »Machen Sie nicht, daß er aufwacht«, W 8, 211
196 »Das Leben ist am größten«, B. Brecht, »Gedichte« I, Frank-

furt/M. 1960, S. 143
197 »Locket nicht mit Liebesgaben«, E. Mörike: »Verborgenheit«, *Sämtl. Werke*, hrsg. v. J. Perfahl, München o. J., Bd. I. S. 743
197 »Komm, fremder Mensch«, W 8, 53
198 »Sieh her, so sehen Mann und Frau aus«, W 9, 218
199 »Es war ein milder Februartag«, W 18, 207
200 »ein Luftschiff hoch mit Griechenwein«, W 2/1, 165
201 »Rund und nett«, W 12, 318 f.
203 »das tiefe Wohlwollen«, zit. nach E/B, S. 584
203 »Wer keine bitteren Erfahrungen hat«, an Baumgartner September 1851, Br. 1, 293
207 »es ist unmöglich«, W 3, 1
207 »Es wächst auch das grünste Gras«, W 3, 2
208 »und es ist auf seinem Grabe«, W 19, 329
208 »Ich hatte ihr einst«, W 6, 325
210 »weil ich der grüne Heinrich hieß«, W 4, 129
210 »dem Tode schon anheimgegeben«, A. v. Platen: »Tristan«, Ges. Werke, Stuttgart 1856, Bd. I, 219
211 »der Fluß war zehnmal breiter«, W 19, 160 f.
213 »der Rasenplatz war aber«, W 16, 174
213 »Es lebe was auf Erden«, W 19, 157
214 »Wenn sich das Ewige und Unendliche«, W 8, 429

Literaturverzeichnis

Ackerknecht, Erwin: *Gottfried Keller,* Berlin 1939.

Allemann, Beda: *Gottfried Keller und das Skurrile; eine Grenzbestimmung seines Humors*; Vortrag, Zürich 1960.

Arendt, Hannah: *Über die Revolution*. München o. J.

Auerbach, Berthold: *Gesammelte Schriften*; 20 Bde., Stuttgart 1858.

Baechtold, Jakob: *Gottfried Kellers Leben. Seine Briefe und Tagebücher;* 3 Bde., Berlin 1894-1897.

Bänziger, Hans: *Gottfried Keller und Jeremias Gotthelf. Ihr wesentliches Verhältnis als Grundlage für das Verständnis von Kellers Aufsätzen*. Bern 1943.

Beer, Max: *Allgemeine Geschichte des Sozialismus und der sozialen Kämpfe*. Berlin 1931.

Benjamin, Walter: *Gesammelte Schriften;* unter Mitwirkung von Th. W. Adorno und Gershom Scholem hrsg. von Rolf Tiedemann und Hermann Schweppenhäuser, Frankfurt 1972 ff.

Benjamin, Walter: »Gottfried Keller. Zu Ehren einer kritischen Gesamtausgabe seiner Werke.« In: W. B., *Schriften*; 2 Bde. Hrsg.: Th. W. Adorno, Frankfurt 1955.

Binder, Wolfgang: *Von der Freiheit und der Unbescholtenheit unserer Augen. Überlegungen zu Gottfried Kellers Realismus*; Vortrag, Zürich 1969.

Bloch, Ernst: *Das Prinzip Hoffnung*; 2 Bde., Frankfurt 1959.

Boeschenstein, Hermann: *Gottfried Keller. Grundzüge seines Lebens und Werkes*. Bern 1948.

Boeschenstein, Hermann: *Gottfried Keller*. Stuttgart 1969.

Bolliger, Bruno: *Mensch und Landschaft. Eine Studie zu den Werken Gottfried Kellers*. Aarau 1961.

Brahm, Otto: *Gottfried Keller. Ein literarischer Essay*. Leipzig 1883.

Breitenbruch, Bernd: *Gottfried Keller in Selbstzeugnissen und Bilddokumenten*. Reinbek 1968.

Brinkmann, Richard: »Zum Begriff des Realismus für die erzählende Dichtung des 19. Jahrhunderts.« In: *Begriffsbestimmung des lit. Realismus;* hrsg. von R. Brinkmann, Darmstadt 1969.

Burckhardt, Jacob: *Weltgeschichtliche Betrachtungen*. Darmstadt 1962.

Dändliker, Karl: *Geschichte der Schweiz mit besonderer Rücksicht auf*

die Entwicklung des Verfassungs- und Kulturlebens von den ältesten Zeiten bis zur Gegenwart; 3 Bde., Zürich 1900.
Dietze, Walter: *Junges Deutschland und deutsche Klassik*. Berlin ³1962.
Dünnebier, Hans: *Gottfried Keller und Ludwig Feuerbach*. Zürich 1913.
Engels, Friedrich: »Ludwig Feuerbach und der Ausgang der klassischen deutschen Philosophie.« In: Karl Marx, Friedrich Engels: *Werke*; hrsg. vom Institut für Marxismus-Leninismus beim ZK der SED, Berlin 1957 ff., Bd. 21.
Ermatinger, Emil: »Die Religion Gottfried Kellers.« In: *Tatwelt* 16/3, Berlin 1940.
Faesi, Robert: *Gottfried Keller*. Zürich 1942.
Farner, Konrad: »Gottfried Keller und die Baumwolle.« In: *Sinn und Form* III, 4, Berlin 1951.
Fehr, Karl: *Der Realismus in der schweizerischen Literatur*. Bern 1965.
Fehr, Karl: *Gottfried Keller; Aufschlüsse und Deutungen*. Bern 1972.
Feuerbach, Ludwig: *Sämtliche Werke*; hrsg. von W. Bolin und F. Jodl, 10 Bde., Stuttgart 1903-1911.
Fischer, Christine: *Roman, Novelle und künstlerische Subjektivität bei Gottfried Keller*. Leipzig 1972.
Fränkel, Jonas: »Die Gottfried-Keller-Ausgabe; ein Kapitel neuester Philologie.« In: *Euphorion* 29, 1/2, 1928.
Fränkel, Jonas: *Gottfried Kellers politische Sendung*. Zürich 1939.
Freud, Sigmund: *Gesammelte Werke*; 18 Bde., London 1940-1968.
Frey, Adolf: »Gottfried Keller; das letzte Jahr.« In: *Deutsche Rundschau* 17/2, Berlin 1890.
Frey, Adolf: »Erinnerungen an Gottfried Keller.« In: *Deutsche Rundschau* 18/1, 2, Berlin 1891.
Fueter, Eduard: *Die Schweiz seit 1848. Geschichte, Politik, Wirtschaft*. Zürich und Leipzig 1928.
Geering, Traugott: *Grundzüge einer schweizerischen Wirtschaftsgeschichte*. Bern 1912.
Gessler, Luzius: *Lebendig begraben. Studien zur Lyrik des jungen Gottfried Keller*. Bern 1964.
Gitermann, Valentin: *Geschichte der Schweiz*. Thayingen 1941.
Greiner, Martin: *Zwischen Biedermeier und Bourgeoisie. Ein Kapitel deutscher Literaturgeschichte*. Göttingen o. J.
Guggenheim, Kurt: *Das Ende von Seldwyla. Ein Gottfried Keller-Buch*. Zürich/Stuttgart 1965.

Gutzkow, Karl: *Zur Philosophie der Geschichte*. Hamburg 1836.

Handke, Peter: *Der kurze Brief zum langen Abschied*. Frankfurt 1973.

Hauser, Albert: *Gottfried Keller. Geburt und Zerfall der dichterischen Welt*. Zürich 1959.

Hauser, Arnold: *Sozialgeschichte der Kunst und Literatur;* Bd. 2, München 1953.

Hegel, Georg Friedrich Wilhelm: *Sämtliche Werke;* Jubiläumsausgabe in 20 Bden., hrsg. von H. Glockner, Stuttgart 1953.

Helbling, Hanno: *Der Mensch im Bild der Geschichte*. Berlin 1969. – *Ehrung und Denken,* Bd. 30.

Henkel, Arthur: »Gottfried Kellers Tanzlegendchen.« In: *GRM,* N. F. 6, 1956.

Hermand, Jost: *Die literarische Formenwelt des Biedermeier*. Gießen 1958.

Hettner, Hermann: *Das moderne Drama. Ästhet. Untersuchungen*. (Dt. Literaturdenkmale des 18. und 19. Jahrhunderts, hrsg. von P. A. Merbach, 151) Berlin 1924.

Hettner, Hermann: *Schriften zur Literatur;* hrsg. von J. Jahn, Berlin 1959.

Hillebrand, Bruno: *Mensch und Raum im Roman. Studien zu Keller, Stifter, Fontane*. München 1971.

Hitschmann, Eduard: »Gottfried Keller. Psychoanalyse des Dichters, seiner Gestalten und Motive.« In: *Imago. Zs. für Anwendung der Psychoanalyse auf d. Geisteswiss.,* B. III, Zürich 1919.

Hofmannsthal, Hugo von: *Unterhaltungen über die Schriften von Gottfried Keller*. Düsseldorf 1906.

Hofmiller, Josef: *Über den Umgang mit Büchern*. München 1937.

Höllerer, Walter: *Gottfried Kellers »Leute von Seldwyla« als Spiegel einer geistesgeschichtlichen Wende*. Erlangen 1949.

Höllerer, Walter: »Gottfried Keller – ›Die Zeit geht nicht‹«. In: *Die deutsche Lyrik. Form und Geschichte;* 2 Bde., hrsg. von B. von Wiese, Düsseldorf 1956.

Huch, Ricarda: *Gottfried Keller,* Berlin 1904.

Jauss, Hans Robert: »Literaturgeschichte als Provokation der Literaturwissenschaft.« In: *Literaturgeschichte als Provokation*. Frankfurt 1970.

Kaiser, Gerhard: »Um eine Neubegründung des Realismusbegriffs.« In: *ZfdPh,* Bd. 77, 1958.

Kaiser, Michael: *Literatursoziologische Studien zu Gottfried Kellers*

Dichtung. Bonn 1968.
Karcic, Lucie: *Light and darkness in Gottfried Keller's »Der grüne Heinrich«*. Bonn 1976.
Krieg, Walter: *Materialien zu einer Entwicklungsgeschichte der Bücherpreise und des Autorenhonorars vom 15. bis 20. Jahrhundert*. Wien 1953.
Kriesi, Hans Max: *Gottfried Kellers politische Lehrjahre*. Frauenfeld 1918.
Lämmert, Eberhard: *Bauformen des Erzählens*. Stuttgart 1968.
Laufhütte, Hartmut: *Wirklichkeit und Kunst in Gottfried Kellers Roman »Der grüne Heinrich«*. Bonn 1969.
Luck, Rätus: *Gottfried Keller als Literaturkritiker*. Bern 1970.
Lukács, Georg: *Die Theorie des Romans*. Berlin 1920.
Lukács, Georg: *Gottfried Keller*. Berlin 1946.
Lukács, Georg: *Deutsche Realisten des 19. Jahrhunderts*. Bern 1951.
Lukács, Georg: *Die Zerstörung der Vernunft*. Neuwied 1962.
Lütge, Friedrich: *Deutsche Sozial- und Wirtschaftsgeschichte. Ein Überblick*. Berlin, Göttingen, Heidelberg ^{2}1960.
Martini, Fritz: »Forschungsbericht zur deutschen Literatur in der Zeit des Realismus.« In: *DV* 35, 1961.
Martini, Fritz: *Deutsche Literatur im bürgerlichen Realismus 1848-1898*. Stuttgart 1964.
Marx, Karl und Engels, Friedrich: *Historisch-kritische Gesamtausgabe. Werke, Schriften, Briefe* (MEGA); hrsg. von D. Rjazanoff und V. Adoratskij, Frankfurt/M., Berlin und Moskau 1927-1935; Neudruck Glashütten im Taunus 1970.
Marx, Karl und Engels, Friedrich: *Über Kunst und Literatur;* 2 Bde., Berlin 1967.
Marxer, Peter: »Gottfried Kellers Verhältnis zum Theater anhand des Therese-Fragments.« In: *Jahresbericht der G. K.-Gesellschaft Zürich*, 41, Zürich 1973.
May, Ernst: *Gottfried Kellers »Sinngedicht«. Eine Interpretation*. Bern 1969.
Mayer, Hans: *Der deutsche Roman im 19. Jahrhundert. Deutsche Literatur und Weltliteratur. Reden und Aufsätze*. Berlin 1957.
Mayer, Hans: *Außenseiter*. Frankfurt 1975.
Meier, Hans: *Gottfried Kellers »Grüner Heinrich«. Betrachtungen zum Roman des poetischen Realismus*. Zürich 1977.
Merkel-Nipperdey, Margarete: *Gottfried Kellers »Martin Salander«*.

Untersuchungen zur Struktur des Zeitromans. Göttingen 1959.
Mottek, Hans: *Wirtschaftsgeschichte Deutschlands. Ein Grundriß*. Berlin 1974.
Muschg, Walter: *Tragische Literaturgeschichte*. Bern ²1953.
Muschg, Walter (Hrsg.): *Gottfried Keller: Ausgewählte Gedichte*. Bern 1956.
Muschg, Walter: »Gottfried Keller und Jeremias Gotthelf.« In: *Jahrbuch des freien dt. Hochstifts*, Frankfurt/M. 1936-40.
Muschg, Walter: »Umriß eines Gottfried-Keller-Porträts.« In: W. M.: *Gestalten und Figuren*. Bern 1968.
Newton, Olin Everett: *The male-female relationships in Keller's Novellen*. Diss. phil. (Baton rouge), Ann Arbor, Mich. Microfilms 1970.
Otto, Ernst: »Die Philosophie Feuerbachs in Gottfried Kellers Roman ›Der grüne Heinrich‹.« In: *Zs. für dt. Lit.gesch.*, Bd. 6, 1960.
Pestalozzi, Karl: *Gottfried Kellers Widerruf im »Martin Salander«;* Antrittsvorlesung Univ. Basel 1969. Unveröffentlicht.
Pestalozzi, Karl: »Der grüne Heinrich« von Peter Handke aus gelesen; Vortrag, Zürich 1975.
Preisendanz, Wolfgang: »Die Keller-Forschung der Jahre 1939-1957.« In: *GRM*. N.F. VIII, 1958.
Preisendanz, Wolfgang: *Humor als dichterische Einbildungskraft*. München 1963.
Preisendanz, Wolfgang: »Der grüne Heinrich.« In: *Der dt. Roman;* hrsg. von B. v. Wiese, 2 Bde., Düsseldorf 1965.
Richter, Hans: *Gottfried Kellers frühe Novellen*. Berlin 1966.
Riehl, Wilhelm Heinrich: *Die Familie*. Stuttgart ⁶1862.
Riehl, Wilhelm Heinrich: *Die bürgerliche Gesellschaft*. Stuttgart ⁶1866.
Ritzler, Paula: *»Ein Tag kann eine Perle sein.« Über das Wesen des Glücks bei Gottfried Keller*, Zürich 1972.
Rothenberg, Jürgen: *Gottfried Keller. Symbolgehalt und Realitätserfassung seines Erzählens*. Heidelberg 1976.
Saxer, J. Ulrich: *Gottfried Kellers Bemühungen um das Theater. Ein Beitrag zur Problematik des dt. Theaters im späteren 19. Jahrhundert*. Zürich 1957.
Schaffner, Paul: *Gottfried Keller als Maler*. Stuttgart und Berlin 1923.
Schmid, Karl: »Brot und Wein – Gedanken über Gottfried Kellers Weltfrömmigkeit.« Privatdruck für die Freunde der Schweiz. Antiquariats Zürich, Zürich 1963.
Schumacher, Hans: *Die Architektur von Kellers »Grünem Heinrich«*.

Zürich 1941.
Schumacher, Hans: *Ein Gang durch den »Grünen Heinrich«*. Kilchberg 1974.
Sengle, Friedrich: »Stilistische Sorglosigkeit und gesellschaftliche Bewährung. Zur Literatur der Biedermeierzeit.« In: F. S.: *Arbeiten z. dt. Lit*. Stuttgart 1965.
Simmel, Georg: *Die Probleme der Geschichtsphilosophie*. Leipzig ³1907.
Sombart, Werner: *Die deutsche Volkswirtschaft im 19. Jahrhundert*. Berlin 1913.
Sombart, Werner: *Sozialismus und soziale Bewegung*. Jena 1920.
Spitteler, Carl: »Gottfried-Keller-Rede«, gehalten in Luzern am 26. Juli 1919, Luzern 1919.
Staiger, Emil: *Die Zeit als Einbildungskraft des Dichters. Untersuchungen zu Gedichten von Brentano, Goethe und Keller*. Zürich ²1953.
Staiger, Emil: »Gottfried Keller. Urlicht und Gegenwart.« In: *Spätzeit. Studien zur dt. Literatur*. Zürich 1973.
Sternberger, Dolf: *Panorama oder Ansichten vom 19. Jahrhundert*. Hamburg o. J.
Straub-Fischer, Esther: *Die Farben und ihre Bedeutung im dichterischen Werk Gottfried Kellers*. Bern 1973.
Szemkus, Karol: *Gesellschaftlicher Wandel und sprachliche Form. Literatursoziologische Studien zur Dichtung Gottfried Kellers*. Stuttgart 1969.
Urner, Klaus: Die Deutschen in der Schweiz. Frauenfeld 1976.
Vischer, Friedrich Theodor: *Aesthetik oder Wissenschaft des Schönen;* 6 Bde., hrsg. von Robert Vischer, München 1922.
Vischer, Friedrich Theodor: »Gottfried Keller, eine Studie.« In: F. Th. V.: *Altes und Neues;* 2. Heft, Stuttgart 1881.
Wagner, Richard: *Die Kunst und die Revolution*. Leipzig 1849.
Wagner, Richard: *Das Kunstwerk der Zukunft*. Leipzig 1850.
Warner, Ronald Clair: *The death problem in the life and prose works of Gottfried Keller*. Diss. phil. Univ. of Connecticut 1973.
Walter, Otto F.: *Verwilderung*. Reinbek 1977.
Weber, Bruno: *Der Maler Gottfried Keller*. Basel 1971.
Weber, Eugen: »Der junge Gottfried Keller und die Anfänge der schweiz. Arbeiterbewegung.« In: *Profil* 7/8, Zürich 1968.
Weber, Max: *Gesammelte Aufsätze zur Religionssoziologie*. Frankfurt/M. ⁴1947.

Weber, Werner: *Freundschaften Gottfried Kellers. Versuch über die Einsamkeit eines Genies*. Erlenbach 1952.
Weise, Gerhard: *Die Herausbildung der ästhet. Prinzipien Gottfried Kellers*. Jena 1955.
Wehrli, Max: *Die Züricher Novellen*. Vortrag, Zürich 1950.
Wehrli, Max: *Gottfried Kellers Verhältnis zum eigenen Schaffen*. Bern 1965.
Wenger, Kurt: *Gottfried Kellers Auseinandersetzung mit dem Christentum*. Bern 1971.
Wieser, Theodor: »Das Baumsymbol bei Gottfried Keller.« In: *Euphorion* Bd. 54, 1960.
Wiesmann, Louis: *Gottfried Keller. Das Werk als Spiegel der Persönlichkeit*. Frauenfeld 1967.
Wildbolz, Rudolf: *Gottfried Kellers Menschenbild*. Bern 1964.
Winter, Carl: *Gottfried Keller. Zeit, Geschichte, Dichtung*. Bonn 1970.
Wysling, Hans: *Welt im Licht. Gedanken zu Gottfried Kellers Naturfrömmigkeit;* Vortrag, Zürich 1971.
Zäch, Alfred (Hrsg.): *Gottfried Keller im Spiegel seiner Zeit*. Zürich 1952.
Ziegler, Theobald: *Die geistigen und sozialen Strömungen Deutschlands im 19. und 20. Jahrhundert*. Berlin 1916.
Zimmermann, Alice: *Die schweizerische Demokratie in den Werken Jeremias Gotthelfs und Gottfried Kellers*. Basel 1936.
Zollinger-Wells, Werner: *Gottfried Kellers Religiosität*. Zürich 1954.

Werkregister

Romane

Novellen

Lyrik

Dramatisches

Autobiographische Schriften

Aufsätze, Bettagsmandate etc.

Namenregister

Leben Gottfried Kellers	*Werke*
1819 geb. am 19. Juli als Sohn des Drechslermeisters Rudolf Keller und der Elisabeth, geb. Scheuchzer	
1822 Geburt der Schwester Regula	
1824 Tod des Vaters	
1826 Wiederverheiratung der Mutter	
1831 Besuch des »Landknabeninstituts« in Zürich	
	1832 »Kleine Dramen I«
1833 Eintritt in die Kant. Industrieschule	*1833* Notizbuch »Meine Launen«
1834 Von der Schule verwiesen. Scheidung der Mutter. Sommer in Glattfelden. Lehre beim Lithographen Peter Steiger in Zürich	*1834* Weitere Jugenddramen
	1836 Erste novellist. Versuche
1837 Malunterricht bei Rudolf Meyer	
1838 Abbruch des Unterrichts. Tod der »Jugendliebe« Henriette Keller	*1838* Lyrische Anfänge

Zürcher u. Schweizer Daten	*Weitere Daten*
1819 CH: Gründung des (zentralistischen) Zofingervereins	*1819* »Demagogen«-Verfolgungen in Europa. Karlsbader Beschlüsse gegen die polit. Freiheiten. In Preußen Verbot der Turnvereine.
	1821 Tod Napoleons.
	1823 Beethovens 9 Symphonie. Monroe-Doktrin.
	1825 Erste Lokomotive und Wirtschaftskrise in GB. Tod Jean Pauls. Erste dt. TH in Karlsruhe.
1826 ZH: über 100 Spinnereien, 23 000 in der Baumwollindustrie Beschäftigte	
	1830 Juli-Revolution in Frankreich.
1831 ZH: Annahme einer liberalen (repräsentativ-demokratischen) Verfassung. Neuordnung des Unterrichtswesens. Universität	*1831* Erste europ. Cholera-Pandemie. Tod Hegels. Faradays Induktionsgesetz.
1832 ZH: Maschinensturm in Uster	*1832* Mazzinis »Junges Italien«. Tod Goethes.
1833 CH: Erste Handwerksgesellenvereine	*1833* Sturm auf die Frankfurter Hauptwache. Dt. Zollverein. Chopins 12 Etüden.
1834, 1836 CH: Ausweisung pol. Flüchtlinge	
	1835 D. F. Strauß: »Leben Jesu«. Erste dt. Eisenbahnen.
	1837 Victoria Königin von GB. Tod G. Büchners. Schreibtelegraph.
1838 CH: Grütliverein in Genf	*1838* Chartismus in GB. W. Weitling: »Die Menschheit wie sie ist . . .« Daguerreotypie.

1840
Künstler-Aufenthalt in München. »Studentenleben«

1842
Rückkehr nach Zürich

1842-48
Verkehr mit deutschen Emigranten um A. Follen. Atheismus-Streit gegen A. Ruge. Freundschaft mit W. Schulz, F. Freiligrath, W. Baumgartner. Teilnahme am 1. und 2. Freischarenzug. Werbung um Luise Rieter. Volontär auf Eschers Staatskanzlei

1848
Ausbildungsstipendium der Zürcher Regierung. Heidelberg

1849
Einfluß Feuerbachs. Freundschaft mit H. Hettner, Johanna Kapp. Kontakt mit dem Verleger Vieweg

1840
Redaktion einer Kneipzeitung

1843
Erste polit. Gedichte

1845
»Lieder eines Autodidakten« in J. Fröbels »Literarischem Comptoir«, Zürich u. Winterthur

1846
Gedichte im »Deutschen Taschenbuch«. Erster Gedichtband bei Winter in Heidelberg

Zürcher u. Schweizer Daten	Weitere Daten
1839 ZH: Berufung D. F. Strauß löst »Züri-Putsch« aus. Sieg der Konservativen. J. C. Bluntschli	*1839* Louis Blanc: »Organisation der Arbeit«. Spitzweg malt »Der arme Poet«. *1840* C. D. Friedrich stirbt. Liebig begründet Agrikulturchemie. GB: erste Briefmarke. Gründung der Cunard Line.
1841 CH: Klöster im Aargau aufgehoben	*1841* Gotthelfs »Uli der Pächter«. Feuerbach: »Das Wesen des Christentums«. »Entdeckung« der Hypnose.
1842 ZH: Lib. Gewinne bei Großratswahlen	*1842* Öffnung Chinas. Darwin entwickelt Abstammungslehre. Energieerhaltungssatz.
1843 ZH: Weitling ausgewiesen	*1843* Hölderlin stirbt. Kierkegaard: »Entweder – Oder«.
1844 CH: Jesuiten in Luzern. Freischießen in Basel *1845* ZH: Liberale Mehrheit. Erste Arbeiterzeitung	*1844* Schles. Weberunruhen. GB: erste Konsumgenossenschaft.
1847 CH: Sieg der lib. und zentralist. Kräfte im Sonderbundskrieg. Erste Bahn Zürich–Baden	*1846* Erste europ. Wirtschaftskrise. GB: Aufhebung der Kornzölle.
1848 CH: Neue Bundesverfassung, gemäßigter Zentralismus	*1848* Februar- u. Märzrevolution in F., Oe., Ung., Pr., It. Nationalversammlung in der Paulskirche. Kommun. Manifest. J. St. Mill: »Prinzipien d. pol. Ökonomie«. Goldrausch in Kalif.
1849 CH: Escher Präs. d. Nationalrats	*1849* Konterrevolution. Erfind. d. Wasserturbine.

Leben Gottfried Kellers	*Werke*
1850 Reise über Köln nach Berlin. Dramat. Pläne	*1850* Arbeit an 1. Fassung des »Grünen Heinrich«
1850-55 Berlin. Verkehr im Salon Fanny Lewalds und im Haus des Verlegers F. Duncker, auch bei Varnhagen und dessen Nichte Ludmilla Assing. Notzeit. Angebot eines Lehrstuhls am Zürcher Polytechnikum. Unglückliche Liebe zu Betty Tendering	*1851* »Neuere Gedichte« bei Vieweg. Notizen zu »Die Leute v. Seldwyla« und dem späteren »Sinngedicht«
	1853 Bde. »Der grüne Heinrich« bei Vieweg
	1854 »Neuere Gedichte«, erw. Auflage, bei Vieweg
1855 Rückkehr nach Zürich	*1855* »Der g. Heinrich« beendet
1855-61 wohnt K. als »freier Schriftsteller« bei der Mutter in Hottingen. Verkehr mit G. Semper, F. Th. Vischer, R. Wagner, P. Heyse. Annäherung an die »demokrat.« Opposition gegen das »System« Eschers	*1856* »Die Leute von Seldwyla« (I), bei Vieweg
	1850er Jahre Journalismus, bes. polit. Inhalts, Festdichtungen
	1860 »Am Mythenstein«, Aufsatz zur Schillerfeier

Zürcher u. Schweizer Daten	*Weitere Daten*
1850 CH: Ausweisung linker Flüchtlinge	*1850* R. Wagners »Gesamtkunstwerk«.
1851 ZH: Erster Konsumverein. CH: Entscheid für Privatbau der Bahnen	*1851* H. Melville: »Moby Dick«. Tod W. Turners. 1. Weltausstellung in London.
	1852 Napoleon III. Kaiser. Auswanderung von 48er-Flüchtlingen in die USA. Grimms »Deutsches Wörterbuch«.
1853 CH: Nordostbahn (Escher)	*1853* Krimkrieg. Tretkurbelfahrrad.
	1854 Öffn. Japans. Dogma der Unbefleckten Empfängnis. Glaspalast München.
1855 CH: Polytechnikum in Zürich	*1855* W. Whitman: »Grashalme«. Stahl-Massenproduktion. Erstes Warenhaus in Paris.
1856 CH: Ostschweiz. Kadettenfest. Streit mit Preußen um Neuenburg	
1857 CH: Schweiz. Rentenanstalt (Escher)	*1857* Flaubert: »Madame Bovary«. F. Th. Vischer: »Ästhetik«. Anfänge der Bakteriologie. Erste Weltwirtschaftskrise.
1858 CH: Schweiz. Typographengewerkschaft	*1858* W. Busch: »Max und Moritz«. Offenbach: »Orpheus in der Unterwelt«. Zellular-Pathologie. Transatlant. Kabel.
1859 CH: Konflikt mit Napoleon III. um Savoyen	*1859* It. Befreiungskrieg. Gontscharow: »Oblomow«. Dunant in Solferino. Marx: »Zur Kritik d. polit. Ökonomie«.
1860 ZH: Wachsen der demokratischen Opposition gegen Escher. Manifest von Uster	*1860* J. Burckhardt: »Die Kultur d. Renaissance«. Krupp: Geschützrohre aus Gußstahl. Anfänge d. Kolloidchemie.

1861:
Wahl zum 1. Staatsschreiber der Zürcher Regierung. Amtswohnung an der Kirchgasse

1861
»Das Fähnlein der sieben Aufrechten« in Auerbachs »Volkskalender«

1861-76
Amtstätigkeit unter der altliberalen, ab 69 der demokratischen Regierung. Verfaßt Bettagsmandate. Sekretär eines Unterstützungskomitees für Polen.

1864
Tod der Mutter. Ehrendoktor zum 50. Geburtstag. Freundschaft mit A. Exner und seiner Schwester Marie. Gemeinsamer Urlaub in Österreich.

1865
»Die mißbrauchten Liebesbriefe« ebenda

Zürcher u. Schweizer Daten	*Weitere Daten*
	1861 Nur noch 300 000 Indianer in den USA. Beginn des amerik. Bürgerkriegs. Aufhebung der Leibeigenschaft in Rußld. Bachofen: »Das Mutterrecht«.
	1862 Bismarck preuß. Ministerpräs.
1863 CH: Gründung Gotthardbahnkonsortium und Rückversicherungsanstalt (Escher)	*1863* Lassalle gründet Allg. dt. Arbeiterverein. Int. Rotes Kreuz. Nobel: Nitroglyzerin. U-Bahn in London.
	1864 1. Internationale in London.
1865 ZH: Teilerneuerung der Verfassung im Sinn der Demokraten	*1865* Lincoln ermordet. Allg. dt. Frauenverein. Maxwells Wellentheorie. Manet malt »Olympia«. L. Carroll: »Alice in Wonderland«. Mendels Vererbungsgesetz.
	1866 Preuß.-österr. Krieg. Verne: »Von der Erde zum Mond«. USA: Christian Science und Labor Unions.
1867 ZH: Gründung einer Sektion der 1. Internationale	*1867* Marx: »Kapital«, 1. Bd. Tod Baudelaires. Schreibmaschine.
1868 ZH: Erweiterung der Volksrechte	
1869 Wahlsieg der Demokraten. CH: Erste Streiks in Genf und Basel	*1869* Suez-Kanal. Postkarte. Brehms »Tierleben«.
	1870 Dt./fr. Krieg. Dogma d. päpstl. Unfehlbarkeit. Schliemann in Troja. Rockefeller: Standard Oil.
1871 ZH: Deutschfeindliche Kundgebungen (Tonhallekrawall)	*1871* 2. dt. Kaiserreich. Pariser Kommune. Zola beg. »Rougon-Macquarts«.

Leben Gottfried Kellers	Werke
	1872 »Sieben Legenden« bei Göschen, Stuttgart
1873 Wirbel um einen »reichsfreundlichen« Trinkspruch.	
	1874 »Die Leute von Seldwyla I und II« ebenda
1875 Umzug ins »Bürgli«. Enger Briefkontakt mit Petersen	
1876 Ausscheiden aus d. Amt. Rückkehr zur Schriftstellerei. Beginn d. Briefwechsels mit Th. Storm	*1876* »Züricher Novellen« in J. Rodenbergs »Dt. Rundschau«, Buch bei Göschen (77)
	1879 Erste 3 Bde. der Neufassung des »Grünen Heinrich« bei Göschen *1880* 4. Band ebenda
	1881 Vorabdruck »Das Sinngedicht« in der »Dt. Rundschau«, Buchausg. bei Hertz
1882 Umzug an den Zeltweg in Zürich	

Zürcher u. Schweizer Daten	*Weitere Daten*
	1872 Kulturkampf in D.
	1873 Weltwirtschaftskrise. Tolstoi: »Anna Karenina«.
1874 CH: Totalerneuerung der Bundesverfassung. Stärkung der dir. Demokratie	*1874* J. Strauß: »Fledermaus«. R. Wagner: »Götterdämmerung«. Stanley im Kongo.
	1875 Soz. Arbeiterpartei in D. Bizet: »Carmen«. Hagenbecks Völkerschau.
	1876 GB bricht brasilian. Kautschuk-Monopol. F. Dahn: »Ein Kampf um Rom«. Erstes Telephon. Otto-Motor. Walzer-Phonograph. Lombrosos Verbrecher-Forschung.
1877 CH: Eidgen. Fabrikgesetz	*1877* Manet malt »Nana«. Mars-Kanäle entdeckt. Kolorado-Käfer in Europa. Werft Bohm & Voß.
1878 CH: Zusammenbruch der mit »demokratischem« Kapital unternommenen »Nationalbahn«	*1878* Bismarcks Sozialistengesetz. Engels: »Anti-Dühring«. Pasteur findet Mikroben. Absatzkrise in der Weltwirtschaft.
1879 ZH: Beginn einer Veruntreuungsserie öffentlich Bediensteter	*1879* Nihilisten-Attentate in Rußld. F. Dostojewskij: »Die Brüder Karamasow«. Edisons Glühlampe.
1880 CH: Gründung des Schweiz. Gewerkschaftsbundes	*1880* Tod Flauberts. Dudens Wörterbuch. Rodins »Denker«. Buffalo Bill in Europa.
	1881 Spyris »Heidi«. Böcklins »Toteninsel«. Erste elektr. Straßenbahn.
	1882 Wagners »Parsifal«. Entdeckung der Tuberkelbazillen.

Leben Gottfried Kellers	Werke
	1883 »Ges. Gedichte« bei Hertz
1884 Freundschaft mit A. Böcklin	
1886 Bildnis Stauffer-Bern	*1886* Vorabdruck »Martin Salander« in der »Dt. Rundschau«, Buchausgabe bei Hertz
1888 Tod der Schwester	
1889 Offizielle Feiern zum 70. Geburtstag, denen sich K. nach Seelisberg entzieht. Kuraufenthalt in Baden *1890* seit Januar Krankenlager. Tod am 15. Juli	
	1899 10 Bände »Ges. Werke« bei Hertz

Zürcher u. Schweizer Daten	Weitere Daten
	1883 Fabian Society. Tod von Marx. Nietzsches »Zarathustra«. Erf. des Maschinengewehrs.
	1884 D. erwirbt Kolonien. Ibsens »Wildente«. Die Überdruckdampfturbine.
	1885 Deutsche Goethe-Gesellschaft. Van Gogh: »Stilleben mit Kartoffeln«. Druckknöpfe.
	1886 Tod Ludwigs II. von Bayern. Stevenson: »Dr. Jekyll and Mr. Hyde«. Jazz in New Orleans.
1887 CH: Schweiz. Arbeitersekretariat in Zürch (H. Greulich)	*1887* Debussy: »Le Printemps«. Ionen-Theorie. Daimler-Kraftwagen.
1888 CH: Gründung der SP Schweiz. 60% der schweiz. Arbeiter sind Frauen und Jugendliche	*1888* Wilhelm II. dt. Kaiser. Cézanne: »Junger Mann mit roter Weste«. Nansen durchquert Grönland.
	1889 Erste Maifeiern. Hollerith-Lochkarten. Geburt Hitlers. Eiffelturm. 2. Internationale.
	1890 Bismarck entlassen. Tod van Goghs. Atomforschung: Benennung des Elektrons.

Von Adolf Muschg erschienen im Suhrkamp Verlag

Liebesgeschichten. *Erzählungen*. 1972, und *suhrkamp taschenbuch* 164, 1974

Albissers Grund. *Roman*. 1974, und *suhrkamp taschenbuch* 334, 1976

Im Sommer des Hasen. *Roman*. 1975 *suhrkamp taschenbuch* 263

Entfernte Bekannte. *Erzählungen*. 1976, und *suhrkamp taschenbuch* 510, 1979

Baiyun oder die Freundschaftsgesellschaft. *Roman*. 342 S. Leinen suhrkamp taschenbücher

st 603 Herbert W. Franke
Einsteins Erben
Science-fiction-Geschichten
Phantastische Bibliothek Band 41
166 Seiten

Informationsexplosion, Überbevölkerung, Umweltverschmutzung, Kybernetik, Genetik, die Kontrolle und Versklavung des Menschen durch die Technologie, Warnung vor Konformismus und Manipulation des Menschen, die Erforschung fremder Planeten und die erstmalige Begegnung mit außerirdischen Lebewesen sind einige dieser von kritischem Geist durchdrungenen Erzählungen.

st 604 Paul Celan
Ausgewählte Gedichte
Zwei Reden
Nachwort von Beda Allemann
168 Seiten

Dieser Band enthält Gedichte aus den Sammlungen *Mohn und Gedächtnis, Von Schwelle zu Schwelle, Sprachgitter, Die Niemandsrose* und *Atemwende;* ferner die Rede zur Verleihung des Bremer Literaturpreises 1958 und die zur Verleihung des Büchner-Preises 1960 – zwei Dokumente, die zum Verständnis Celanscher Lyrik gleichermaßen bedeutend sind.

st 606 Ror Wolf
Die heiße Luft der Spiele
Mit Abbildungen
266 Seiten

Die heiße Luft der Spiele ist eine Art Ergänzungsband zu Ror Wolfs erstem Fußballbuch *Punkt ist Punkt* (st 122).

Das Material hat der Autor aufgenommen bei seinen Wanderungen durch Tribünen und Stehränge, bei Busfahrten zu gnadenlosen Auswärtsspielen, in Fan-Club-Kneipen, Spielerkabinen und an den Rändern der Trainingsplätze, wo man die wirklichen Experten trifft; die Naturdarsteller dieses nie zu Ende gehenden Total-Theaters.

st 607 E. M. Cioran
Syllogismen der Bitterkeit
Aus dem Französischen übersetzt und für die neue Auflage bearbeitet von Kurt Leonhard
104 Seiten
»Was diese Aphorismen zusammenhält, ist nicht eine Lehre, ein Denksystem, ... sondern es ist etwas schwer zu Definierendes; die Vitalität, das Lebensgefühl aus Einsamkeit, die konsequente, in ihrem Ernst an Verzweiflung grenzende Lebenshaltung, aber auch die Humanität, der Charme und die Liebenswürdigkeit einer großen Persönlichkeit.« *Süddeutsche Zeitung*

st 609 Edward Bulwer Lytton
Das kommende Geschlecht
Roman
Aus dem Englischen von Michael Walter
Phantastische Bibliothek Band 42
162 Seiten
»Dies ›the coming race‹ wäre gar nicht so leicht zu übersetzen. Es ist nämlich nicht nur ›Eine Menschheit der Zukunft‹ darin; sondern auch die Warnung des ›Die da bald kommen!‹: die Vrilya verfügen über eine Art psychischer Atomkraft, mit der sie uns Überirdische vernichten werden ... Einer der trüberen Aspekte jener Neuen Gesellschaft ist der: daß keine rechten Kunstwerke mehr entstehen wollen ...« *Arno Schmidt*

st 610 Ulrich Plenzdorf
Karla/Der alte Mann, das Pferd, die Straße
Texte zu Filmen
168 Seiten
Karla, jung wie eine Schülerin, naiv bis zur Kindlichkeit, ehrlich bis zum Fanatismus, gerät in einen eingefahrenen, bewährten und belobigten Schulbetrieb. Es bleibt nicht

aus: Karlas naiv-direktes Ehrlichkeitsprogramm kollidiert mit den verwickelten Tatsachen und Motiven des Alltags. – Der alte Mann ist ein siebzigjähriger Bauer. An einem Wintertag soll er ein Pferd, »den unnützen Fresser«, in die Stadt zum Schlachthof bringen. Auf dem Weg zur Stadt werden die Erinnerungen, Enttäuschungen und Träume eines bitteren Lebens beschworen.

st 611 Felix Timmermans
Der Heilige der kleinen Dinge
und andere Erzählungen
Aus dem Flämischen von Friedrich Markus Huebner, Karl Jacobs, Anton Kippenberg, Peter Mertens, Anna Valeton-Hoos
294 Seiten
Die Romangestalt Pallieter (st 400) hat Timmermans in der ganzen Welt berühmt gemacht. Das *Jesuskind in Flandern* nannte die Kritik sein schönstes Buch. Und nicht wegzudenken aus dem Werk des flämischen Dichters sind seine zauberischen, seine liebevollen Geschichten, deren Güte und Gläubigkeit sie uns märchenhaft entrücken.

st 612 Martin Walser
Ein Flugzeug über dem Haus
und andere Geschichten
120 Seiten
»Hier ist Walser schon ganz er selbst, hier erfüllt er die Forderung, die der sehr alte Goethe einst an die jungen Dichter seiner Zeit gerichtet hat: ›Poetischer Gehalt aber ist Gehalt des eigenen Lebens‹.« *Süddeutsche Zeitung*

st 613 Karin Struck
Trennung
Erzählung
150 Seiten
»Karin Struck ist in allem, was sie schreibt, intensiv. Sie fordert auf, fordert heraus. . . . Auf der hilflos anmutenden Suche nach einer Utopie ist eigentlich ein jeder bei Karin Struck begriffen. Ihre Vehemenz fordert das, und ihre Personen haben sich dieser Absicht einzufügen. So entsteht bei ihr Spannung bis zum Zerreißen, bis zur Hingabe, Selbtsaufgabe oder Widerstandleisten, bis zum ohnmächtigen Erleiden.« *Karl Krolow*

st 614 Walker Percy
Liebe in Ruinen
Die Abenteuer eines schlechten Katholiken kurz vor dem Ende der Welt
Aus dem Amerikanischen von Hanna Muschg
442 Seiten
Der Held, Thomas More, Arzt und Alkoholiker, der sich als schlechten Katholiken bezeichnet, lebt mit drei schönen Frauen in der Vorstadt Paradise, wo er das Ende der Welt erwartet. Als später Descartes erfand er den Lapsometer, mit dessen Hilfe er den jeweiligen Grad der Entfremdung des Menschen von sich selbst feststellt. Nur eines gelang ihm bisher nicht: das Instrument mit seinen diagnostischen Fähigkeiten für Heilzwecke zu vervollkommnen.

st 615 Mircea Eliade
Bei den Zigeunerinnen
Phantastische Geschichten
Aus dem Rumänischen von Edith Silbermann
342 Seiten
»Was bei Eliade so anzieht, so entzückt, ist eine Heiterkeit, die hoffnungsvolle Ruhe, die jede außergewöhnliche, eigentlich Furcht erregende Begebenheit nicht ins Gräßliche wendet, sondern ins Helle, recht eigentlich Beruhigte.« *Süddeutsche Zeitung*

st 616 Kasimir Edschmid
Geord Büchner. Eine deutsche Revolution
544 Seiten
Roman
»... ein Meisterwerk der deutschen Literatur im zwanzigsten Jahrhundert, einer der großen historischen Romane Deutschlands, ... der die politische Tragik, die ewig gescheiterten Kämpfe um die Wiederherstellung der Freiheit und der Menschenwürde des armen, ewig geschlagenen deutschen Volkes beschreibt, das durch die Jahrhunderte so töricht der tumbe Michel war, seine dümmsten Tyrannen auf den Thron zu heben und seine klügsten Volksfreunde in den Staub zu treten oder ins Exil zu schicken.« *Hermann Kesten*

st 618 Helm Stierlin
Eltern und Kinder
Das Drama der Trennung und Versöhnung im Jugendalter
Aus dem Englischen von Ellen Katharina Reinke und Wolfgang Köberer
272 Seiten
Auch bei anscheinend radikalen Trennungen heranwachsender Kinder von ihren Eltern bleiben unsichtbare Bindungen bis ans Lebensende weiterbestehen. Bindungen, in die u. a. Gefühle der Dankbarkeit, Rache, Scham und Schuld, der Verpflichtung und Beauftragung sowie ein Verlangen nach Wiedergutmachung und nach vorenthaltener Gerechtigkeit einfließen können.

st 619 Antike Geisteswelt
Eine Sammlung klassischer Texte
Auswahl und Einführungen von Walter Rüegg
694 Seiten
»Die vorliegende Auswahl bietet dem der Antike Vertrauten wenig bekannte Texte und neue Gesichtspunkte, dem Leser, der erst beginnt, die Welt der Antike in seine Bildung einzubeziehen, eine Grundlage, um mit der Antike vertraut zu werden: sie wird ihn einführen in die gewaltigen Katakomben unserer geschichtlichen Existenz.«
helvetia archaeologica

st 628 Georg W. Alsheimer
Eine Reise nach Vietnam
224 Seiten
Alsheimer kehrt in seine »Wahlheimat« zurück. Die Narben des amerikanischen Alptraums sind noch allgegenwärtig. So gerät die Konfrontation des Damals mit dem Heute zunächst zu einem Verfolgungswahn. Erst als er durch das Vertrauen seiner Freunde das Damals mit dem Heute verknüpfen kann, verwandeln sich in dieser Krise seines politischen Credos die gläubigen Visionen in einen gemäßigten, kritischen Optimismus. Den Prozeß, der zu dieser Einsicht führte, protokolliert Alsheimer in diesem Reisetagebuch. Alsheimers *Vietnamesische Lehrjahre* liegen als st 73 vor.

st 629 Wie der Teufel den Professor holte
Science-fiction-Erzählungen aus POLARIS 1
Phantastische Bibliothek Band 37
132 Seiten
Der Band enthält Erzählungen von Stanisław Lem, Gérard Klein, Kurd Laßwitz, Fitz-James O'Brien, Vladimir Colin.

st 630 Das Mädchen am Abhang
Science-fiction-Erzählungen aus POLARIS 2
Phantastische Bibliothek Band 38
178 Seiten
Der Band enthält Erzählungen von Wadim Schefner, Sewer Gansowski, Arkadi und Boris Strugatzki, Ilja Warschawski.

st 631 Der Weltraumfriseur
Science-fiction-Erzählungen aus POLARIS 3
Phantastische Bibliothek Band 39
144 Seiten
Der Band enthält Erzählungen von Josef Nesvadba, Gerd Ulrich Weise, Sven Christer Swahn, Vladimir Colin, Frigyes Karinthy.

st 632 Die Büßerinnen aus dem Gnadenkloster
Phantastische Erzählungen aus PHAÏCON 2
Herausgegeben und mit einem Vorwort von
Rein A. Zondergeld
Phantastische Bibliothek Band 40
122 Seiten
Der Band enthält Erzählungen von Joseph Sheridan Le Fanu, Erckmann-Chatrian, Jean-Louis Bouquet, Julio Cortázar, Manfred Wirth, Jörg Krichbaum.

st 637 Gerlind Reinshagen
Das Frühlingsfest
Elsas Nachtbuch. Annäherungen. Ein Stück
170 Seiten
Nach dem szenischen Panorama des Nazi-Deutschlands im Stück *Sonntagskinder* richtet die Autorin hier den Blick auf Neuaufbau und Restauration.

st 638 Birgit Heiderich
Mit geschlossenen Augen
Tagebuch
136 Seiten

Am Anfang die Trennung von einem Mann, am Ende die Übersiedlung aus dem ungebunden sich entfaltenden in ein geregeltes Arbeitsleben. Das Tagebuch erzählt die Geschichte zahlreicher Beziehungen zu Männern und Frauen. In dichtem Zusammenhang werden Erlebnisse, Geschichten, Beobachtungen notiert. Birgit Heiderichs Tagebuch ist reich an Apercus und an Reflexionen über Liebe, Sehnsucht, Trauer, Verzweiflung, über Frausein, Weiblichkeit, aber auch über gesellschaftliche Differenzen, es enthält Beschreibungen und Gedichte.

st 639 Herbert Gall
Deleatur
Notizen aus einem Betrieb
216 Seiten
Eine Druckerei gerät durch Modernisierung und Rationalisierung in eine Krise, der Besitzer versucht, durch Entlassungen und Verstärkung des Arbeitsdrucks ihrer Herr zu werden. Der Korrektor Herbert Gall, als empfindlicher Intellektueller in industrielle Arbeitsverhältnisse geraten, setzt sich durch das rückhaltlose, nämlich auch ihn selbst nicht schonende Aufschreiben gegen Leiden und Abstumpfung zur Wehr. »Der hier beschriebenen Arbeitsform . . . sei zum Schluß ein lateinisches Wörtchen gewidmet, ein Korrekturzeichen, mit dem Falsches markiert wird, das aus einem Text entfernt werden soll: *Deleatur* – sie möge zerstört werden.«

st 683 Marieluise Fleißer
Der Tiefseefisch
Text. Fragmente. Materialien
Herausgegeben von Wend Kässens und Michael Töteberg
188 Seiten
Der Tiefseefisch gibt ein satirisches Portrait von Bertolt Brecht als literarischem Bandenführer; zugleich ist das Stück ein Ehedrama: Fleißers Verbindung mit dem konservativen Publizisten Hellmut Draws-Tychsen. Dieser Band veröffentlicht erstmals die erhalten gebliebene erste Fassung des Stücks sowie Fragmente und Arbeitsnotizen. In einem Nachwort erläutern die Herausgeber den zeitgenössischen literarischen Kontext und geben Interpretationsansätze für die heutige Aktualität des Dramas.

Alphabetisches Gesamtverzeichnis der suhrkamp taschenbücher